myBook+

Ein neues Leseerlebnis

Lesen Sie Ihr Buch online im Browser – geräteunabhängig und ohne Download!

Und so einfach geht's:

- Gehen Sie auf **https://mybookplus.de**, registrieren Sie sich und geben Ihren Buchcode ein, um zu Ihrem Buch zu gelangen
- **Ihren individuellen Buchcode finden Sie am Buchende**

Wir wünschen Ihnen viel Spaß mit myBook+ !

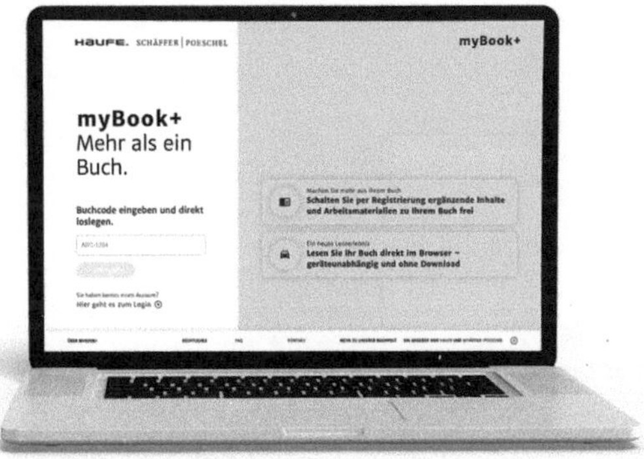

Toolbox Agiles Qualitätsmanagement

Ulrike Margit Wahl

Toolbox Agiles Qualitätsmanagement

Methoden und Use Cases für Ihre QM-Arbeit

Schäffer-Poeschel Verlag Stuttgart

Für meine wunderbaren Kinder Hannes und Marie.
Mögen Eure Augen ganz oft leuchten.

Bibliografische Information der Deutschen Nationalbibliothek

Die Deutsche Nationalbibliothek verzeichnet diese Publikation in der Deutschen Nationalbibliografie; detaillierte bibliografische Daten sind im Internet über http://dnb.dnb.de/ abrufbar.

Print: ISBN 978-3-7910-5826-9 Bestell-Nr. 10867-0001
ePub: ISBN 978-3-7910-5827-6 Bestell-Nr. 10867-0100
ePDF: ISBN 978-3-7910-5828-3 Bestell-Nr. 10867-0150

Ulrike Margit Wahl
Toolbox Agiles Qualitätsmanagement
1. Auflage, Juli 2023

www.schaeffer-poeschel.de
service@schaeffer-poeschel.de

Bildnachweis (Cover): Stoffers Grafik-Design, Leipzig

Produktmanagement: Dr. Frank Baumgärtner
Lektorat: Heike Münzenmaier

Schäffer-Poeschel Verlag Stuttgart
Ein Unternehmen der Haufe Group SE

Inhaltsverzeichnis

Geleitworte

Geleitwort von Professorin Jutta Binder-Hobbach

Frau Wahl führt in dem vorliegenden Buch zwei Themen zusammen, Qualitätsmanagement und agile Verfahren, die mir während meiner beruflichen Laufbahn sehr wichtig waren.

Es ist kein Geheimnis, dass die erfolgreiche Planung und Umsetzung komplexer Qualitätsmanagementprojekte keine leichte Aufgabe ist. Viele Qualitätsmanagementbeauftragte sind desillusioniert, da traditionelle Qualitätsmanagementlösungen nicht den gewünschten Erfolg liefern. Das agile Qualitätsmanagement geht einen Schritt weiter und rückt den Menschen in den Vordergrund – und damit auch Schlüsselkompetenzen wie Wertschätzung, Fairness oder Beziehungsorientierung zwischen Teams, aber auch Mut, Respekt und Offenheit. Es berücksichtigt, dass Menschen emotional involviert werden müssen, um sie für eine engagierte Mitarbeit zu gewinnen. Denn nur wenn Wandel von positiven Gefühlen begleitet wird, setzen Menschen bereitwillig neue Ideen um – davon bin ich nach meiner langen Arbeitserfahrung im Hochschulkontext fest überzeugt.

Als Frau Wahl und ich vor einigen Jahren gemeinsam ein Qualitätsmanagementsystem an der Hochschule Worms einführten, hätten wir in unseren täglichen Aufgaben von dem hier vorliegenden Buch sehr profitieren können. Es gibt einen sehr guten Einblick in die zentralen Elemente des modernen Qualitätsmanagements und hilft dabei, diese in einer Organisation Schritt für Schritt zu etablieren und weiterzuentwickeln. Frau Wahl bietet überzeugende agile Qualitätsmanagementkonzepte und -praktiken, deren konsequente Anwendung Ihnen, liebe Leser:innen, sicherlich zum gewünschten Erfolg verhilft. Die zahlreichen Tools, Techniken und Anleitungen sind ein hervorragender Leitfaden, um außergewöhnliche Ergebnisse für die Lösung Ihrer Aufgaben zu erzielen.

Ich freue mich, dass Frau Wahl in diesem Buch ihre Erkenntnisse und Methoden aus der eigenen beruflichen Praxis zusammengetragenen hat und Sie, liebe Leser:innen, nun die Gelegenheit haben, davon zu profitieren. Ich hoffe, dass Sie den einzelnen Beiträgen viele zündende Ideen entnehmen und diese nutzbringend in die Praxis umsetzen können – mit mindestens so viel Freude, wie ich in meiner Zusammenarbeit mit Frau Wahl hatte. Dabei wünsche ich Ihnen schon jetzt viel Erfolg und Begeisterung!

Professorin Jutta Binder-Hobbach
Ehemalige Vizepräsidentin Hochschule Worms und Professorin für Informatik
Februar 2023

Geleitwort von Dr. Benedikt Sommerhoff

Tun, einfach tun

Viele Organisationen suchen unter wachsendem Markt- und Veränderungsdruck nach Wegen, schneller Innovationen zu generieren. Das betrifft Produkte, aber immer öfter auch Geschäftsmodelle. Dafür brauchen sie neue Konzepte, Prozesse, Methoden, Werkzeuge und auch Kulturen; insgesamt erscheint das als große, komplexe, organisationsentwicklerische Herausforderung. Und die beginnt uns schnell zu überfordern. Wo anfangen?

Während die Klugen noch diskutieren, stürmen die Dummen die Burg. Eine gute Alternative für die Klugen ist das Tun *und* Diskutieren, konkret das Arbeiten in unserem Alltag mit einzelnen und dann immer mehr kleinen Werkzeugen, Tools, und dann ihre Reflexion und bewusste Weiterentwicklung und Einbindung in unsere Konzepte. Alles Weitere erschließt und ergibt sich dann viel leichter und viel klarer. Denn ein bedeutender Schlüssel für mehr Innovativität, höhere Umsetzungsgeschwindigkeit und stärkere Flexibilität ist ein kleinschrittiges, iteratives Vorgehen. Statt des langfristigen detaillierten Planens und Konzeptionierens vorab. Agilität hilft also auch beim Erlernen der Agilität!

Ulrike Margit Wahl habe ich als eine Pragmatikerin kennengelernt, die einfach Neues auf neue Weise tut. Und damit Teams hilft, neue Pfade zu betreten, sie zu Wegen auszutreten und damit Lernschritt für Lernschritt in der Praxis zu konkretisieren, was Agilität sein und werden kann. Im DGQ-Fachkreis QM und Organisationsentwicklung und als Trainerteam für agiles Qualitätsmanagement haben wir das Prinzip des gemeinsamen Ausprobierens umgesetzt und gute Erfahrungen damit gemacht, dem Mythos Agilität eine reale Gestalt zu geben. Diskussionen darüber, was Agilität ist oder sein soll, haben wir auch geführt. Sie waren nicht annähernd so effektiv.

Ich habe mich gefreut, als Ulrike mir von ihrem Buchprojekt erzählte. Warum ich es wichtig finde, über die Anwendung von Werkzeugen zu lernen und unternehmensindividuell zu konkretisieren, was Agilität bei uns sein muss und wird, habe ich erläutert. Ich will noch ergänzen, warum es überflüssig erscheinen mag, aber unverzichtbar ist, über agiles Qualitätsmanagement zu schreiben. Weil die Gefahr groß ist, dass ein klassisches, bisher zurecht bewahrend orientiertes Qualitätsmanagement der nun vielerorts notwendigen Agilisierung mindestens kritisch, oft hilflos und schlimmstenfalls bremsend gegenübersteht. In einer agileren Organisation muss zumeist auch das Qualitätsmanagement selbst agiler werden. Und es muss auf die nun agileren Prozesse, z. B. der Produktentwicklung und Leistungserbringung, ausgerichtet sein. Hier sind die Tools dafür.

Dr. Benedikt Sommerhoff
Leiter Themenfeld Qualität und Innovation, Deutsche Gesellschaft für Qualität e. V.
Februar 2023

Vorwort

Meine ersten Berührungspunkte mit Qualitätsmanagement hatte ich 2005 während meines Vorstellungsgespräches in der Popakademie Baden-Württemberg. Dort fielen Schlagworte wie Akkreditierung und Unterstützung für Dokumentationen. Bis dato kannte ich Akkreditierungen nur von Filmpremieren oder Filmfestivals, bei denen ich in den Sommermonaten zuvor gejobbt hatte.

Nun, ich bekam den Job und hatte die Gelegenheit, die beiden Studiengänge der Popakademie auf dem Weg zur Erstakkreditierung zu begleiten. Wir besuchten Akkreditierungsagenturen, sprachen mit den Verantwortlichen in den Ministerien, tauschten uns mit anderen Hochschulen aus und hörten immer wieder, wie schwierig es werden würde, da die beiden künstlerisch geprägten Studiengänge so vieles so anders machten als im klassischen Studienbetrieb. So hatten wir anfangs beispielsweise keine Lehrstühle oder Fakultäten; unsere Dozenten flogen oft für einzelne Module aus ganz Europa zu uns ein. Wir hatten Praxiswerkstätten und Praktika und Work in Progress – Begriffe, die mir alle später immer wieder begegnen sollten.

Was mich bereits damals fasziniert und beeindruckt hat, war die **Begeisterung**, mit der die Studiengänge konzipiert und durchgeführt wurden. Die Augen leuchteten, wenn es um die Sache ging. Es ging schließlich um die beste Ausbildung für die Absolvierenden in einem sehr anspruchsvollen Business. Und die Beteiligten sprachen miteinander und kämpften für das jeweils beste Ergebnis. Ich dachte damals, das ist immer so. Dass der Rahmen mit den Verantwortlichen abgesteckt wird, dann die Beteiligten den Rahmen voll und ganz ausschöpfen und gelegentlich den Rahmen verschieben, weil es sinnvoll erscheint. So brachten beispielsweise die Studierenden des ersten Jahrgangs erst den Stein ins Rollen, dass der anfänglich geplante Bachelor of Popakademie nie verliehen wurde. Manchmal wissen es auch Ministerien nicht besser und brauchen das Feedback der Betroffenen, was schließlich zu dem Abschluss Bachelor of Arts führte. Beide Studiengänge wurden erfolgreich erstakkreditiert und entwickeln sich kontinuierlich weiter.

Später wurde ich sehr schnell auf den Boden der Tatsachen zurückgeholt. Ich lernte, dass die Augen im Zusammenhang mit Qualitätsmanagement nicht immer leuchten – unabhängig ob Hochschule oder Unternehmen in der freien Wirtschaft. Ich lernte, dass zu **viel Formalismus hinderlich** sein kann, wie beispielsweise die massenhaften Evaluationen nach jedem Semester in Hochschulen, die wertvolle Ressourcen binden, deren Mehrwert für die betroffenen Personen in der Regel jedoch überschaubar bleibt, oder zu viele dokumentierte Prozesse, die nicht zwingend gelebt werden. Und ich lernte, dass Qualitätsmanagement oft als Zeitfresser wahrgenommen wird, dass Akkreditierungen und Audits ein Geschäftsmodell geworden sind – und die damit verbundenen Prozesse sich ähnlicher sind als angenommen. Aus meiner Sicht ist das grundsätzlich nicht verkehrt, jedoch geht es um Augenmaß und eine gesunde Verhältnismäßigkeit von Aufwand, eingesetzten Ressourcen und Mehrwert und Nutzen.

Im Jahr 2017 nahm ich am Qualitätstag der Deutschen Gesellschaft für Qualität (DGQ) teil und war total begeistert, was mit Qualitätsmanagement alles möglich ist. Hier hatte ich meine erste Begegnung mit dem ›Manifest für Agiles Qualitätsmanagement‹, hier lernte ich die Seestern-Methode kennen und erlebte in wertvollen Rollenspielen, wie Qualitätsmanagement anders erlebbar gemacht werden kann. Auf einmal schloss sich der Kreis aus Erfahrungen in der Popakademie und möglichem Formalismus. Ich war danach drei Jahre im Fachkreis Qualität und Organisationsentwicklung der DGQ aktiv. Wir haben dort viel ausprobiert, haben gemeinsame Workshops konzipiert und in Regionalkreisen das Feedback der Basis immer wieder reflektiert und aufgegriffen. Dazu kamen meine Ausbildung zum Scrum-Master, zur Trainerin für Design-Thinking und die Begleitung einer Weltmeisterin als Onlinecoach.

Auch in den Jahren zuvor bin ich immer wieder Menschen begegnet, die sich mit viel Herzblut für mehr Begeisterung im Qualitätsmanagement eingesetzt haben. Ob der Verband für Unternehmerinnen, Gabal e. V., der Bund der Selbständigen oder die wertvollen Hochschulnetzwerke auf Landes- und Bundesebene. Danke für euer stets offenes Ohr, eure Unterstützung und euren Rat sowie eure Tat.

Seit 2016 begleite ich mittelständische Firmen, DAX-Konzerne, internationale Vereine, Hochschulen und Forschungsinstitute auf ihrem Weg zu mehr leuchtenden Augen in Projekten und im Qualitätsmanagement. Und auch wenn jede Organisation ihre eigene Kultur und ihre individuellen Besonderheiten hat, so sind es doch immer Menschen, die gemeinsam an herausragenden Ideen für Nutzergruppen arbeiten. Schließlich geht es um mehr Wirksamkeit und mehr Purpose – damit auch morgen Ihre Kunden begeistert mit Ihnen zusammenarbeiten wollen, weil sie bei Ihnen die bestmögliche Qualität finden.

Das Ergebnis der Inspiration und der Lernreise liegt nun vor Ihnen. Wir werden in **Kapitel 1 m**it einem Überblick über Agilität und agile Methoden wie Scrum, Kanban und Design-Thinking beginnen, um dann in **Kapitel 2** tiefer in das Thema ›Agiles Qualitätsmanagement‹ einzusteigen. Dies beinhaltet auch die sieben Erfolgsfaktoren auf dem Weg zum agilen Qualitätsmanagement und das Eingehen auf Grenzen im agilen QM. **Kapitel 3** ist das Herzstück dieses Buches. Hier finden Sie eine Vielzahl praxiserprobter und praxisbewährter Tools zum Kennenlernen und Ausprobieren. Die Tools sind per Definition bitte weit zu verstehen, so dass Prototyping und Kanban-Board sich in dieser Toolbox begegnen werden. In **Kapitel 4** erwarten Sie drei spannende Fallstudien.

Die erste Case-Study ist von der WHU – Otto Beisheim School of Management. Hier erfahren Sie mehr über die Erfahrungen mit Dailys, dem Kanban-Board und warum das WHY so wichtig ist. In der zweiten Fallstudie schwenken wir in die Welt der Kindertagesstätten. Hier erwartet Sie ein spannendes Interview zum zehnjährigen Bestehen des Gütesiegels BETA im Verband Evangelischer Kindertageseinrichtungen in Schleswig-Holstein e. V. Die dritte Case-Study lenkt Ihren Blick nach vorn. Hier beschreibt eine Führungskraft der Carl Zeiss Vision GmbH, warum sie sich zum Stärken-Coach ausbilden ließ und welche Auswirkungen dies auf ihr Team im Qualitätsmanagement und so auch auf die Unternehmung hatte. Alle drei Case-Studies machen Mut für Veränderung und mehr leuchtende Augen im agilen Qualitätsmanagement.

Kapitel 5 wagt einen Ausblick, bevor im Fazit die wichtigsten Punkte und alle Tools auf einen Blick noch einmal für Sie zusammengefasst sind. Schließlich ist eine Toolbox eine Box, die genutzt werden soll. Darum habe ich in **Kapitel 6** dieses Buches ein Workbook mit zahlreichen Übungen aus der Praxis für Sie zusammengestellt, die sich in ihrer Reihenfolge an dem Inhaltsverzeichnis orientieren.

Im gesamten Text finden Sie immer wieder **Links** und **Buchempfehlungen** sowie wichtige Informationen **auf einen Blick**. Am Ende des Buches habe ich für Sie zudem ein **Glossar** angelegt, in dem Sie bei unbekannten Wörtern im Text schnell nachschlagen können.

Ich wünsche Ihnen ganz viel Freude bei der Lektüre. Haben Sie Mut, Kapitel zu überspringen und da zu beginnen, wo es sich für *Sie* gut und passend anfühlt. Und probieren Sie aus. Erst wenn Sie ausprobieren, merken Sie, ob dieses Tool zu Ihrem Arbeitsbereich passt.

Im Frühjahr 2023, mit herzlichen und erfrischenden Grüßen
Ihre Ulrike Margit Wahl

Schlussbemerkung

In dieser Publikation wird eine geschlechtergerechte Sprache verwendet. Dort, wo das nicht möglich ist oder die Lesbarkeit stark eingeschränkt wäre, gelten die gewählten personenbezogenen Bezeichnungen für alle Geschlechter.

Danksagung

Ich danke allen Wegbegleitern, Wegbereitern für die wertvollen Erfahrungen auf meiner persönlichen Lernreise in das agile Qualitätsmanagement. Mein besonderer Dank gilt dem Führungsteam und dem Team der Popakademie, die mir diese verantwortungsvolle Aufgabe zugetraut haben. Mein Dank gilt Frau Professorin Binder-Hobbach, die unermüdlich QM-Themen hochgehalten hat und auch in schwierigen Situationen mit ihrem Strahlen anstecken konnte. Herzlich danken möchte ich der DGQ und dem Fachkreis für die so wertvolle Lernreise und im Besonderen Benedikt Sommerhoff mit seiner wissenschaftlich fundierten und dabei stets pragmatischen Art, die mich so oft inspiriert und angespornt hat.

Mein Dank gilt auch den zahlreichen Unternehmen, Hochschulen und Vereinen, die offen und mutig mit mir den Weg zum agilen Qualitätsmanagement gegangen sind. Eine Kostprobe finden Sie in den drei Case-Studies und in den zahlreichen Abbildungen. Wow – es war mir eine große Ehre und Freude, mit Ihnen diese drei Case-Studies und die Kapitel zu schreiben und zu gestalten.

Und herzlichen Dank an die mittlerweile doppelte Weltmeisterin Lena Bringsken, die ich als Onlinecoach auf ihrer WM-Reise begleiten durfte. Danke für die wertvollen Erfahrungen rund um die Kraft von Bildern und den Umgang mit Fehlern – beides Themenfelder, die im Qualitätsmanagement eine wichtige Rolle spielen, wenn wir weltmeisterliche Leistungen erbringen wollen.

Dann braucht es immer den Rückhalt von Menschen, die mir den Rücken freihalten oder an mich glauben. Hier danke ich von Herzen meinem ehemaligen Mann und Vertrauten Thorsten für seinen unermüdlichen Ansporn und Glauben an mich und sein stets offenes Ohr – ob am Wochenende oder am See. Zudem danke ich herzlich Friedl als Namenspate für unseren idealen Qualitätsmanagementbeauftragten (QMB). Auch diese Idee ist am See entstanden, als wir überlegten, wie wir uns den idealen QMB in Firmen vorstellen würden. Das Ergebnis ist in Kapitel 3.6.1 nachzulesen.

Mein herzlicher Dank geht an meine Eltern, die in mir die Liebe zur Literatur geweckt und mir den Blick in andere Kulturen ermöglicht haben, sowie an meine Freund:innen und an meine Schwester Jule, die in mir immer die Powerfrau mit vielen ›wilden Ideen‹ gesehen hat. Danke, dass es euch gibt.

Schließlich braucht es ein professionelles Team, das aus einer Idee ein Buch werden lässt. Dieses Team habe ich bei der Schnittstelle zwischen der HAUFE Akademie und dem Schäffer-Poeschel Verlag gefunden. Herzlichen Dank an Janina Riedel, die mit ihrem stets offenen Ohr für ›wilde Ideen‹ und ihrem Denken in Möglichkeiten aus der Idee einen ersten Schritt werden ließ. Herzlichen Dank an die Leiter der Programmbereiche, die die Idee in die richtigen Bahnen lenkten – mein besonderer Dank geht an Dr. Frank Baumgärtner, der den Programmbereich Management & Unternehmensführung leitet. Ab diesem Zeitpunkt ging es Schlag auf Schlag. Aus der Idee wurde ein Exposé, bereits publizierte Toolboxen dienten als Inspiration, und schließlich kam das *Go* aus der Programmbesprechung. Von Herzen DANKE für Ihre ermunternden Mails, Ihre wertvollen Praxistipps und Ihre Geduld, wenn meine »Finger mal nicht so über die Tasten fliegen wollten«. Ihr Rat bei der Halbzeit: »erst mal: keine Panik« hat mir sehr gutgetan und meine Kräfte mobilisiert.

Mein herzlicher Dank geht abschließend an meine beiden Lektorinnen Julia Silberer und Heike Münzenmaier und das Team im Buchsatz. Ihr erstes Feedback mit Ihren zahlreichen und wertvollen Anregungen für Anpassungen in der Struktur nach der Rohfassung hat mich schockiert. Ihr Feedback nach meiner zeitintensiven Überarbeitung zeigte, dass sich die Zeit gelohnt hat. Von Herzen danke für Ihren kritischen und motivierenden Blick sowie das so gelungene Stichwortverzeichnis. Ich bin tief beeindruckt von den vielen helfenden Händen im Hintergrund und dankbar für die großartige Unterstützung des gesamten Teams im Schäffer-Poeschel Verlag. Danke, dass ich mit Ihnen zusammenarbeiten durfte.

Gebrauchsanweisung für dieses Buch

Dieses Buch ist mit viel Herzblut für *Sie* geschrieben. Ich habe versucht, dicht an Ihren Arbeitswelten zu sein und Ihnen ein Buch zu schreiben, das ich mir zu Beginn meiner Tätigkeit im Qualitätsmanagement gewünscht hätte. Ihre Zutaten sollten sein: Offenheit, Mut zum Ausprobieren und Leidenschaft für wirkungsvolles Qualitätsmanagement.

Das sind meine Empfehlungen an Sie für Ihre Arbeit mit dieser Toolbox:

Für Einsteiger:innen

Sie können das Buch von Beginn bis zum Ende am Stück durcharbeiten. Das empfehle ich Ihnen, wenn Sie wenige Vorkenntnisse haben und einen umfassenden Überblick über Ursprünge, Hintergründe und aktuelle Techniken erhalten wollen. Das Buch ist in drei Teile unterteilt. Im ersten Teil erhalten Sie einen Überblick über relevante Begriffe und Frameworks. Der zweite Teil ist das Herzstück des Buches und bietet Ihnen mehr als siebzig Techniken auf dem Weg zum agilen Qualitätsmanagement. Im dritten Teil finden Sie ergänzende Case-Studies aus drei sehr unterschiedlichen Bereichen. Alle drei Beispiele eint die Leidenschaft für wirksames Qualitätsmanagement. Immer dann, wenn eine gedankliche Brücke für Sie sinnvoll sein könnte, steht am Kapitelende ein Zwischenfazit. Und zum Schluss sind Sie bereit für das angefügte Workbook.

Für Profis

Sind Sie hingegen bereits erfahren und verfügen über zahlreiche Praxiserfahrungen im klassischen und im agilen Qualitätsmanagement – dann empfehle ich Ihnen, Ihrer Intuition zu folgen und spontan zu dem Kapitel zu gehen, das Sie inspiriert. Vielleicht beginnen Sie bei den Case-Studies oder direkt bei Teil III im angefügten Workbook und lesen dann die für Sie relevanten Kapitel in Ruhe im Anschluss. Unabhängig davon, ob Sie Einsteiger oder Profi sind. Lassen Sie sich irritieren und inspirieren und probieren Sie die einzelnen Techniken aus. Das Workbook im Anhang ist Ihre persönliche Toolbox und ab sofort Ihr ständiger Begleiter. *Machen* ist wirkungsvoller als nur lesen oder darüber nachdenken. Tauschen Sie sich mit Kolleginnen und Kollegen aus. Der regelmäßige Austausch ist ein wesentlicher Bestandteil für Ihren wirkungsvollen Transfer. Bewährt hat sich ein Zeitaufwand von mind. 30 Minuten pro Monat. Treffen Sie sich beispielsweise zum QM-Lunch am Monatsende und genießen Sie Ihren Erfahrungsaustausch.

In diesem Sinne wünsche ich Ihnen ganz viel Freude beim Ausprobieren und freue mich über jede Form Ihrer wertschätzenden Rückmeldung unter info@beste-qm-wahl.de.

Ihre Ulrike Margit Wahl

Teil I: Die Theorie – Agilität und agiles Qualitätsmanagement

1 Agile Meilensteine

Im ersten Kapitel nähern wir uns dem Thema Agilität. Was waren die Anfänge? Welche Schlagworte – wie das ›Agile Manifest‹ und VUCA – haben welchen Ursprung? Was sind die Meilensteine? Und was verbirgt sich hinter strategischer und operativer Agilität?

Hier haben Sie die Gelegenheit für eine erste Standortbestimmung Ihrer Organisation. Wie agil ist Ihre Organisation? Und welche Aspekte sind hiervon betroffen? Zudem erfahren Sie die Ursprünge, Hintergründe und Besonderheiten der drei großen Frameworks Design-Thinking, Kanban und Scrum, die eine wahre Schatzkammer an Praktiken und Denkweisen anbieten.

Das Fundament ist das ›Agile Manifest‹ mit seinen Wertepaaren und Prinzipien. Daraus leiten sich einzelne Techniken und Praktiken ab wie das Kanban-Board oder die Retrospektive. Deren kombinierter Mix bildet agile Methoden oder ganze Frameworks. In der Toolbox beleuchten wir jene Praktiken und Techniken, die passende Antworten in dieser schnelllebigen Zeit bieten.

1.1 Agil – Worüber sprechen wir?

In unsere Alltagssprache hat Agilität längst Einzug gefunden. Agile Menschen oder Teams gab es wahrscheinlich schon immer, neu sind der inhaltliche Bezug und die wissenschaftliche Auseinandersetzung mit diesem Begriffsfeld. Ihre Anfänge nahm diese Entwicklung mit der agilen Softwareentwicklung zu Beginn der 1990er Jahre, bevor diese 1999 mit Kent Becks ›Extreme Programming‹ erstmals zu größerer Popularität gelangte[1] und kurze Zeit später die Grundlage des ›Agilen Manifests‹ bildete. Die Softwareentwicklung prägte das professionelle agile Arbeiten in vielen Bereichen – schließlich waren in diesem Bereich die Auswirkungen des Internets auf die Art und Weise der täglichen Arbeit bereits in den Anfängen deutlich spürbar.

Die Bezeichnung *agil* geht auf den US-amerikanischen theoretischen Physiker und Softwareentwickler Mike Beedle zurück, der sie im Februar 2001 bei einem Treffen in Utah als Ersatz für das bis dahin gebräuchliche ›leichtgewichtig‹ (engl. *lightweight*) vorschlug. Bei diesem Treffen wurde auch das ›Agile Manifest‹ formuliert,[2] auf das ich in Kapitel 1.2.1 näher eingehen werde.

1 Wikipedia.de: Agile Softwareentwicklung; Abrufdatum: 31.01.2023
2 Wikipedia.de: Agile Softwareentwicklung; Abrufdatum: 31.01.2023

Mittlerweile ist Agilität in nahezu allen Arbeitsbereichen verbreitet, was allerdings nicht bedeutet, dass sie immer die beste Lösung bietet. Dennoch ist es aus meiner Sicht unabdingbar, sich mit agilen Techniken zu beschäftigen, um mit diesem Wissen die jeweils beste Wahl treffen zu können, denn »Agilität ist längst nicht mehr nur in der Softwareentwicklung verbreitet, sondern in vielen Unternehmensbereichen und oft im gesamten Unternehmen« (Häusling/Römer/Zeppenfeld 2018, S. 11).

Die agile Organisation

Unter **Agilität** verstehen wir die Fähigkeit einer Organisation, sich **kontinuierlich** an ihre komplexe, turbulente und unsichere Umwelt **anzupassen**.

Laut Dr. Sommerhoff (Leiter Innovation und Transformation bei der Deutschen Gesellschaft für Qualität) weist eine agile Organisation die folgenden drei Merkmale auf (vgl. Sommerhoff/Wolter 2019, S. 11):

a) **Strategische Agilität** – die Fähigkeit zur agilen Strategiearbeit, d. h. seine Strategie angemessen schnell verändern zu können,
b) **Organisationelle Agilität** – die Fähigkeit, die Organisation angemessen schnell neu aufzustellen, zu verändern und zu entwickeln,
c) **Operative Agilität** – die Fähigkeit, im Alltag für die externen und internen Kunden das Richtige zu tun, auch wenn man dafür Pläne und Prozesse revidieren muss.

1.2 Agile Schlagworte

1.2.1 Das Agile Manifest

Das ›**Agile Manifest**‹ gilt bis heute als das Fundament für das Verständnis und die Geisteshaltung rund um Agilität mit dem Fokus auf Ergebnisse, Kommunikation und Interaktion (vgl. Bartonitz et al. 2018, S. 3). Es entstand im Februar 2001 als Ergebnis eines Treffens von 17 Softwareentwicklern in den Bergen von Utah, und auch wenn seine Ursprünge in der Softwareentwicklung liegen, ist seine Geisteshaltung mittlerweile spürbar sowohl in der Wirtschaft als auch im Öffentlichen Dienst verbreitet.

Auf einen Blick: Der Fokus einer agilen Arbeitsweise

Im Vordergrund stehen stets die Berücksichtigung und Erfüllung der **Bedürfnisse und Wünsche der Kund:innen**:

- Was begeistert unsere Nutzer:innen?
- Was bringt die Augen unserer Kund:innen zum Leuchten?
- Wie erreichen wir durch iteratives Vorgehen die bestmöglichen Ergebnisse?

Thomas Michl fasst dies wie folgt zusammen: »Erst die Geisteshaltung des agilen Manifests ist es, die die agile Methode mit Leben befüllt«. Diese Geisteshaltung umfasst die folgenden zwölf Prinzipien:

1. **Kundenzufriedenheit** – Unsere höchste Priorität ist es, den Kunden durch frühe und kontinuierliche Auslieferung wertvoller Software zufriedenzustellen.
2. **Flexibilität** – Heiße Anforderungsänderungen – selbst spät in der Entwicklung – sind willkommen. Agile Prozesse nutzen Veränderungen zum Wettbewerbsvorteil des Kunden.
3. **Kurze Iterationen** – Liefere funktionierende Software regelmäßig innerhalb weniger Wochen oder Monate und bevorzuge dabei die kürzere Zeitspanne.
4. **Tägliche Zusammenarbeit** – Fachexperten und Entwickler müssen während des Projektes täglich zusammenarbeiten.
5. **Motivation** – Errichte Projekte rund um motivierte Individuen. Gib ihnen das Umfeld und die Unterstützung, die sie benötigen, und vertraue darauf, dass sie die Aufgabe erledigen.
6. **Kommunikation von Angesicht zu Angesicht** – Die effizienteste und effektivste Methode, Informationen an und innerhalb eines Entwicklungsteams zu übermitteln, ist im Gespräch von Angesicht zu Angesicht.
7. **Funktionierende Software** – Funktionierende Software ist das wichtigste Fortschrittsmaß.
8. **Nachhaltigkeit** – Agile Prozesse fördern nachhaltige Entwicklung. Die Auftraggeber, Entwickler und Benutzer sollten ein gleichmäßiges Tempo auf unbegrenzte Zeit halten können.
9. **Technische Exzellenz** – Ständiges Augenmerk auf technische Exzellenz und gutes Design fördert Agilität.
10. **Einfachheit** – Die Kunst, die Menge an Arbeit, die nicht mehr getan werden muss, zu maximieren, ist essenziell.
11. **Selbstorganisation** – Die besten Architekturen, Anforderungen und Entwürfe entstehen durch selbstorganisierte Teams.
12. **Regelmäßige Selbstreflexion** – In regelmäßigen Abständen reflektiert das Team, wie es effektiver werden kann, und passt sein Verhalten entsprechend an.

Auf einen Blick: Die zwölf Prinzipien im Kern

Die zwölf Prinzipien lassen sich in **drei fundamentalen Kernaussagen** zusammenfassen:
inkrementell-iteratives Arbeiten + Subsidiarität + Kundenbedürfnisorientierung

Die Anwendung der zwölf Prinzipien auf Ihr Unternehmen

Tabelle 1 lädt zu einem Blick auf Ihre Ist-Situation ein. Gehen Sie sie Zeile für Zeile durch und notieren Sie einen Wert zwischen 1 und 10, wobei 1 ›ist gar nicht erfüllt‹ und 10 ›besser geht es nicht‹ bedeutet. Entscheiden Sie gerne spontan. Vertrauen Sie auf Ihre Intuition. Anschließend lassen Sie das Ergebnis auf sich wirken und notieren in der rechten Spalte, was Sie für sich aus Ihrer ersten Bestandsaufnahme mitnehmen.

Nr.	Thema	Skala 1–10	Das nehme ich mit:
1	**Kundenzufriedenheit** hat höchste Priorität.		
2	**Flexibilität** – Änderungen sind jederzeit willkommen.		
3	**Kurze Iterationen** – wir liefern in kurzen Entwicklungszyklen.		
4	**Tägliche Zusammenarbeit** – mit Kundensicht im Projekt.		
5	**Motivation** – wir haben eigenverantwortliche und motivierte Mitarbeiter.		
6	Wir **kommunizieren** von Angesicht zu Angesicht.		
7	Unser Fokus liegt auf **funktionierenden Teilprodukten**.		
8	**Nachhaltigkeit** – wir legen Wert auf nachhaltigen Projektfortschritt.		
9	Wir streben **technische Exzellenz** an.		
10	Wir **maximieren den Anteil an Arbeit, die nicht mehr getan werden muss** – mit einfachen Lösungen.		
11	Wir arbeiten in **selbstorganisierten Teams**.		
12	Wir **reflektieren** regelmäßig unsere **Effektivität** und passen uns an.		

Tab. 1: Eine erste Bestandsaufnahme in Ihrer Organisation – wie agil arbeiten Sie bereits?

Im ›Agilen Manifest‹ steht weiter:

> »Die Werte agiler Softwareentwicklung bilden das Fundament für agiles Arbeiten: Wir erschließen bessere Wege, Software zu entwickeln, indem wir es selbst tun und anderen dabei helfen. Durch diese Tätigkeit haben wir diese Werte zu schätzen gelernt:
>
> a) **Menschen und Interaktionen** sind wichtiger als Prozesse und Werkzeuge
> b) **Funktionierende Software** ist wichtiger als eine umfassende Dokumentation
> c) **Zusammenarbeit** mit dem Kunden ist wichtiger als die Vertragsverhandlung
> d) **Reagieren auf Veränderung** ist wichtiger als das Befolgen eines Plans

Das heißt, obwohl wir die Werte auf der rechten Seite wichtig finden, schätzen wir die Werte auf der linken Seite höher ein.«

(Beedle et al. 2001)

Zusammengefasst bedeutet dies, dass die sich in der Aufzählung gegenüberstehenden Werte ihre Daseinsberechtigung haben. Beide Seiten finden in der täglichen Arbeit ihre Anwendung. Wichtig ist hier zu verstehen, dass Agilität in erster Linie ein Mindset ist. Die **vier Wertepaare** bilden die Grundhaltung, das Fundament. Wie ist beispielsweise meine Grundhaltung gegenüber plötzlichen Veränderungen? Begrüße ich diese, oder ärgere ich mich über die plötzliche Änderung meines Plans?

Auf dieser Grundhaltung bauen die im ›Agilen Manifest‹ beschriebenen **zwölf Prinzipien** auf. Sie geben dem Team Orientierung für die Zusammenarbeit im Team und innerhalb der Organisation.

Agile Praktiken sind konkrete Techniken und Werkzeuge – das Herzstück in diesem Buch. Die Toolbox in Kapitel 3 beschreibt siebzig Techniken, die von Teams sofort angewendet werden können. Exemplarisch seien hier das Kanban-Board und die User-Story genannt. So wird Agilität erlebbar und ausführbar.

Agile Frameworks fassen agile Praktiken zu einem genauer definierten Vorgehensmodell zusammen, wie beispielsweise Scrum, Kanban oder Design-Thinking, die in Kapitel 1.3 beschrieben werden. Diese Frameworks werden auch als **agile Methoden** bezeichnet.

Der ›agile Trichter‹ in Abb. 1 verdeutlicht die Veränderung vom ›Doing Agile‹ hin zum ›Being Agile‹ und geht auf die zentralen Schlagworte wie **Mindset, Wertepaare, Prinzipien** und **Praktiken** ein.

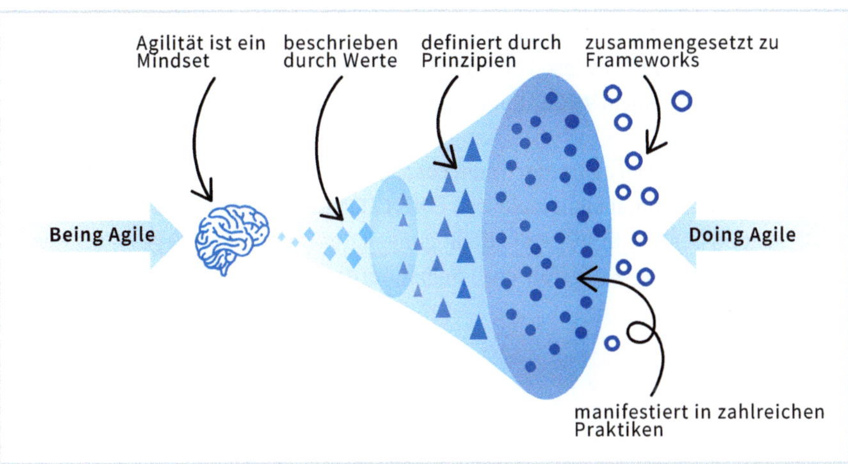

Abb. 1: Der agile Trichter (Quelle: Agentur Segerer)

Boris Gloger, der bekannteste Scrum-Berater im deutschsprachigen Raum, beschreibt die Entwicklung wie folgt: Auf der ersten Stufe wendet das Team die agilen Praktiken an, wie beispielsweise jene aus dieser Toolbox. Dieser Schritt bedeutet ›Doing Agile‹. Der Fokus liegt auf der Wertschaffung für den Kunden. Daran schließt sich die zweite Stufe an – ›Becoming Agile‹. Das Team liefert selbstorganisiert und regelmäßig einen hohen Wert für den Kunden. Auf der dritten Stufe – ›Being Agile‹ – lebt das Team Agilität und inspiriert zum Nachahmen (Rasche 2020).

Aufgrund des hohen Stellenwerts des Teams sollten auch seine Bedürfnisse nach einem produktiven Umfeld in diesem Sinne Berücksichtigung finden: »Wertvolle Teams sind tatsächlich auch wertvoll, im Sinne von erfolgreich. Deshalb sollten Sie für Ihre agilen Teams eine Umgebung schaffen, in der Werte gelebt und erlebbar sind« (Dräther/Koschek/Sahling 2019, S. 23).

Auf einen Blick: Werte, Prinzipien, Praktiken, Frameworks

Das andere Denken beginnt bei den Werten.

Das ›Agile Manifest‹ bildet mit den **vier Wertepaaren** und den **zwölf Prinzipien** das Fundament.

Darauf bauen **agile Praktiken**, also einzelne Techniken auf, die das Herzstück in diesem Buch bilden.

Die agilen Praktiken bilden ganze **Frameworks**. Diese werden auch als **agile Methoden** bezeichnet.

Weil Werte eine derart zentrale Rolle im agilen Kontext spielen, widmen wir uns diesem Thema in einem separaten Abschnitt (siehe Kapitel 3.2.1).

1.2.2 VUCA und seine Bedeutung

Auch wenn VUCA in dieser Toolbox eine untergeordnete Rolle spielt, ist die Abkürzung im agilen Kontext häufig zu lesen und darf in einer Aufstellung der agilen Meilensteine nicht fehlen. Das Akronym VUCA stammt ursprünglich aus dem militärischen Kontext:

> »Mitte der 1990er Jahre, nach dem Zusammenbruch des sozialistischen Systems, gab es auf einmal nicht mehr den EINEN FEIND. Im Jargon des amerikanischen Militärs beschreibt VUCA die Bedingungen des modernen Krieges – Stichwort: asymmetrische Kriegsführung, Selbstmordattentäter, Dschungel- oder Straßenkampf.«
>
> (Gläser o. J.).

Die Buchstaben VUCA stehen für:

- **V**olatility (Volatilität),
- **U**ncertainty (Unsicherheit),
- **C**omplexity (Komplexität) und
- **A**mbiguity (Mehrdeutigkeit).

Später wurde der Begriff von Unternehmen und Hochschulen aufgegriffen, um das Agieren in einer modernen Umgebung zu umschreiben. Dieser sei, »nach Ansicht einiger Führungskräfte und Unternehmensberatungen«, wiederum mit VUCA zu begegnen, nur dass die Buchstaben diesmal für **V**ision (Vision), **U**nderstanding (Verstehen), **C**larity (Klarheit) und **A**gility (Agilität) stehen. So werde »der negativen Sichtweise eine positive gegenübergestellt, wobei beiden eine gewisse Vereinfachung innewohnt.«[3]

Zwischenfazit

Das ›Agile Manifest‹ hat seinen Ursprung in der Softwareentwicklung. Heute ist diese Grundhaltung in der Produktion, freien Wirtschaft und Hochschullandschaft angekommen. Die Ursprünge reichen mehrere Jahrzehnte zurück, das ›Agile Manifest‹ hat bis heute seine Aktualität und Gültigkeit bewahrt.

Die vier Wertepaare und zwölf Prinzipien bilden die Grundhaltung sowie das Fundament. Agile Praktiken und Techniken stehen in dieser Toolbox im Fokus. Aus deren Mix ergeben sich konkrete Frameworks, wie z. B. Design-Thinking, Kanban und Scrum (vgl. Kapitel 1.3).

Sie kennen nun die relevanten Schlagworte und Meilensteine rund um Agilität, so dass wir Ihren Blick nun auf die drei großen Herkunftslinien *Design-Thinking*, *Kanban* und *Scrum* lenken können.

1.3 Agile Methoden

Nachdem die Grundbegriffe geklärt sind, nähern wir uns nun langsam den Tools. Hierzu ist es zunächst hilfreich, die drei großen Herkunftslinien zu kennen und zu verstehen, von denen die agile Arbeitsweise stark beeinflusst ist. Der Mix der jeweiligen Tools aus der entsprechenden Herkunftsfamilie unterscheidet *agiles Projektmanagement, agiles Prozessmanagement* und *agiles Qualitätsmanagement.*

Verschaffen wir uns also einen Überblick über die Linien Design-Thinking, Kanban und Scrum – und zwar in chronologischer Reihenfolge.

3 Wirtschaftslexikon.gabler.de: VUCA; Abrufdatum: 06.04.2023

1.3.1 Design-Thinking

Ein klassischer Designer erkennt durch Beobachtung das Problem oder das Bedürfnis eines Anwenders. Im Idealfall mündet das Ergebnis in einem Produkt, »welches den Verstand des Kunden fesselt und dann mit seinem Herzen davonrennt« (Erbeldinger/Ramge 2013).

Design-Thinking ist ein Innovationskatalysator und arbeitet mit einer Sammlung von Techniken aus verschiedenen Disziplinen (vgl. Gürtler/Meyer 2016). Innovationen und wertvolle Problemlösungen vereinen drei wesentliche Komponenten: technologische **Machbarkeit** (d.h., die Idee ist mit den gegebenen Möglichkeiten realisierbar), wirtschaftliche **Tragfähigkeit** (d.h., die Idee kann zu einem dem Nutzen angemessenen Preis angeboten werden) und menschliche **Erwünschtheit**. Die **menschliche Perspektive** ist stets der Ausgangspunkt, die Ergebnisse **attraktiv**, **realisierbar** und **marktfähig**.

Somit ist Design-Thinking »eine **systematische Herangehensweise an komplexe Problemstellungen** aus allen Lebensbereichen«, wobei der Ansatz »weit über die klassischen Design-Disziplinen wie Formgebung und Gestaltung« hinausgeht (HPI Academy o. J.).

Der neuartige Denk- und Arbeitsansatz, der dem Design-Thinking zugrunde liegt, hilft uns, mit der zunehmenden Komplexität unserer Umwelt besser umzugehen. So werden schwierige Problemstellungen auf unorthodoxe Weise gelöst und Potenziale besser entfaltet (Meinel/Weinberg/Krohn 2015). Dabei ist Design-Thinking nicht statisch, sondern vielmehr vergleichbar mit Tetris-Bausteinen (Lewrick/Link/Leifer 2017, S. 4).

Tabelle 2 verdeutlicht die Entwicklung von traditionellen über aktuelle bis hin zu künftigen Erfolgsfaktoren im Design-Thinking.

traditionell	aktuell	künftig
das Problem im Griff haben	kreative Räume/Umgebungen gestalten	mit System-Thinking Komplexität verstehen
gute Problemdefinition	Mehrwert von interdisziplinären Teams	mit LEAN Geschäftsmodelle aufbauen
Bedürfnisse der Nutzer:innen	Ideen/Geschichten visualisieren	nötige Fähigkeiten für Strategic Foresight
Empathie zu Nutzer:innen	Merkmale von guten Geschichten	erfolgreich Lösungen implementieren
richtigen Fokus finden	Veränderung als Facilitator einleiten	Designkriterien der Digitalisierung

traditionell	aktuell	künftig
Ideen generieren	Organisationen auf das neue Mindset vorbereiten	mit neuen Technologien einzigartige Kundenerlebnisse erzeugen
Ideen strukturieren/selektieren	bewährte Managementmethoden einbeziehen	Optionen mit hybriden Modellen
gute Prototypen/ effizient testen	iteratives Vorgehen	Projektmanagement zielgerichtet durchführen

Tab. 2: Erfolgsfaktoren im Design-Thinking

Der Weg dorthin gestaltet sich nach Lewrick, Link und Leifer (2017, S. 188) folgendermaßen:

So kommen wir vom **Design-Thinking**
- radikale Zusammenarbeit
- Interaktion mit dem Nutzer und Usability
- radikal neue Produkte, Services und Geschäftsmodelle
- Konzeption

zum **komplementären Mindset**
- Verstehen des Problems
- Analyse der Kundenbedürfnisse
- Problemlösung

und bis zum **System-Thinking**
- Stakeholder-Management
- Requirements-Engineering
- Zusammenspiel von Komponenten
- Integration, Verifikation und Validierung

Entstehung und Entwicklung

Im Jahr 2017 feierte die HPI School of Design Thinking des Hasso-Plattner-Instituts ihr zehnjähriges Bestehen in Potsdam. Das im Begleitbuch des Jubiläums begrüßende Zitat von Hasso Plattner lautete: »If you have several people and they have different perspectives and they're not all of the same kind, you get a much better perspective« (HPI School of Design Thinking 2017, S. 1), also in etwa: »Wenn du verschiedene Personen mit verschiedenen Perspektiven hast, die sich nicht alle mit deiner Perspektive decken, dann bekommst du eine viel bessere Perspektive«.

Die folgende Zusammenfassung basiert auf dem immensen Input aus diesem Festival, meiner Lektüre zahlreicher Publikationen und dem Train-the-Trainer-Workshop rund um Design-Thinking 2016 in der HPI School of Design Thinking in Potsdam.

1

Design-Thinking hat seinen Ursprung in den 20er Jahren im Bauhaus in Weimar und Dessau: »From its opening in 1919, the German Bauhaus changed the way we think about design and design education« (ebd., S. 36) – seit seinem Anfang 1919 veränderte das Bauhaus also die Art und Weise, wie wir über Design und Designausbildung denken. Es war »ein erster Versuch, durch die Zusammenführung unterschiedlicher Disziplinen wie Kunst, Architektur, Theater, Musik, Gestaltung etc. die Lösungskompetenz für komplexe Fragestellungen zu erhöhen und eine größere Vielfalt von Möglichkeiten zu eröffnen« (Meinel/Weinberg/Krohn 2015, S. 12).

In den 70er Jahren wurde Design-Thinking an der Stanford University als Methode weiterentwickelt – anfangs »lieber undercover in Baracken am Rand des Stanford-Campus«. Der Stanford-Professor David Kelley führte etwa 1995 nicht nur den Terminus Design-Thinking ein, sondern gründete dann im Jahr 2003 mit einigen Kollegen auch die »mittlerweile weltweit bekannte ›d.school‹, die die Hochschullandschaft bis heute prägt und einen neuen Ansatz bietet, um gemeinsam an der Lösung komplexer Fragestellungen aus allen Lebensbereichen zu arbeiten« (ebd., S. 12 f.).

Der SAP-Mitbegründer Hasso Plattner las in der amerikanischen ›Businessweek‹ davon und war von der Intensität und neuen Denkart so begeistert, dass er einen »zweistelligen Millionenbetrag« in dieses bis dato unbekannte Bildungs-Start-up steckte (ebd., S. 13). Die Anerkennung wuchs, der Stanford-Präsident empfahl den Studierenden sogar, mindestens einen Kurs in der d.school zu absolvieren, und aus der ehemaligen Baracke wurde ein angesehenes Laborgebäude. Im Jahr 2007 ging dann die HPI School of Design Thinking (HPI D-School) in Potsdam mit 40 Studierenden von 30 verschiedenen Universitäten in den ersten Jahrgang (HPI School of Design Thinking o. J.).

Die drei Kernelemente des Design-Thinkings

Im Design-Thinking arbeiten **gemischte Teams** an verschiedenen Herausforderungen und Aufgaben. Bei Architekten und Designern ist das Prototyping fest verankert in der ›Berufs-DNA‹: Zuerst wird eine Skizze erstellt, dann der erste Entwurf, der dann mit dem Feedback der Auftraggebenden iterativ, also schrittweise, angepasst wird.

Dieses **iterative**, schrittweise Vorgehen mit Prototypen im Design – von dem Design-Thinking schließlich seinen Namen hat – ist nicht nur ein fester Bestandteil im Design-Thinking, sondern ein wesentliches Element im agilen Kontext allgemein. Das Besondere im Design-Thinking ist das Beginnen mit den passenden Fragen. In der Praxis neigen wir dazu, sofort die Lösungen für das vermeintliche Problem anzubieten. Doch haben wir eigentlich verstanden, worum es wirklich geht? Welche die wirklichen Bedürfnisse unserer Nutzer:innen sind?

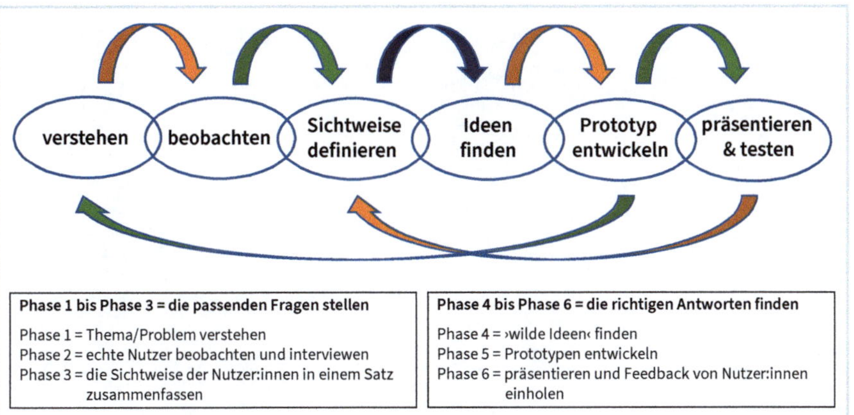

Abb. 2: Der iterative Prozess im Design-Thinking (Quelle: Ulrike Margit Wahl)

Im Design-Thinking gibt es sechs Phasen (vgl. Abb. 2). Wir beginnen immer mit der Phase ganz links. Während wir beim ›klassischen Arbeiten‹ gerne sofort mit unseren Ideen loslegen (Phase 4), beginnen wir beim Design-Thinking drei Schritte vorher. In den Phasen 1 bis 3 gilt es zunächst, die passenden Fragen zu stellen, und erst in den Phasen 4 bis 6 geht es darum, die passenden Antworten zu finden.[4]

Auch die **Raumgestaltung** spielt eine wesentliche Rolle im Design-Thinking. Optimal ist der sogenannte variable Raum. Weil es anfangs keine passenden Möbel gab, gründeten Absolventen des ersten Abschlussjahrgangs des HPI in Potsdam die System 180 GmbH, die sich auf flexibles Arbeiten spezialisiert hat. Die Design-Thinking-Line von System 180 wurde in gemeinsamer Zusammenarbeit mit der HPI School of Design Thinking in Potsdam entwickelt. Den Schwerpunkt bilden leichte und stabile Möbel mit Rollen, die sich schnell und einfach zusammenfügen und anpassen lassen. Beschreibbare Wände runden das Setting ab.

Aus eigener Erfahrung kann ich bestätigen, welchen Unterschied es macht, wenn ich mit wenigen Handgriffen einen Raum an die Bedürfnisse der Teilnehmenden anpassen kann. Ob es darum geht, erste Ideen an einer beschreibbaren Wand zu visualisieren, oder ob wir ›wilde Ideen‹ an Stehtischen entwickeln – der Raum hat einen maßgeblichen Einfluss auf alle Anwesenden und sollte nie unterschätzt werden. Abb. 3 gibt Ihnen einen ersten Eindruck von der Magie eines kreativen und einladenden Raums.

4 Zur Veranschaulichung des Design-Thinking-Prozesses empfehle ich, einen Blick auf den Double Diamond zu werfen, der 2005 vom British Design Council entwickelt wurde, z. B. unter https://www.designcouncil.org.uk/our-work/news-opinion/double-diamond-universally-accepted-depiction-design-process; Abrufdatum: 31.01.2023.

Abb. 3: Flexible Möbel als Design-Thinking-Line von System 180 in gemeinsamer Zusammenarbeit mit der HPI School of Design-Thinking (Quelle: privates Foto mit freundlicher Genehmigung der System 180 GmbH)

Im Mittelpunkt stehen beim Design-Thinking immer der Impact – die gewünschte Wirkung – sowie die **Nutzer:innen**. Die gemischten Teams spielen hier eine zentrale Rolle. WeQ ist immer stärker als IQ.

Auf einen Blick: Die drei Kernelemente des Design-Thinkings

- multidisziplinäre Teams (je vielfältiger, desto besser)
- der iterative Prozess (das schrittweise Vorgehen)
- der flexible Raum (Möbel mit Rollen passen sich dem Team an)

(Meinel/Weinberg/Krohn 2015, S. 15)

Die zehn Grundregeln des Design-Thinkings

Ergänzend zu den drei Kernelementen haben sich die folgenden zehn Grundregeln für eine erfolgreiche Zusammenarbeit etabliert und in der Praxis bewährt:

- Kritik zurückstellen
- ›wilde Ideen‹ ermuntern
- bildlich darstellen
- beim Thema bleiben
- auf Ideen anderer aufbauen
- nacheinander sprechen
- früh und oft scheitern
- multidisziplinär arbeiten
- Quantität zählt
- nutzerorientiert denken

Praxistipps

Die zehn Grundregeln lassen sich unterschiedlich einsetzen. Für die Arbeit mit einer richtigen Design-Thinking-Challenge sollte sich das Team an alle zehn Grundregeln halten. Im Hasso-Plattner-Institut sind diese beispielsweise in jedem Raum und auch in den Fluren gut sichtbar platziert, sowohl in deutscher als auch in englischer Sprache.

Sie lassen sich aber auch einzeln in der Praxis einsetzen und nutzen. So vereinbaren wir beispielsweise in Workshops rund um Prozessverbesserungen die Regel, dass jede teilnehmende Person einen **Joker** für einen kritischen Einwand hat. In der Praxis bedeutet dies z. B., dass jede Person pro Meeting einmal mit »Ja, aber …« auf einen Vorschlag reagieren darf. Danach soll beispielsweise mit »Ja, und …« auf den Vorschlag eingegangen werden. Ein Führungsteam, das ich begleiten durfte, vereinbarte z. B., dass jede Person in einem Meeting eine gelbe Karte hat und diese immer dann hochhält, wenn die redende Person nicht mehr beim Thema bleibt. Sobald die gelbe Karte sichtbar ist, wird 30 Sekunden lang innegehalten. Anschließend fragt die Person, die die gelbe Karte hochgehalten hat, in die Runde, wie mit dem Thema weiter vorgegangen werden soll. Darauf gibt jede teilnehmende Person ein kurzes Statement. Anschließend übernimmt die moderierende Person und trifft die jeweils konkrete Entscheidung für das weitere Vorgehen. Hier ist es hilfreich, in jedem Meeting Verantwortlichkeiten festzulegen, z. B. »Wer hütet die Zeit?« oder »Wer moderiert das Meeting?«

Diese Vorgehensweise, Kritik zurückzustellen und beim Thema zu bleiben, lässt sich mit ›**wilden Ideen**‹ kombinieren. Auch diese Regeln lassen sich vorab vereinbaren, z. B. beim Brainstorming oder bei der Ideenfindung. So könnte der Impuls an das Team lauten: »Was würdet ihr tun, wenn ihr ein unbegrenztes Budget zur Verfügung hättet?« oder »Wenn ihr einen Tag Geschäftsführer in eurer Firma wärt, welche Entscheidung würdet ihr treffen?« Der Fantasie sind hier keine Grenzen gesetzt.

Probieren Sie die Regeln aus. Ob einzeln oder kombiniert – auch hier dürfen Sie sich austoben. Erst probieren, dann reflektieren und anschließend entweder intensivieren oder nachjustieren, bis es passt. So gehen Sie zudem iterativ und agil vor.

Design-Thinking lenkt unseren Blick und Fokus immer wieder auf den User. Es geht stets darum, den wahren Knackpunkt der Bedürfnisse unserer Nutzer:innen herauszufinden und wirklich zu verstehen. Hierzu hat sich in der Praxis folgende Übung bewährt:

ÜBUNG – ZEICHNEN SIE EINEN BAUM!

Ich bitte die Teilnehmenden, sich mit einem Blatt und einem dunklen Stift auszustatten. Meine nächste Bitte lautet: »Bitte zeichnen Sie einen Baum.« Die Teilnehmenden legen immer direkt los und zeichnen wunderschöne Bäume. In der Sommerzeit sind es häufig Obstbäume, im Winter eher Tannenbäume. Sobald alle Bäume gezeichnet sind, bitte ich die Teilnehmenden, ihre Bäume entweder live gut sichtbar an einer Pinnwand zu befestigen oder virtuell in die Kamera zu halten. Anschließend frage ich in die Runde: »Wer von Ihnen sieht zwei identische Bäume?« Es beginnt das Suchen nach Ähnlichkeiten, häufig kommt die Antwort, dieser und jener Baum seien sich sehr ähnlich. Und hier frage ich dann nach: »Sind die Bäume identisch, oder sehen sie sich ähnlich?«

Wir hatten noch nie die Situation, dass es zwei oder mehrere identische Bäume in einem Workshop gab. Schließlich frage ich in die Runde: »Wer von Ihnen hat mich als Auftraggeberin gefragt, welchen Baum ich gerne hätte?« Und da lautet die Antwort immer wieder: »Niemand«.

Wäre ich gefragt worden, so hätte ich mir folgenden Baum gewünscht: Ich wünsche mir einen Baum, der maximal zwei Meter groß wird, mindestens zweimal im Jahr essbare Früchte trägt, im Sommer auch mal bei 40 °C eine Woche ohne Wasser auskommt und im Winter etwas Frost aushält. Der Mehrwert wäre, dass meine Kinder und künftigen Enkelkinder wenig Zeitaufwand mit dem Baum hätten und dafür die Früchte genießen könnten.

Alle Bäume, die mit viel Eifer gezeichnet wurden und doch mit ihren Merkmalen von der Beschreibung abweichen, wären in der Qualitätssprache ›Ausschuss‹ oder eine Reklamation.

Was lehrt uns diese Übung?

Die Teilnehmenden sind in der Regel mit Bäumen aufgewachsen und kennen ganz verschiedene Bäume. Der Gegenstand oder das Thema ist ihnen also vertraut. Und trotzdem haben wir alle ein unterschiedliches Bild von einem Baum im Kopf. Themen im Qualitätsmanagement sind in der Regel noch viel komplexer und abstrakter. Mit hoher Wahrscheinlichkeit entstehen also noch mehr verschiedene Bilder in den Köpfen der einzelnen Personen.

Wir sollten uns also immer erst die Zeit nehmen zu verstehen, ›über welche Bäume‹ wir gerade sprechen. Was bedeutet es beispielsweise, die Kundenzufriedenheit zu erhöhen? Was heißt es konkret, wenn wir die Qualität verbessern wollen? Woran würde man merken, dass sich das Niveau der Studienabgänger gesteigert hat? Woran würde man merken, dass unsere Prozesse im Bereich der Fertigung reibungsloser laufen? Was wäre der spürbare Mehrwert?

Gerade im agilen Qualitätsmanagement spielt also das **Verstehen** eine ganz zentrale Rolle. Nehmen Sie sich die Zeit und ergründen Sie mit passenden Fragen, um wirklich zu verstehen, über welchen ›Baum‹ gerade gesprochen wird.

Für weitere Praxistipps empfehle ich Kapitel 3.1.2.

1.3.2 Kanban

David Anderson, der Kanban 2006 im Bereich der Softwareentwicklung maßgeblich mitprägte, fasst Kanban wie folgt zusammen:

> »Kanban basiert auf einer einfachen Idee. Work in Progress (WIP, das sind die aktuell bearbeiteten Arbeitspakete) sollte begrenzt werden, und etwas Neues sollte erst begonnen werden, wenn ein bestehendes Arbeitspaket ausgeliefert oder in einen nachgeschalteten Arbeitsgang gezogen wird. Die Kanban-Karte (jap. Kanban = Signalkarte) stellt ein visuelles Signal dar, mit dem angezeigt wird, dass ein neues Arbeitspaket gezogen werden kann [...].
> Uns ist nach und nach bewusst geworden, dass Kanban eine Variante des Veränderungsmanagements ist. [...] Das Kanban-Prinzip besteht darin, mit dem Vorgehen zu beginnen, das man derzeit hat.«
>
> (Kniberg/Skarin 2009)

Kanban ist ursprünglich eine Methode zur Prozesssteuerung und -optimierung. Der Fokus liegt auf der Optimierung des Arbeitsflusses und nicht auf der Veränderung der Anforderungen. Kanban ist ein Werkzeug und hilft uns, die **Schwachpunkte eines Systems** zu sehen und offenbart, wo für den **Kunden** ein **besserer Wert** generiert werden kann. Jede Aufgabe wird einer konkreten Person zugeordnet.

Entstehung und Entwicklung

Der Begriff Kanban ist japanisch, wobei *kan* ›visuell‹ und *ban* ›Schild‹ bedeutet – also ›visuelles Schild‹. Sein Ursprung geht auf das Jahr 1603 zurück, als die Wirtschaft nach verheerenden militärischen Konflikten wieder zu florieren begann. Die Prägung als Methode nahm in den 1940er Jahren ihren Anfang, als Toyota ein schlankes Produktionssystem einführte (mit z. B. zwei Kennziffern: Mindest- und Höchstmenge; Just-in-Time-Produktion, Work in Progress): »Nur das produzieren, was nötig ist, wenn es nötig ist und in der Menge, in der es nötig ist« (Taiichi Ōno).[5]

> »Das erste Kanban-System[6] wurde maßgeblich ab 1947 von Taiichi Ōno bei dem japanischen Unternehmen Toyota entwickelt. Ein Grund für die Entwicklung von Kanban war die ungenügende Produktivität und Effizienz des Unternehmens im Vergleich zu amerikanischen Konkurrenten. Mit Kanban erreichte Toyota eine flexible und effiziente Produktionssteuerung, mit deren Hilfe die Produktivität gesteigert und gleichzeitig kostenintensive Lagerbestände an Rohmaterial, Halbfertigmaterial und auch Endprodukte reduziert wurden.«
>
> (Lepros o. J.)

5 Taiichi Ōno prägte verschiedene Methoden und Werkzeuge im klassischen Qualitätsmanagement, wie z. B. die sieben Arten der Verschwendung.

6 wie wir es heute verstehen

Im Jahr 1956 besuchte Taiichi Ōno die USA und war beeindruckt, wie die Supermärkte es schafften, die Regale mit der jeweils genau richtigen Anzahl bestimmter Waren zu befüllen (dem sogenannten Pull-System). Das war der Anfang des Arbeitens mit Karten in der Produktion zur Überwachung der Nachfrage, und daraus entstand das Kanban-Board in der Produktion. Beide Male waren also Ladengeschäfte das prägende Element.

In den Jahren 2003 bis 2008 nutzte die Softwareindustrie das ›Agile Manifest‹ (siehe Kapitel 1.2), experimentierte und entwickelte die Kanban-Methode weiter. Zu den Pionieren gehörten beispielsweise David Anderson (Microsoft) und Karl Scotland (Yahoo). Neu sind die Sprints in Anlehnung an Scrum (siehe Kapitel 1.3.3). Dann folgte mit 2009 sozusagen das goldene Jahr für Kanban mit zahlreichen Veröffentlichungen, wie z. B. ›Kanban versus Scrum – a practical guide‹ oder ›Personal Kanban‹.

Seit 2010 gibt es Kanban für jedermann und für alle Bereiche, so auch in der Dienstleistungsbranche mit dem Fokus, den Wert der Dienstleistung zu maximieren, Flaschenhälse zu beseitigen und Transparenz zu beschleunigen.

Kanban heute

> »Kanban ist keine Methode, um Teams zu optimieren. […] Menschen sind die treibende Kraft hinter jeder Veränderung. […] Kanban – ist nicht mehr als ein Werkzeug.«
>
> (Leopold 2017, S. 1 f.)

Heute hilft Kanban dabei, **den Fluss der Arbeit zu visualisieren**. Signalkarten weisen auf Engpässe hin. Dabei soll ein kontinuierlicher Arbeitsfluss (Flow) sichergestellt werden. Aufgaben werden in Arbeitsschritte untergliedert und auf einem Kanban-Board visualisiert (*to do, in Arbeit, erledigt;* siehe auch Kapitel 3.3.1).

Kanban hilft uns zu sehen, wo die Schwachpunkte eines Systems liegen. Es offenbart, wie wir für den Kunden einen besseren Wert generieren können. Die folgenden Kernsätze runden das Mindset und die Vorgehensweise im Kanban ab (ebd., S. 9):

- Wenn wir schneller arbeiten, wird trotzdem nicht mehr Arbeit fertig.
- Wir haben genug Zeit für Aufgaben, für die wir nie Zeit haben.
- Wir werden verlässlicher, wenn wir uns Grenzen setzen.
- Wenn alles Priorität hat, hat nichts Priorität.
- Je später wir anfangen, desto besser für den Kunden.
- Lokale Optimierung führt zu globaler Suboptimierung.
- Der Fokus sollte auf dem Gesamtsystem liegen, nicht auf Teilen davon.
- Der Durchsatz wird vom Engpass bestimmt.
- Man muss sich an das ideale WIP-Limit herantasten (Work in Progress).

Die **vier Kernprinzipien** geben Kanban den Rahmen (ebd., S. 10):

- Prinzip 1: Beginne mit dem, was du jetzt tust.
- Prinzip 2: Verfolge inkrementelle, evolutionäre Veränderungen.
- Prinzip 3: Akzeptiere aktuelle Prozesse, Rollen und Verantwortlichkeiten.
- Prinzip 4: Ermutige zur Führungsverantwortung auf allen Ebenen.

Das Kanban-Board

Das **Kanban-Board** ist das am weitesten verbreitete und auch häufig als erster Schritt verwendete agile Tool. Es ist unterteilt in: *to do*, *in Arbeit* und *erledigt*. Häufig wird in der linken Spalte ein Themenspeicher für die nächsten Arbeitsschritte angelegt, auch ›Backlog‹ genannt. Das Board ist für alle Beteiligten gut sichtbar und wird auch im Scrum oder in Design-Thinking-Prozessen verwendet. Hier darf ich auf die Case-Study I verweisen, in der das Qualitätsteam der WHU anschaulich beschreibt, wie es das Kanban-Board in seinen Arbeitsalltag integriert, inklusive ganz konkreter Handlungsempfehlungen. Das Kanban-Board als Tool nebst wertvollen Praxistipps wird in Kapitel 3.3.1 näher beschrieben.

Auf einen Blick: Visualisierung und Klarheit mit Kanban

Die großen Stärken von Kanban liegen in der Visualisierung und Klarheit. Dabei helfen folgende Prinzipien:

- Das Kanban-Board ist leicht und intuitiv bedienbar. Es glänzt vor allem in der Visualisierung. Probieren Sie es aus.
- Fokus auf Wertschöpfung: Was generiert welchen Wert, z. B. bei einer Dienstleistung oder einem Produkt?
- Priorisierung und das Limitieren von Aufgabenpaketen (= Limit Work in Progress) sind zentrale Elemente im Kanban.
- Die Durchlaufzeit wird gemessen, der damit verbundene Prozess optimiert. Das Ziel sind verlässliche und vorhersehbare Aussagen zur durchschnittlichen Durchlaufzeit.
- Die Begrenzung der gleichzeitig bearbeiteten Arbeitspakete erhöht die Vorhersagbarkeit von Durchlaufzeiten und schafft Verlässlichkeit und Verbindlichkeit.

Die IT-Landschaft rund um Anwendungen für Kanban-Boards ändert sich dynamisch. Firmen werden aufgekauft, Versionen angepasst, Verläufe sind ohne Ankündigung nicht mehr abrufbar. Die folgenden Praxistipps sollen Ihnen bei Ihren ersten Schritten helfen:

Praxistipps

- Fragen Sie in Ihrer IT-Abteilung nach, welches Kanban-Board Sie nutzen können. Die Anbieter sind vielfältig, die internen Bestimmungen verschieden.
- Weniger ist mehr. Behalten Sie das Limitieren von Aufgaben im Hinterkopf. Nur so können wir die richtigen Dinge richtig machen – Schritt für Schritt.
- Das Qualitätsmanagement hat oft den Ruf, sehr umfangreich zu dokumentieren. Dokumentation ist wichtig – keine Frage. Doch gerade hier

sollte die Kraft von Bildern aktiv genutzt und eingebunden werden. Visualisieren Sie. Ob mit Kanban-Board oder Signalkarten – nutzen Sie Ihre persönlichen ›wilden Ideen‹ à la Design-Thinking.

- Schließlich empfehle ich Ihnen, sich mit den acht Arten der Verschwendung in Kapitel 2.3.3 zu beschäftigen. **Abhängigkeiten** durch schlecht organisierte Workflows und **Wartezeit** sind die aus meiner Praxiserfahrung am häufigsten genannten Kriterien der Verschwendung (mehr dazu in Kapitel 2.3).

Wenn Sie als Qualitätsmanager:in diese Engpässe beseitigen können, dann haben Sie die Chance auf ganz viele Fans.

1.3.3 Scrum

Scrum ist kein Prozess, sondern ein agiles Projektmanagement-Framework, das auf Empirie und Lean Thinking basiert. Wissen wird aus Erfahrung gewonnen. Lean Thinking reduziert Verschwendung und fokussiert auf das Wesentliche. Das ist im Scrum deutlich spürbar.

Entstehung und Entwicklung

Die ›geistigen Väter‹ von Scrum sind Ken Schwaber und Jeff Sutherland, zwei der 17 Softwareentwickler, die das ›Agile Manifest‹ formulierten. Gemeinsam mit »tausenden Personen, die zu Scrum beigetragen haben«, entwickelten sie den kostenlosen ›Scrum Guide‹, den gültigen Leitfaden für Scrum mit relevanten Spielregeln. Sutherland und Schwaber griffen hauptsächlich auf Ideen von Ikujiro Nonaka und Hirotaka Takeuchi zurück, die in ihrem Buch ›*The Knowledge Company*‹ den Begriff Scrum erstmals verwendeten (Schweitzer 2003, S. 5). Ursprünglich stammt der Begriff jedoch aus dem Rugby, wo er den Neustart eines Spiels nach einer kleineren Regelverletzung bezeichnet.

Im Jahr 1995 wurde Scrum erstmals auf der OOPSLA-Konferenz präsentiert. In der Einleitung des frei herunterladbaren offiziellen ›Scrum-Guides‹ heißt es:

> »Wir haben die erste Version des Scrum Guides im Jahr 2010 geschrieben, um Menschen auf der ganzen Welt dabei zu helfen, Scrum zu verstehen. Wir haben den Guide seitdem durch kleine, funktionale Aktualisierungen weiterentwickelt. Wir stehen gemeinsam dahinter. Der Scrum Guide enthält die Definition von Scrum.«
>
> (Schwaber/Sutherland 2020)

Mittlerweile hat er mehrere Aktualisierungen erfahren, wobei er im Laufe der Jahre ein wenig vorschreibender wurde. Seit der letzten und somit aktuellen Version von 2020 liegt der Fokus jedoch auf einem minimal ausreichenden Rahmenwerk.

Im Fokus stand die Frage, wie Produkte schneller und flexibler entwickelt werden können. Dazu wurden 1994 etwa 8.000 IT-Projekte untersucht, 53 % wiesen erhebliche Mängel auf, 31 % wurden vor Fertigstellung komplett abgebrochen und erzielten einen Verlust von 80 Milliarden Dollar. Nur 16 % wurden ohne Mängel fertiggestellt (Standish Group 1994).

Auf einen Blick: Erfolgsfaktoren

Was jene 16 % der Projekte, die erfolgreich abgeschlossen wurden, auszeichnet, ist Folgendes:

- Die Hauptursache war die Art und Weise der Projektdurchführung.
- Das Geheimnis liegt in der Professionalisierung der Zusammenarbeit und
- in der Kultur des Lernens.

Laut der aktuellen Version 2020 hängt die »erfolgreiche Anwendung von Scrum [...] davon ab, dass die Menschen immer besser in der Lage sind, fünf Werte zu leben« (Schwaber/Sutherland 2020).

Die fünf Werte im Scrum

1. **Selbstverpflichtung** (commitment) – Das Scrum-Team ›committet‹ sich, seine Ziele zu erreichen und sich gegenseitig zu unterstützen.
2. **Fokus** (focus) – Sein primärer Fokus liegt auf der Arbeit des Sprints, um den bestmöglichen Fortschritt in Richtung dieser Ziele zu bewirken.
3. **Offenheit** (openness) – Das Scrum-Team und sein Stakeholder sind offen in Bezug auf die Arbeit und die Herausforderungen.
4. **Respekt** (respect) – Die Mitglieder des Scrum-Teams respektieren einander als fähige, unabhängige Personen und werden als solche auch von den Menschen, mit denen sie zusammenarbeiten, respektiert.
5. **Mut** (courage) – Die Mitglieder des Scrum-Teams haben den Mut, das Richtige zu tun: an schwierigen Problemen zu arbeiten.

Agiles Arbeiten hat mit Werten und innerer Grundhaltung (also unserem Mindset) zu tun. (An dieser Stelle darf ich an den agilen Trichter in Kapitel 1.2 erinnern.) Das Ausprobieren der verschiedenen Praktiken, also dem ›Doing Agile‹, gegenüber steht das Mindset mit dem ›Being Agile‹. Agiles Qualitätsmanagement ist die Arbeit mit Menschen. Aus meiner Sicht sollte der wertvolle und wertschätzende Umgang in diesem Themenbereich einen festen Platz bekommen.

Als Anregung könnten Sie z. B. einmal jährlich ein Blick auf die **Werte** in Ihrer Organisation werfen. Eine Möglichkeit wäre die Skalenbewertung von 1 = ›Nehme ich gar nicht wahr‹ bis 10 = ›Dieser Wert trifft voll und ganz auf unsere Organisation zu‹. Fragen Sie einzelne Personen in Ihrer Organisation anhand der fünf Werte im Scrum und reflektieren Sie die Antworten mit der Geschäfts- oder Hochschulleitung.

ÜBUNG

»Wie stark ist aus Ihrer Sicht Offenheit in unserer Organisation ausgeprägt?« Bitte wählen Sie eine Zahl zwischen 1 und 10 und begründen Sie kurz. Beschreiben Sie in wenigen Sätzen, was Offenheit für Sie bedeutet. Wo beginnt sie für Sie, und wo endet sie? Tauschen Sie sich im Team über Ihre verschiedenen Sichtweisen aus. Was eint Sie? Wo haben Sie unterschiedliche Vorstellungen? Werden Sie sich der Gemeinsamkeiten und Unterschiede im Team bewusst und klären Sie die Frage, wie Sie mit Ihren Vorstellungen künftig umgehen wollen.

Der Scrum-Prozess

Für ein besseres Verständnis der Besonderheiten im Scrum und um ein Gefühl für die Gewichtung und den Umgang mit Zeit zu bekommen (beispielsweise für die beiden relevanten Aspekte Priorisierung und Timeboxing), werfen wir einen Blick auf Abb. 4, die sich am ›Scrum Guide‹ vor der Aktualisierung im November 2020 orientiert.[7] Betrachten wir sie also etwas genauer. Was sind die Besonderheiten? Welche Rollen gibt es? Welche Meetings werden empfohlen?

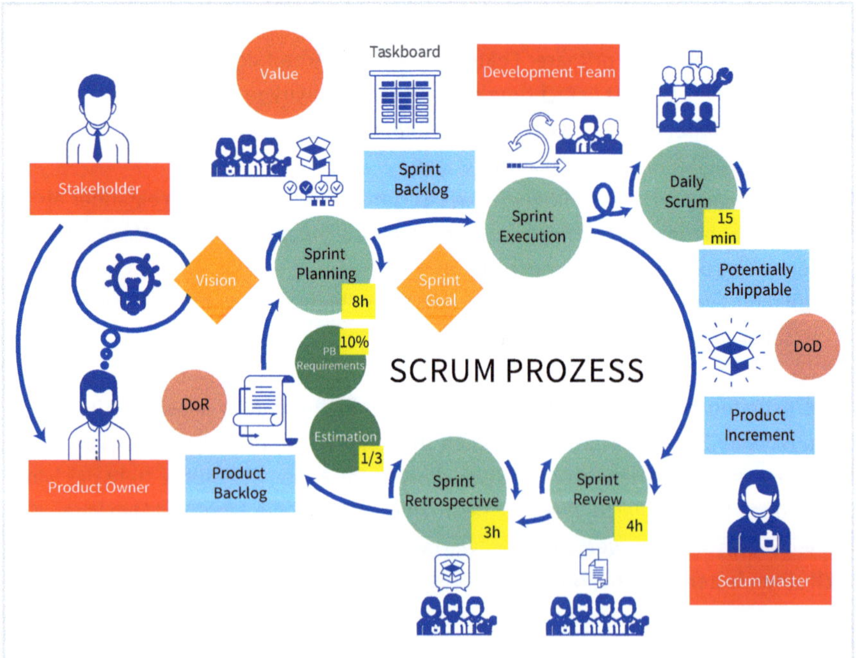

Abb. 4: Der Scrum-Prozess (Quelle: Agentur Segerer)

7 Die Neuerungen seit 2020 können Sie z. B. der Seite https://www.scrum.org/resources/blog/was-ist-neu-im-scrum-guide-2020-update-7-dinge-die-du-unbedingt-wissen-solltest (Abrufdatum: 06.04.2023) entnehmen.

Die **Besonderheiten im Scrum**:

- Es existieren **drei Säulen**: Transparenz, Überprüfung, Anpassung.
- Es existieren **drei Rollen** im Scrum-Team – Product-Owner, Development-Team, Scrum-Master → Anmerkung: kein Lenkungskreis.
- Product-Owner und Auftraggeber:in (hier als Stakeholder dargestellt) haben ein gemeinsames Bild vom **Projektergebnis**; sie stehen in direktem und engem Austausch.
- Jedes Projekt hat **eine Vision** und schafft **Value=Wert**.
- Das Projektteam verpflichtet sich zu den **fünf Werten**.
- Der **Fokus** liegt auf **Priorisierung** und **Timeboxing** (feste Zeiteinheiten).
- Klärung der **Definition of Ready** (DoR; d. h., das Aufgabenpaket hat den Reifegrad, um vom Development-Team bearbeitet zu werden) und **Definition of Done** (DoD; Merkmale des Zwischenergebnisses)
- Einmal pro Monat findet ein **Review** statt (4 Std.). – *Während des Sprint-Reviews beschäftigen sich das Scrum-Team und die Stakeholder gemeinsam mit den Ergebnissen des Sprints* (Schwaber/Sutherland 2020, S. 11).
- Einmal pro Monat findet eine **Retrospektive** statt (3 Std.). – *Die Sprint-Retrospektive bietet dem Scrum-Team die Gelegenheit, sich selbst zu überprüfen und einen Verbesserungsplan für den kommenden Sprint zu erstellen* (Scrum Guide 2020, S. 12).
- Es gibt ein regelmäßiges **Refinement** – durch **Inspect & Adapt**; d. h. systematisches Innehalten, Reflektieren und Nachjustieren.

Tabelle 3 zeigt **die Aufgabenverteilung im Scrum**. Wozu kann uns diese im agilen Qualitätsmanagement inspirieren? Besonders bei Projekten im Bereich ›Agiles Qualitätsmanagement‹ sollten Sie – *bevor* Sie beginnen – einen kurzen Blick auf diese Tabelle werfen. Sie kann helfen, den Blick zu schärfen, welche Rollen für welche Aufgaben verantwortlich sind. Sind alle Aufgaben abgedeckt? Haben wir Komplexität vermieden? Sind die notwendigen Rahmenbedingungen erfüllt? Je hierarchischer eine Organisation aufgestellt ist, desto eher ist die folgende Tendenz zu beobachten:

- Es gibt mehr Rollen, als wirklich benötigt werden, z. B. Lenkungskreis.
- Die Rollen sind unklar definiert, z. B. Vorsitzender Lenkungskreis, Scrum-Master Light oder Sounding-Board (oft unter dem Vorwand, alle mitnehmen zu wollen).
- Es gibt mehr Projektbeteiligte als konkrete Aufgabenbeteiligte.
- Entscheidungsprozesse werden behindert oder verzögert.

Product-Owner	Development-Team	Scrum-Master
ergebnisverantwortlich für die Maximierung des Wertes des Produkts	hat sich der Aufgabe verschrieben, in jedem Sprint ein nutzbares Inkrement zu schaffen	ergebnisverantwortlich für die Einführung von Scrum, wie im ›Scrum Guide‹ beschrieben
verantwortlich für effektives Product-Backlog-Management	immer ergebnisverantwortlich für das Erstellen eines Sprint-Backlogs, d. h. eines Plans für den Sprint	hilft dem Team und der Organisation, Scrum zu verstehen und zu leben
kommuniziert Produkt-Ziel an Team	Ziel: Qualität zu erbringen durch das Einhalten der DoD	ergebnisverantwortlich für die Effektivität des Scrum-Teams
erstellt Backlog-Einträge und kommuniziert diese klar an das Team	passt täglich seinen Plan an zur Erreichung des Sprint-Ziels	ist eine echte Führungskraft, die dem Scrum-Team und der Gesamtorganisation dient
legt die Reihenfolge im Backlog fest	Mitglieder ziehen sich wechselseitig als Expert:innen zur Verantwortung	coacht Scrum-Team und interdisziplinäre Zusammenarbeit
stellt Transparenz sicher und dass die Einträge verstanden werden	fokussiert auf das WIE	unterstützt beim Fokussieren auf hochwertige Inkremente/DoD
gesamte Organisation MUSS seine/ihre Entscheidungen respektieren	arbeitet selbstorganisiert	bewirkt die Beseitigung von Hindernissen und unterstützt den Fortschriftt des Teams; beseitigt Barrieren zwischen Stakeholdern und Scrum-Team
Bedürfnisse von Stakeholdern können berücksichtigt werden; jedoch NUR, wenn der Product-Owner von diesen Änderungen überzeugt ist Entscheidungshoheit liegt beim Product-Owner	wendet sich eigenständig an Scrum-Master, wenn Unterstützung/Klärung nötig ist	stellt sicher, dass alle Events/Meetings stattfinden und dass diese positiv, produktiv und innerhalb der vereinbarten Timebox bleiben; unterstützt Product-Owner rund um Backlog (z. B. präzise, effektiv)
Person/KEIN Gremium		coacht, begleitet die Organisation bei der Einführung von Scrum

Tab. 3: Aufgabenverteilung im Scrum

ScrumBut

Der Ausdruck **ScrumBut** geht auf die Aussage »We use Scrum, but …« zurück, auf Deutsch also »Wir nutzen Scrum, aber …«. Als ScrumBut wird ein Projektmanagementansatz bezeichnet, in dem bestimmte Rollen oder Regeln von Scrum verändert oder weggelassen werden. Dies ist nur ratsam, wenn die Abweichungen verstanden und bewusst eingesetzt werden. Von kreativen Eigenlösungen wie Siebenerteams oder Scrum-Master

Light ist abzuraten, denn sie haben in der Regel unerwünschte Nebenwirkungen. Diese reichen von Missverständnissen um die Rolle, Frustration der betroffenen Person bis zu erklärungsbedürftigen Rollen innerhalb und außerhalb der Organisation, was wieder zusätzliche Zeit kostet.

Auf einen Blick: Scrum

Scrum ist ein Rahmenwerk mit klaren Spielregeln, das auf aktuell 18 Seiten alles Relevante zusammenfasst, inklusive Änderungen, Änderungshistorie und Übersetzungsglossar. Davor ziehe ich meinen Hut.

Der Fokus liegt auf dem wirklich Wichtigen. Die richtigen Dinge werden richtig gemacht. Alles andere wird gar nicht erst erwähnt.

Das zeichnet Scrum aus:

- kleine, funktionsübergreifende und selbstorganisierte Teams mit klarer Rollen- und Aufgabenverteilung, was die Motivation erhöht
- kleine und konkrete Arbeitspakete, die priorisiert und konkretisiert werden (Produkt-Backlog, DoR und DoD)
- iteratives, d. h. schrittweises Vorgehen
- kürzere Wartezeiten für den Kunden durch das direkte und regelmäßige Feedback, was auch das Erwartungsmanagement verbessert
- systematisches und regelmäßiges direktes Feedback, sowohl zu den Zwischenergebnissen (Review) als auch zur Teamzusammenarbeit (Retrospektive), was auch das Risiko von Ressourcenverschwendung minimiert und den Umgang mit Unberechenbarkeit und Unvorhersehbarkeit erleichtert

Praxistipps

Die folgenden Besonderheiten im Scrum können uns im agilen Qualitätsmanagement aktiv unterstützen:

- Wir beginnen erst, wenn wir die **Vision** und den **Value**, also den echten Wert oder Mehrwert, für das angestrebte Ergebnis verstanden haben.
- **Direkte Kommunikation** zwischen den Beteiligten ist essenziell und nicht ersetzbar.
- **DoR** ist der Moment, in dem die Beteiligten das Gefühl haben: »Ah, we got it«, was so viel bedeutet wie: »Jetzt haben wir verstanden, worum es geht.«
- Systematische und regelmäßige **Reflexion** ist essenziell. Das Schlagwortpaar **Inspect & Adapt** kann dabei unterstützen. Hier ist die Reflexion im Team (Retrospektive) relevant – also: Wie arbeiten wir zusammen? Was kostet uns immer wieder Zeit? Wo haben wir immer wieder lange Wartezeiten in der Zusammenarbeit? – PLUS die Reflexion unserer Zwischenergebnisse (Review). Hier darf ich noch einmal an den ›Baum‹ erinnern. Schaffen unsere Zwischenergebnisse einen echten Mehrwert für unsere Nutzer:innen? Binden wir diese ausreichend ein? Treffen wir den Kern des Problems? Sollten wir noch einmal nachjustieren?

- Wir nehmen uns die Zeit für **Fokus, Priorisierung** und **Timeboxing.** Wir hinterfragen regelmäßig unsere Priorisierung und das Verhältnis zwischen Aufwand und Nutzen sowie Zeiteinsatz (Timeboxing). Wir gehen bewusst mit zeitlichen Ressourcen um.
- Wir nehmen uns zu Beginn die Zeit, um zu verstehen, wie das Ergebnis sein soll, damit wir sagen können: »Jetzt kann ein Haken dran. Die Aufgabe ist jetzt erledigt« (**DoD**).

Zwischenfazit

Das erste Kapitel ist geschafft. Wir haben uns den Schlagworten *agil*, *VUCA* sowie dem ›Agilen Manifest‹ genähert und einen ersten Überblick über die agilen Werte, Prinzipien und Frameworks erhalten. Ergänzend haben wir die Frameworks Design-Thinking, Kanban und Scrum beleuchtet und erste Schritte in Richtung agiles Qualitätsmanagement gewagt. Im nun folgenden Kapitel steigen wir tiefer in das agile Qualitätsmanagement ein. Sie dürfen gespannt sein.

2 Agilität im Qualitätsmanagement – ein Einstieg

Im folgenden Kapitel stehen die Themen Qualitätsmanagement (QM) und vor allem **agiles Qualitätsmanagement** im Fokus. Wir beginnen mit einer Definition der zugrundeliegenden Begriffe **Qualität** und **Qualitätsmanager:in** sowie den Ursprüngen innerhalb der Fachkreise in der Deutschen Gesellschaft für Qualität e. V., um dann einen Blick auf die Besonderheiten und zentralen Elemente im agilen Qualitätsmanagement und auf das **neue Rollenverständnis** der Qualitätsmanagementbeauftragten zu werfen.

Statt Kontrolle und umfangreicher Dokumentation kommen neue Aufgaben dazu wie Data-Analyst oder Business-Coach. Auch der Umgang mit Fehlern spielt eine zentrale Rolle. Steht *Lernen* über *Fehler machen dürfen*? Oder geht es um eine Fehlervermeidungstaktik (siehe auch Kapitel 3.2.1)?

Anschließend werfen wir einen Blick auf die **Schnittmengen** zwischen dem **klassischen Qualitätsmanagement** und dem **agilen Qualitätsmanagement**. Was sind die Gemeinsamkeiten, und wie hängen KVP, PDCA, Kaizen und Lean Management zusammen?

Schließlich beleuchten wir die **Erfolgsfaktoren**, **Vorteile** und **Grenzen** des agilen Qualitätsmanagements und wecken Lust auf das erste Ausprobieren von Tools und Methoden, die dann den Schwerpunkt in Kapitel 3 bilden werden.

2.1 Qualität und Qualitätsmanager:in – Worüber sprechen wir?

Wir aus dem Bereich Qualitätsmanagement gehen oft davon aus, dass alle Beteiligten wissen, worüber wir sprechen. Die Vergangenheit belehrte uns eines Besseren. Werfen wir darum einen kurzen Blick auf die **Definition von Qualität**, bevor wir uns der **Rolle** derjenigen widmen, die das Thema Qualität in einer Organisation vorantreiben sollen – der Qualitätsmanager:innen oder Qualitätsmanagementbeauftragten (QMB).

2.1.1 Qualität

Der Duden bietet uns insgesamt acht Definitionen für Qualität.[8] Exemplarisch sind hier die folgenden aufgelistet:

8 Duden.de: Qualität; Abrufdatum: 31.01.2023

2

- bildungssprachlich: »Gesamtheit der charakteristischen Eigenschaften (einer Sache, Person); Beschaffenheit«
- aus der Textilindustrie: »Material einer bestimmten Art, Beschaffenheit«
- die »Güte«, z. B. »die Qualität des Materials«

Dazu schrieb die Deutsche Gesellschaft für Qualität e. V. (DGQ) im Nachgang zu ihrem Jubiläumskongress im Jahr 2002: »Die Vielfältigkeit des Begriffs Qualität sollte auch über den international genormten Maßstabsbegriff hinaus klargestellt werden. [...] Der Qualitätsbegriff hat für das Qualitätsmanagement zentrale Bedeutung« (DGQ o. J.).

Nach jahrelangen und zahlreichen Diskussionen gelang im Jahr 1972 eine erste weltweit definierte Normung. So ist Qualität bei der European Organization for Quality (EOQ) seither »ein Begriff für den Ergebnis-Maßstab«, der – »auf den Punkt gebracht« – als »realisierte Beschaffenheit bezüglich geforderter Beschaffenheit einer Einheit« (ebd.) definiert sei.

Auf einen Blick: Qualität nach DIN EN ISO 9000:2015

»Qualität ist der Grad, in dem ein Satz inhärenter Merkmale eines Objekts Anforderungen erfüllt.«[9]

Verschiedene Fachgebiete und Fachexpertinnen und Fachexperten werfen immer wieder einen neuen Blick auf die Definition, und auch innerhalb der DGQ wurden verschiedentliche Modifikationen der Definition reflektiert (vgl. Votsmeier 2020), abschließend hält sie jedoch fest:

»Die existierende Definition von Qualität aus der Norm ISO 9000:2015 ist so generisch formuliert, dass sie auf alle Objekte anwendbar ist und geeignet ist, nachvollziehbare Bewertungen zu erzeugen. Eine Änderung ist unter dem Gesichtspunkt der Nutzung in Konformitätsbewertungsverfahren nicht erforderlich« (ebd.).

Daher orientieren auch wir uns an der existierenden Definition von Qualität aus der ISO-Norm.

Erreicht werden soll dieser Grad von Qualität anhand der **sieben Grundsätze des Qualitätsmanagements**.

Auf einen Blick: Die sieben Grundsätze des Qualitätsmanagements

1. **Kundenorientierung:** Der Kunde bestimmt die Anforderungen an die Produkte und Leistungen des Unternehmens. Daher sollte das Handeln des gesamten Unternehmens darauf ausgerichtet werden, die Anforderungen des Kunden zu erfüllen und sogar zu übertreffen. Nachhaltiger Erfolg ist abhängig von der Zufriedenheit und dem Vertrauen des Kunden und anderer interessierter Parteien, von denen das Unternehmen abhängt.
2. **Führung:** Die unternehmerische Praxis zeigt: Wenn die Geschäftsführung nicht voll und ganz hinter einem bestimmten Thema steht, wird es im Unternehmen nicht umgesetzt.

9 Wikipedia.de: Qualität; Abrufdatum: 31.01.2023; *inhärent = einer Sache innewohnend, inbegriffen, enthaltend*

Die Führungskräfte müssen Vorreiter in diesem Thema sein und die Voraussetzungen dafür schaffen, dass die Kundenanforderungen im gesamten Unternehmen umgesetzt werden können.

3. **Einbeziehung von Personen:** Wenn Mitarbeiter an einer Entscheidung beteiligt werden, dann werden sie diese Entscheidung auch mittragen. Wenn Mitarbeiter eine Regelung vorgesetzt bekommen und diese außerdem nicht sinnvoll erscheint, dann werden die Mitarbeiter diese neue Regelung nicht gerne umsetzen.
4. **Prozessorientierter Ansatz:** Ein Unternehmen lässt sich managen, indem es seine Prozesse managt. Jeder Prozess muss geplant, gesteuert, überwacht und verbessert werden. Wenn das Zusammenspiel der Prozesse funktioniert, ergibt sich eine funktionierende Wertschöpfung.
5. **Verbesserung:** Ein wesentliches Ziel im Qualitätsmanagement ist einerseits die ständige Verbesserung der Produkte, andererseits die Organisation des Unternehmens. Da zugleich die Mitbewerber auf dem Markt um eine ständige Verbesserung bemüht sind, wäre ein Stillstand in der Weiterentwicklung der Produkte und Leistungen als Rückschritt zu betrachten. Eine ständige Verbesserung ist daher aus wirtschaftlicher Sicht unerlässlich.
6. **Faktengestützte Entscheidungsfindung:** Viele Entscheidungen von Führungskräften werden mangels Datengrundlage nach Gefühl getroffen. Damit mehr dieser Entscheidungen auf einer festen Basis stehen, sollen vorher grundlegende Daten ermittelt werden.
7. **Beziehungsmanagement:** Die interessierten Personen nehmen großen Einfluss auf die Leistungen eines Unternehmens. Je besser das Beziehungsmanagement ist, desto besser können die einzelnen Ansprüche gegeneinander abgewogen werden, und desto mehr Erfolg wird das Unternehmen haben.

(Brugger-Gebhardt 2016, S. 5 f.)

2.1.2 Qualitätsmanager:in

Auch die **Rolle** der für das Thema Qualität in einer Organisation Verantwortlichen ist nicht immer leicht und eindeutig zu definieren. Die Bezeichnungen lauten exemplarisch:

- Head of Quality Management
- Stabsstelle Qualitätsmanagement
- Stabsstelle Qualitätsmanagement und Organisationsentwicklung
- Unternehmensqualität/Q-Strategie
- Leiter:in Qualitätsmanagement
- Qualitätsmanager:in
- Referent:in für Qualitätsmanagement
- Qualitätsmanagementbeauftrage (QMB)
- Projektleitung mit Zusatzaufgabe Qualitätsmanagement

Eine einheitliche Definition und Aufgabenzuteilung konnte ich in der Praxis bislang nicht feststellen. Die Bezeichnungen ändern sich, werden teilweise adaptiert. In diesem Buch verwende ich die Begriffe **Qualitätsmanagementbeauftragte (QMB)** und **Qualitätsmanager:in**. Sie stehen exemplarisch für die jeweilige Rolle in Ihrer Organisation.

2

Wichtig finde ich: **»Was drauf steht, sollte drin sein.«** Ein ›Head of Quality Management‹ hat andere Entscheidungsbefugnisse und Entscheidungsverantwortlichkeiten als eine ›Projektleitung mit der Zusatzaufgabe Qualitätsmanagement‹.

Was macht ein klassischer Qualitätsmanager?

Ein Träger für die Ausbildung von Qualitätsmanager:innen umreißt deren Funktion wie folgt:

> »Ein **Qualitätsmanager** setzt Qualitätsstandards innerhalb eines Unternehmens. Er ist der erste Ansprechpartner in Sachen Qualitätsmanagement sowohl für Mitarbeiter als auch für Kunden und Zulieferer. Zu den täglichen Aufgaben eines **QM-Managers** zählen:
>
> - die Entwicklung von Qualitätsrichtlinien
> - die Überwachung von qualitativer und zeitlicher Einhaltung dieser Richtlinien
> - die kontinuierliche Verbesserung der Managementprozesse«
>
> (Dekra Akademie o. J.)

Praxistipps

Aus eigener Erfahrung weiß ich, wie herausfordernd das Finden der eigenen Rolle sein kann. Es beginnt mit der Stellenausschreibung, setzt sich fort im Unterzeichnen des Arbeitsvertrages und reicht weiter über die Visitenkarte und Signatur. Viel zu selten beschäftigen wir uns mit der konkreten Erwartungshaltung an unsere Rolle. Wie nehmen wir uns wahr (Selbstwahrnehmung), und wie nehmen uns unsere Kolleginnen und Kollegen wahr (Fremdwahrnehmung)?

- Schaffen Sie Klarheit rund um die Erwartungen an Ihre Rolle.
- Stellen Sie Fragen wie: »Woran würden Sie merken, dass ich einen richtig guten Job mache?«
- Priorisieren Sie Ihre Tätigkeitsfelder? Welchen prozentualen Anteil Ihrer Arbeitszeit sollen Sie welchem Thema widmen?
  Zum Beispiel: 50 % Audit/Akkreditierung, 30 % Projektarbeit, 20 % Sonstiges wie Mails, Netzwerken, Meetings

Hier hat sich in der Praxis folgendes Vorgehen bewährt: Führungskräfte haben wenig Zeit und brauchen ein gutes Gefühl, um Entscheidungen treffen zu können. Fragen Sie sich immer: »Was kann ich tun, damit mein Gegenüber mir die Antwort gibt, die ich brauche, um meinen Job bestmöglich ausführen zu können?«

Bereiten Sie zwei Vorschläge vor; möglichst übersichtlich auf einer DIN-A4-Seite. Verweisen Sie bei Bedarf auf weitere Seiten oder Quellen für mehr Informationen. Sie werden mit großer Wahrscheinlichkeit einen Ihrer beiden Vorschläge angekreuzt zurückbekommen mit einer handschriftlichen Ergänzung. Probieren Sie es aus.

2.2 Agiles Qualitätsmanagement

2.2.1 Seine Ursprünge und Besonderheiten

Die Deutsche Gesellschaft für Qualität (DGQ) veröffentlichte 2016 das ›Manifest für Agiles Qualitätsmanagement‹, das unter der Leitung von Dr. Benedikt Sommerhoff (Leiter für das Themenfeld Qualität und Innovation) im DGQ-Fachkreis Qualitätsmanagement und Organisationsentwicklung entstand. Doch warum brauchen wir ein agiles Qualitätsmanagement?

> »Das klassische Qualitätsmanagement ist in einer Phase entstanden und ausgereift, als Unternehmen deutlich stabiler waren oder dafür gehalten wurden. Es wird den heute agierenden agilen Organisationen nicht gerecht. Das ist schädlich, weil das Qualitätsmanagement dort an Akzeptanz und Wirksamkeit verliert und somit auch Defizite bei der Produktqualität entstehen können.«
>
> (Sommerhoff 2016)

Abb. 5 zeigt die Entwicklung aus der ISO-Norm 9001 zu den Grundsätzen des agilen Qualitätsmanagements. Auf der linken Seite sind die Kernelemente aus dem klassischen Qualitätsmanagement in Anlehnung an ISO 9001 zusammengefasst. Diese entwickeln sich im agilen Qualitätsmanagement weiter, was auf der rechten Seite sichtbar wird.

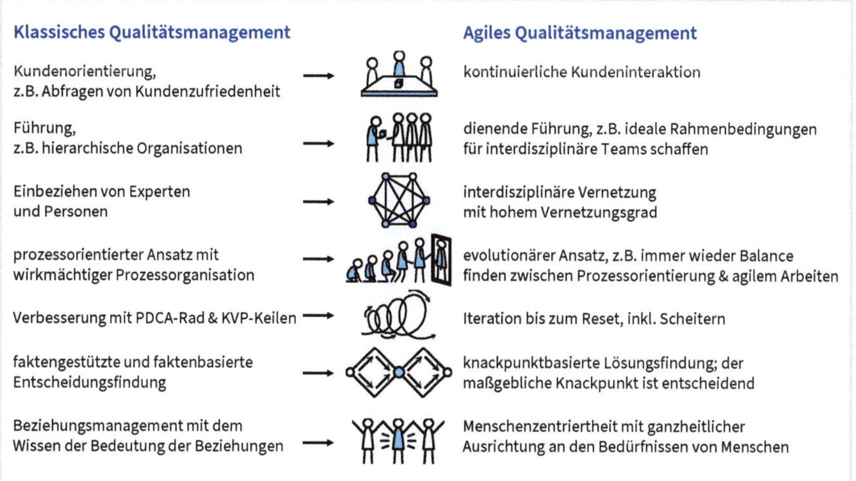

Abb. 5: ›Manifest für Agiles Qualitätsmanagement‹ (Quelle: Agentur Segerer)

Im agilen Qualitätsmanagement spielt die regelmäßige und kontinuierliche Interaktion mit bestehenden und potenziellen Kunden eine zentrale Rolle (= **Kundeninteraktion**).

Die Qualitätsteams arbeiten selbstorganisiert; hierfür brauchen sie einen sicheren und unterstützenden Rahmen von ihren Führungskräften. Entscheidende Rollen und

Kompetenzen wie beispielsweise Entscheidungskompetenz werden direkt auf Teammitglieder übertragen. Die Führungskräfte tragen aktiv zu einer lernenden und wertschätzenden Kultur bei (= **dienende Führung**).

Expertenwissen definiert sich neu. Statt definierter Kompetenzen und Befugnisse entscheiden die selbstorganisierten Teams, wen sie zu welchem Zeitpunkt hinzuziehen. Funktion und Rang der Person innerhalb der Organisation sind weniger entscheidend. Das Team weiß, welche Person es in welcher Situation bestmöglich unterstützen kann (= **interdisziplinäre Vernetzung**).

Über Jahrzehnte hinweg stand der Ansatz der kontinuierlichen Verbesserung im Fokus. Diesen Gedanken gilt es nun, weiterzudenken; Lösungsansätze immer wieder neu zu hinterfragen, Mut zum ›weißen Blatt Papier‹ zu haben, Mut, sich von eingefahrenen Lösungsideen zu trennen und sich auf evolutionärem Weg immer neu zu erfinden. Vielleicht hilft das Bild des Schmetterlings, der sich vom Ei zur Raupe, dann zur Puppe, zum Kokon und schließlich zum Schmetterling entwickelt. Nicht kontinuierlich, sondern immer wieder neu und sprunghaft (= **evolutionärer Ansatz**).

An den evolutionären Ansatz knüpft die **Iteration** an:

> »Iteration heißt, immer wieder bis zu dem Punkt zurückzugehen, ab dem eine Lösung oder Verbesserung überhaupt oder besser möglich ist. Iteratives Vorgehen des agilen Qualitätsmanagements kann mit dem Scheitern gut umgehen, ist experimentell. Es produziert immer wieder ganz neuartige Lösungen.«
>
> (Sommerhoff 2016)

Wie ehrlich gehen wir im klassischen Qualitätsmanagement mit Zahlen, Daten und Fakten um? Viel wichtiger noch als diese ist jedoch (wie in Kapitel 1.3.1 beschrieben) der Fokus auf den eigentlichen Knackpunkt. Worum geht es wirklich? Was bewegt unsere Nutzergruppe wirklich? Wie müsste die Lösung aussehen, damit die Augen des Kunden wirklich leuchten? Der Fokus liegt auf ›des Pudels Kern‹ – vom Kunden aus denkend (= **knackpunktbasierte Lösungsfindung**), was uns schließlich zum letzten Punkt bringt:

Im agilen Qualitätsmanagement ist der Fokus ganz klar auf die Bedürfnisse von Menschen und Interessengruppen ausgerichtet. Wir Qualitätsmanager:innen wollen wirklich verstehen, was unsere Nutzergruppen bewegt. Was verbindet unsere Zielgruppe mit Qualitätsmerkmalen? Was sind deren Qualitätsbedürfnisse? Das interessiert uns brennend; aus diesem Verständnis entwickeln wir Qualitätsmerkmale und die dazu gehörigen Kennzahlen (= **Menschenzentrierung**).

Tabelle 4 fasst die wichtigsten Veränderungen zusammen – von den Grundsätzen der ISO-Normen kommend in Richtung agiles Qualitätsmanagement.

1. **Kundeninteraktion**	
→ statt: Kundenbefriedigung durch Abfragen der Anforderungen und der Zufriedenheit	→ neu: kontinuierliche Kundeninteraktion während Ideenfindung, Entwicklung, Realisierung und Produktnutzung
2. **Dienende Führung**	
→ statt: sehr hierarchische Organisationen	→ neu: interdisziplinäre Teams übernehmen entscheidende Rollen und Aufgaben; wirkungsvolle Vernetzung führt zu enormer Reaktionsgeschwindigkeit bei hoher Ergebnisqualität; dienende Führung stellt Ressourcen, Strukturen und Kultur bereit (z. B. Scrum-Master)
3. **Interdisziplinäre Vernetzung**	
→ statt: Einbeziehen von Expert:innen mit definiertem Kompetenz- und Befugnisportfolio; Vernetzung muss stimuliert werden	→ neu: Wirksamkeit resultiert aus hohem Vernetzungsgrad vieler Organisationsinterner und -externer, unabhängig von ihrer Funktion und Stellung in Organigrammen; agile Teams wissen, wen sie brauchen, und ziehen hinzu, wen immer sie gebrauchen können
4. **Evolutionärer Ansatz**	
→ statt: wirkmächtiger, prozessorientierter Ansatz für Prozessorganisationen	→ neu: Balance zwischen Prozessorientierung, klassischem Projektmanagement und agilem Arbeiten muss immer wieder neu erfunden werden; kontinuierlicher Wandel wird unterstützt und agilitätsförderliche Kultur entwickelt
5. **Iteration**	
→ statt: PDCA-Rad und KVP-Keile	→ neu: Zurückgehen bis zu dem Punkt, ab dem Lösung bzw. Verbesserung überhaupt möglich ist, ist Teil des evolutionären Ansatzes; Scheitern und neuartige Lösungen gehören dazu
6. **Knackpunktbasierte Lösungsfindung**	
→ statt: Wunsch nach faktenbasierter Entscheidungsfindung	→ neu: maßgeblicher Knackpunkt ist wichtiger als Fakten; Verstehen und Beobachten
7. **Menschenzentrierung**	
→ statt: Beziehungsmanagement mit dem Wissen der Bedeutung der Beziehungen zu Interessengruppen der Organisation	→ neu: ganzheitliche Ausrichtung an den Bedürfnissen der Menschen aller Interessengruppen; Wille, die Qualitätsbedürfnisse zu verstehen und aus diesem Verständnis heraus Qualität in allen relevanten Aspekten erzeugen

Tab. 4: Von den ISO-Grundsätzen zum agilen QM (Quelle: Sommerhoff 2016)

Nach Veröffentlichung des ›Manifests für Agiles Qualitätsmanagement‹ luden wir im Namen der DGQ zu verschiedenen Regionalkreisen ein, um den Vorschlag an der Basis zu reflektieren. Besonders der zweite Punkt wurde anfangs heiß diskutiert. So konstatiert Benedikt Sommerhoff (2016) in einem Blogeintrag: »Dienend klingt für mich zunächst etwas unterwürfig. Nach der Lektüre der Beschreibung sehe ich hier eher das Thema Förderung im Fokus.«

Es geht damals wie heute nicht um »obsolete Führungskräfte« in weitestgehend selbstorganisierten Teams, wie Patricia Adam (2020, S. 40) einen der Stolpersteine bei der Einführung von agilen Praktiken beschreibt. Und doch bleibt festzuhalten, dass für streng hierarchisch geprägte Organisationen mit strikten Führungsebenen der agile Wandel besonders schwer und *nur* mit »eindeutigem Rückenwind von oben« realisierbar ist.

In meiner Wahrnehmung wandelte sich erstaunlicherweise die Diskussion in den letzten Jahren. Das Umdenken bei Führungskräften hat begonnen, wie die Case-Study III der Carl Zeiss Vision GmbH zeigt, wo die Führungskraft sich als Stärken-Coach ausbilden ließ, um den Blick in ihrem QM-Team auf deren Stärken und Potenziale lenken zu können, – mit positiven Auswirkungen und Strahlkraft auf die gesamte Organisation.

Zwischenfazit

Halten wir kurz inne, bevor wir einen Blick auf die zentralen Elemente eines agilen Qualitätsmanagements und die Auswirkungen auf die Rolle der QMB werfen: Wir haben uns der Definition von Qualität angenähert und die sieben Grundsätze im Qualitätsmanagement näher beleuchtet. Zudem haben wir uns auf Spurensuche begeben zu den Anfängen des agilen Qualitätsmanagements und den damit verbundenen Veränderungen. In diesem Buch orientieren wir uns an der gültigen ISO-Definition von Qualität, denn: Einfachheit ist eine Kunst. Und als Fan von einfachen, praktikablen und kurzen Formulierungen erscheint mir diese Definition sehr brauchbar.

2.2.2 Zentrale Elemente und Auswirkungen auf die Rolle von Qualitätsmanager:innen (QMB)

Die DGQ hat 2017 die folgenden **vier Paradigmen** erarbeitet, die dabei helfen sollen, dass Qualitätsmanagement auch in Zukunft erfolgreich ist (Sommerhoff 2017):

1. Qualitätsmanagement darf nicht mehr den Fokus allein auf Stabilität setzen, sondern muss zu jeder Zeit und immer wieder neu die richtige **Balance zwischen Stabilität und Veränderung** finden.
2. **Qualitäts- und Innovationsmanagement dürfen nicht mehr getrennt voneinander entwickelt und ausgestaltet werden.** Sie gehören zusammen in ein Managementsystem, das selbst disruptiver wird und besser mit Disruption umgehen kann.
3. Mehr noch als jemals zuvor muss Qualitätsmanagement den **Menschen mit seinen Bedürfnissen in den Mittelpunkt stellen**, und zwar als Erzeuger und als Empfänger von Qualität. Es gilt, emotionale Bedürfnisse der Empfänger, der Kunden, zu adressieren und den tiefliegenden Qualitätsstolz der Erzeuger, der Mitarbeiter, zu aktivieren.

4. Qualitätsmanagement muss die **Organisationskultur** in den Mittelpunkt seines organisationsentwicklerischen, systemgestaltenden Handelns stellen. Fachlichkeit und Infrastruktur sind wichtige Aspekte der Organisation, aber die Organisationskultur ist wichtiger in dem Sinne, dass Störungen auf dieser Ebene durch hervorragende Fachlichkeit und Infrastruktur allein nicht mehr ausgeglichen werden können.

Das klassische Qualitätsmanagement entstand in einer Zeit, in der eine stabile Prozessorganisation prägend war. Der Trend geht in Richtung einer Kultur des ›Fail Fast – Learn Fast‹.

Die Rolle von Qualitätsmanager:innen

Diese Veränderung hat Auswirkungen auf die Rolle der agilen Qualitätsmanager:innen (vgl. Abb. 6).

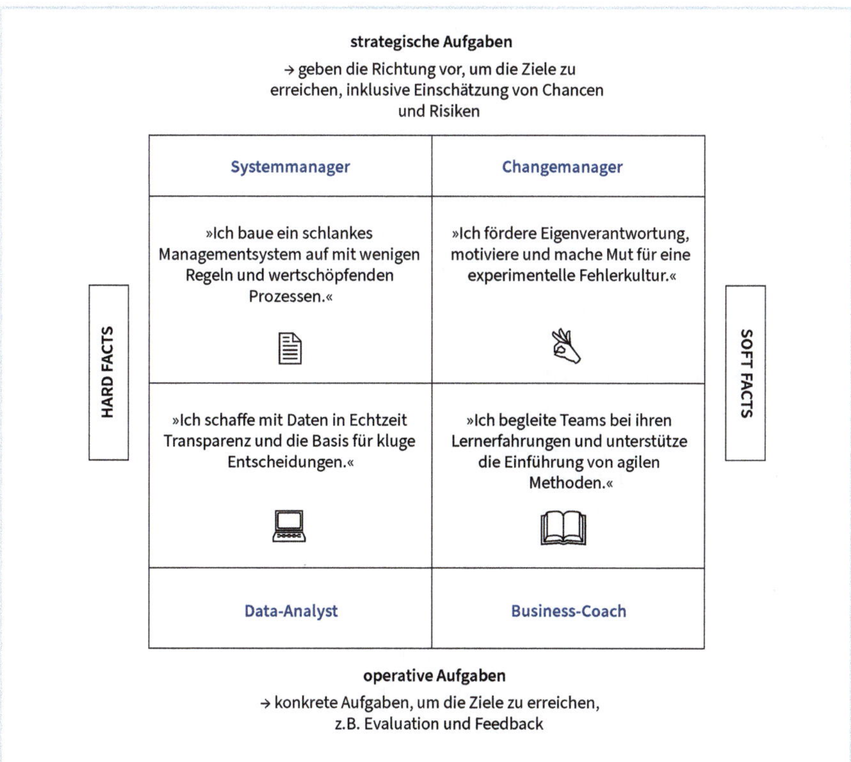

Abb. 6: Die neuen Rollen der Qualitätsmanager:innen (Quelle: Ulrike Margit Wahl)

Die Rolle der QMB hatte lange den Ruf einer kontrollierenden und dokumentierenden Instanz. Der Fokus lag auf der fachlichen Expertise, weniger auf dem Zusammenspiel zwischen den Menschen.

Fehlende Motivation bei den Beteiligten war die Folge. Häufig entstand der Eindruck, die Rolle der QMB ist fokussiert auf Dokumentation und Prozessoptimierung, besonders bei Audit-Verfahren oder Akkreditierungen. Das Einende und Verbindende zwischen den Menschen innerhalb einer Organisation kam immer wieder zu kurz. Das Gefühl der Fremdkontrolle durch den oder die QMB war ein unerwünschter Nebeneffekt.

Im agilen Qualitätsmanagement wandelt sich die Rolle der QMB. Der Fokus liegt auf der Zusammenarbeit im Team:

> »Der Qualitätsmanager entwickelt sich von einem eher fachlich orientierten Experten zu einem Organisationsentwickler, der als interner Berater und Coach agiert und die agile Transformation mitgestaltet. In seiner neuen Rolle hat er strategische und operative Aufgaben zu bewältigen.«
>
> (Sommerhoff/Wolter 2019, S. 14 f.)

Die Rückmeldungen aus den Workshops ergeben ein differenziertes Bild. Je nach Organisations- und Reifegrad vereinen sich bis zu vier Rollen in einer einzigen Person: Systemmanager, Changemanager, Data-Analyst und Business-Coach.

Der **Systemmanager** unterstützt den Aufbau eines schlanken Managementsystems, das auf die individuellen Bedürfnisse und Anforderungen der Organisation ausgerichtet ist. Nur wirklich wertschaffende Regeln und Formalien bleiben bestehen und werden regelmäßig kritisch reflektiert. Der Systemmanager unterstützt das Lernen im Team und die Weiterentwicklung von relevanten Prozessen.

Auf einen Blick: Die Aufgaben eines Systemmanagers

- ein schlankes Managementsystem aufbauen
- Fokus auf schnelles, iteratives Lernen lenken
- Regeln auf ein Minimum reduzieren
- wertschöpfende Prozesse kritisch reflektieren
- die Zusammenarbeit im Team unterstützen

Der **Changemanager** begleitet die Organisationsentwicklung mit dem Fokus auf der Kultur innerhalb einer Organisation. Wie gehen wir beispielsweise mit Fehlern um? Haben wir die Chance, aus Fehlern zu lernen? Oder werden Fehler schnell und sichtbar bestraft?

Die Sensibilisierung von Fehlerarten hat sich beispielsweise in der Praxis bewährt, wie Abb. 7 zeigt, die in einer Abfrage in einem Workshop für Führungskräfte – zur Sensibilisierung im Umgang mit Fehlern – entstand.

Abb. 7: Was verbinden Sie mit Fehlern? (Quelle: Ulrike Margit Wahl)

Erstaunlicherweise standen *lernen*, *verbessern* und *menschlich* im Fokus statt *vermeiden* oder *null Fehler*.

Der Fokus liegt auf dem *Lernen aus Fehlern*. Das *Vermeiden von Fehlern*, das das klassische Qualitätsmanagement stark geprägt hat, spielt natürlich immer noch eine Rolle. Neu ist das *Zulassen* des Lernens aus Fehlern und die entsprechende Grundhaltung.

> **Praxistipp**
> Fragen Sie in Ihrer Organisation nach, was Ihre Führungskräfte mit Fehlern verbinden. So erhalten Sie einen Status quo rund um Ihre Organisations- und Fehlerkultur.

Weil die Fehlerkultur eine so wesentliche Rolle im agilen Qualitätsmanagement spielt, gehen gleich zwei Kapitel auf die dafür relevanten Aspekte ein: 3.2.1 (Werte und Fehlerkultur) sowie 3.6.3 (Praxistipps für Spielregeln, Unternehmenskultur und Fehlerkultur).

Auf einen Blick: Die Aufgaben eines Changemanagers

- die Organisationsentwicklung unterstützen
- als Sparringspartner der Unternehmensleitung fungieren
- Führungskräfte und Mitarbeitende motivieren
- eine experimentelle Fehlerkultur schaffen
- den Fokus auf Kundenbedürfnisse und das Schaffen von echtem Nutzen lenken
- bei der Balance zwischen Rahmen und Gestaltungsspielraum unterstützen

Der **Data-Analyst** legt den Fokus auf Zahlen, Daten und Fakten als Basis für bestmögliche Entscheidungen. Diese Daten sind sowohl für die Mitarbeitenden als auch die Führungskräfte und Entscheider zugänglich und schaffen Transparenz und Vertrauen. Mitarbeitende werden zu Mitgestaltern. Das gemeinsame Verständnis für Qualität und das damit verbundene Know-how sind spürbare Begleiteffekte.

2

Auf einen Blick: Die Aufgaben eines Data-Analysten

- Zahlen, Daten und Fakten zusammentragen
- Transparenz für kluge Entscheidungen schaffen
- breites Wissen und Verständnis im Team rund um QM unterstützen
- beratend zur Seite zu stehen

Der **Business-Coach** begleitet die Teams beim eigenständigen Finden von passenden Lösungen. »Dazu fördert er die Anwendung von agilen Methoden und Werkzeugen und stellt durch Training und Coaching die Anwendung sicher. Ferner hilft er den Teams, den Qualifikationsbedarf der Teammitglieder zu ermitteln, Trainingsprogramme auszusetzen und alltägliche Lernerfahrungen zu reflektieren« (Sommerhoff/Wolter 2019, S. 16).

Auf einen Blick: Die Aufgaben eines Business-Coachs

- die Teams bei ihren eigenen Lernerfahrungen begleiten
- Mut machen für das Erlernen und Ausprobieren agiler Methoden und Tools
- bei der Auswahl von Qualifikationsmaßnahmen und Trainings beraten
- bei der systematischen und regelmäßigen Reflexion (z. B. Review und Retrospektive) unterstützen

Ich lade Sie nun herzlich ein, sich einen Textmarker zur Hand zu nehmen und die vier verschiedenen Rollen noch einmal auf sich wirken zu lassen.

ÜBUNG

Werfen Sie noch einmal einen Blick auf die vier Kästen in Abb. 6 und markieren Sie die Aufgaben, die in Ihren Tätigkeitsbereich fallen.
Wo liegt Ihr Tätigkeitsschwerpunkt? Wie würde Ihre Bezeichnung lauten?
Lassen Sie das Ergebnis auf sich wirken. Sind Sie überrascht? Trifft es genau Ihre Erwartungen? Passt Ihre Bezeichnung zu Ihnen? Oder möchten Sie etwas ändern?
Wie könnte dann Ihr erster Schritt aussehen?

Die Rolle der QMB war nicht immer leicht und auch nicht immer beliebt. Die Verknüpfung mit persönlichen Talenten und Neigungen kann diese Rolle aufwerten und attraktiver machen. Dazu gehört die regelmäßige Reflexion der eigenen Rolle sowie der Perspektivwechsel zwischen Fremd- und Selbstwahrnehmung. Im besten Fall sagen die Qualitätsmanager:innen von morgen: »Ich habe den schönsten Job der Welt.«

Zwischenfazit

In diesem Kapitel haben wir die vier Paradigmen des zukunftsgerichteten Qualitätsmanagements beleuchtet und die veränderte Rolle der Qualitätsmanager:innen analysiert. Sie haben eine Vorstellung, welche Rollen und Aufgaben im agilen Qualitätsmanagement gebraucht werden – vom Data-Analysten bis zum Changemanager. Im nun folgenden Kapitel widmen wir uns anderen QM-Ansätzen wie der ISO-Normenfamilie und dem EFQM-Modell und wagen einen Blick auf das Qualitätsmanagement der Zukunft.

2.2.3 Abgrenzung von anderen QM-Ansätzen

Das Qualitätsmanagement ist traditionell stark geprägt von der ISO-Normenfamilie und dem EFQM-Modell, über die wir uns in diesem Abschnitt einen Überblick verschaffen.

Die ISO-Familie

Im Gabler Wirtschaftslexikon ist nachzulesen: »Die Basis für Qualitätsmanagementsysteme (QMS) bietet die internationale Normenfamilie DIN EN ISO 9000 ff.«[10] Diese umfasst verschiedene nationale und internationale Qualitätsnormen in normenbasierten Qualitätsmanagementsystemen. Sie wurde 1987 erstmals veröffentlicht und galt viele Jahre als Orientierung und Maßstab[11] rund um Qualitätsmanagement, denn

> »Normen sowie deren Anwendung und Interpretation sind im Qualitätsmanagement und in der Qualitätssicherung kaum mehr wegzudenken. Sie spiegeln den Stand der Technik wider und definieren Anforderungen und Merkmale für Vorgehensweisen und Tätigkeiten sowie für Produkte und Dienstleistungen.«
>
> (Vornach o. J.)

Die ISO 9000:2015 beschreibt Begriffe, Grundlagen und Rahmenbedingungen für ein Qualitätsmanagementsystem wie beispielsweise personenbezogene oder prozessbezogene Begriffe. Sie enthält einen Mindeststandard an Forderungen, wie das Qualitätsmanagementsystem eines Unternehmens zu gestalten sei, um die Qualitätsanforderungen der Kunden erfüllen zu können. Diese Forderungen umfassen die folgenden sieben Bereiche: Kontext der Organisation, Führung, Planung, Unterstützung, Betrieb, Bewertung der Leistung und Verbesserung (vgl. DGQ 2019).

Ergänzend prägten die beiden Schlagworte Prozessorientierung und der PDCA-Zyklus (Plan-Do-Check-Act) nach Deming das Qualitätsmanagement (vgl. DGQ 2015, S. 41). Auf den PDCA-Zyklus gehen wir in Kapitel 2.3.2 näher ein, wenn wir die Schnittmengen zwischen agilem und klassischem Qualitätsmanagement beleuchten.

Das EFQM-Modell

Daneben gibt es das EFQM-Modell, das 1988 von der namensgebenden European Foundation for Quality Management entwickelt wurde. Europäische Organisationen und Großunternehmen entwickelten einen Ansatz, der auf den drei Säulen *Menschen*, *Prozesse* und *Ergebnisse* basiert.

Die folgenden acht Grundkonzepte der Excellence bildeten die Grundlage für das EFQM-Modell (DGQ 2015, S. 182):

10 Wirtschaftslexikon.gabler.de: Qualitätsmanagementsystem; Abrufdatum: 31.03.2023
11 Wikipedia.org: ISO 9000 (englische Fassung); Abrufdatum: 31.01.2023

1. Nutzen für Kunden schaffen
2. die Zukunft nachhaltig gestalten
3. die Fähigkeit der Organisation entwickeln
4. Innovation und Kreativität fördern
5. mit Vision, Inspiration und Integrität führen
6. Veränderungen aktiv managen
7. durch Mitarbeiterinnen und Mitarbeiter erfolgreich sein
8. dauerhaft herausragende Ergebnisse erzielen

Nach der umfangreichen Überarbeitung 2020 umfasst das aktuelle EFQM-Modell (vgl. DGQ 2019) die drei Segmente *Ausrichtung*, *Ergebnisse* und *Realisierung*. Tabelle 5 fasst die wichtigsten Aspekte zusammen:

Ausrichtung	Ergebnisse	Realisierung
Zweck, Vision, Strategie	Wahrnehmungen der Interessengruppen	Interessengruppen einbinden
Organisationskultur, Organisationsführung	strategie- und leistungsbezogene Ergebnisse	nachhaltigen Nutzen schaffen
		Leistungsfähigkeit und Transformation vorantreiben

Tab. 5: EFQM-Modell 2020

Was ist nun die für Sie passende Antwort?

Vielleicht hilft folgender Ausschnitt aus dem Grundlagenartikel der ›QZ-online‹, der Bezug auf eine Studie der Universität Bamberg nimmt:

> »Inwieweit erfüllt nun die DIN EN ISO-9000er Normenreihe die umfassenden Kriterien des EFQM-Excellence-Modells? Als Ergebnis einer qualitativen Inhaltsanalyse und Expertenbefragung einer Studie der Universität Bamberg werden deutliche Defizite der aktualisierten Normenreihe ersichtlich. […]
> Die ISO 9001:2000 stellt nach diesen Analysen nur einen Schritt in Richtung eines umfassenden Qualitätsmanagements dar. Die ISO-konformen Audits konzentrieren sich immer noch zu stark auf Prozesse und deren Optimierung. Meinungen und Feedback der Mitarbeiter werden weitgehend außer Acht gelassen. Erst durch EFQM-Selbstbewertungen ist es möglich, eine konsequente Mitarbeiter- und Kundenorientierung umzusetzen und zu bewerten.«
>
> (Voss/Stoschek o. J.)

Es bleibt eine spannende Frage, wie wirkungsvoll Normen und Prinzipien mit Ursprüngen in den 80er Jahren noch sind, die unter völlig anderen Rahmenbedingungen entstanden sind, auch wenn sie immer wieder aktualisiert wurden. Man denke nur an die

Wege der Kommunikation ohne das Internet oder die Schnelligkeit der Veränderungen mit innovativen Ideen. Ist die Annahme, Produkte und Dienstleistungen kontinuierlich verbessern zu können, nicht eigentlich eine Illusion? Sind Prozessverbesserungen wirklich immer die beste Antwort? Bedenken wir hierbei konsequent, dass Prozesse immer den gleichen Input und den gleichen Output haben und somit per Definition wiederholbar sein müssen? Wann ist es vielleicht effektiverer und wirkungsvoller, den Prozess zu stoppen und auf einem ›weißen Blatt‹ die Bedürfnisse unserer Nutzer:innen völlig neu zu denken?

Diese Möglichkeiten bieten uns die sieben Anregungen im ›Manifest für Agiles Qualitätsmanagement‹. Ob mit dem ›evolutionären Ansatz‹ oder dem ›iterativen Vorgehen‹ – das agile Qualitätsmanagement möchte uns Mut machen, Herz und Verstand zu nutzen, um zu den bestmöglichen Ergebnissen zu gelangen:

> »Hier geht es in erster Linie um uns Menschen. [...] Unsere Herausforderung besteht darin, das Qualitätsmanagement, das unter anderen Rahmenbedingungen in anderen Zeiten entstanden ist, für unsere Zeit mit ihrer schnellen, unvorhersehbaren Innovationsdynamik neu zu gestalten. Und weil Innovation das prägende Element dieser Zeit ist, gehört zu dieser Herausforderung, das Qualitätsmanagement mit dem Innovationsmanagement zu verbinden.«
>
> (Sommerhoff 2021, S. 1)

Das reicht von der Weiterentwicklung der eigenen Geschäftsmodelle über die Neuausrichtung der strategischen und operativen Unternehmensziele bis zur Organisationsentwicklung. *Change* wird ein treuer Begleiter. Nicht QM-Handbücher, Prozessdarstellungen und Normen stehen im Fokus, sondern der Mensch mit seinen Bedürfnissen und echte Wertschöpfung. Es geht um Impact – um gewünschte Wirkungen, das Vermeiden von unerwünschten Nebenwirkungen (wie Erschöpfung und Dokumentenberge) und das wirkliche Verstehen von echtem Mehrwert.

Ralf Kohlen und Rudolf A. Müller unterstützen diesen Ansatz, Qualitätsmanagement neu zu denken, denn: »Ein gelebtes, wertschöpfendes ›Qualitäts-Managementsystem‹ hat jedes erfolgreiche Unternehmen, ob mit oder ohne Zertifikat. Mit der Einführung eines formellen Qualitätsmanagementsystems entsteht ein Schattensystem« (Kohlen/Müller 2021, S. 19).

Qualitätsmanagement darf nie zum Selbstzweck werden. Wenn wir zertifizieren der Zertifizierung wegen, dann haben wir etwas Wichtiges übersehen, worum es eigentlich im Qualitätsmanagement geht – um echten **Value** für unsere **Nutzergruppen**. Für den Menschen.

In der folgenden Übersicht wagen wir drei Thesen für die wichtigsten Aspekte im künftigen Qualitätsmanagement:

2

Auf einen Blick: Das Qualitätsmanagement der Zukunft

- Es geht um uns Menschen mit unseren Bedürfnissen. Darauf liegt der konsequente Fokus.
- Qualitätsmanagement und Innovationsmanagement gehören zusammen.
- Wertschöpfende Qualitätsmanagementsysteme sind auch ohne Zertifikate möglich.

Zwischenfazit

Nachdem wir die ISO-Normenfamilie sowie das EFQM-Modell näher beleuchtet haben, tauchen wir nun tiefer ein in die Schnittmengen zwischen klassischem und agilem Qualitätsmanagement. Wir werden mit relevanten Begriffen wie Kaizen, KVP und Lean Management beginnen und beleuchten, warum kontinuierlich verbessern nicht zwingend ein Wandel zum Besseren ist. Und wir werden den Parkinsonschen Gesetzen begegnen, die z. B. besagen, dass Arbeit sich in genau dem Maße ausdehnt, wie Zeit für ihre Erledigung zur Verfügung steht. Aus meiner Sicht sind dies zwar provokante, doch durchaus zum Nachdenken inspirierende Gesetze.

2.3 Schnittmengen zwischen klassischem und agilem QM

In diesem Kapitel werfen wir zunächst einen Blick auf die verschiedenen Begrifflichkeiten *Kaizen*, den *kontinuierlichen Verbesserungsprozess* (KVP) mit dem dazugehörigen *PDCA-Zyklus*, *Lean Management* sowie die *Parkinsonschen Gesetze* und klären ihren Ursprung und ihre Bedeutung, bevor wir ein abschließendes Resümee ziehen.

2.3.1 Kaizen

Kaizen kommt aus dem Japanischen und bedeutet ›Veränderung, Wandel‹ (*kai*) ›zum Besseren‹ (*zen*).[12]

> »Kaizen ist eine grundlegende Einstellung eines Mitarbeiters zur eigenen Arbeit, zum Arbeitsplatz und zur Qualität von Abläufen und Produkten. Wer Kaizen ›lebt‹, ist fest davon überzeugt, dass es immer etwas zu verbessern, zu vereinfachen oder zu optimieren gibt. Deshalb wird Kaizen im Deutschen auch als Prinzip der kontinuierlichen Verbesserung bezeichnet und dem Kontinuierlichen Verbesserungsprozess (KVP) gleichgesetzt.«
>
> (Flaig o. J.)

Letzteres – Kaizen mit dem kontinuierlichen Verbesserungsprozess (KVP) gleichzusetzen – empfehle ich allerdings zu überdenken, weil nach meinem Verständnis von Kaizen

12 Wikipedia.de: Kaizen; Abrufdatum: 31.01.2023

nicht nur die Veränderung zum Besseren im Fokus steht, sondern auch die Vermeidung von Verschwendung.

Dies wirft die Frage auf, ob wir hierzulande wirklich verstanden haben, was Kaizen eigentlich bedeutet. Nach meinem Verständnis suggeriert ein kontinuierlicher Verbesserungsprozess, dass die jeweils nachfolgende Entwicklungsstufe wirklich einen Mehrwert und eine Verbesserung darstellt. Allein die oft zitierte Aussage von Henry Ford: »Wenn ich die Leute gefragt hätte, was sie wollen, hätten sie gesagt: ›schnellere Pferde‹«, zeigt den Fehler in unserer Grundhaltung.

Die Veränderung zum Besseren bedeutet immer auch zu verstehen, welches Problem ich mit welcher Ursache eigentlich lösen möchte oder welchen wirklichen Mehrwert ich schaffen möchte. Zudem ist der konsequente Blick auf das Beseitigen von Verschwendungen unabdingbar. Die folgende Übersicht fasst die Grundprinzipien, Besonderheiten und Merkmale des Kaizen zusammen:

Auf einen Blick: Kaizen

Die Grundprinzipien von Kaizen heißen: **Wert schaffen** und **Ressourcenverschwendung vermeiden.**

Die Besonderheiten und Merkmale im Kaizen lauten (Gorecki/Pautsch 2018, S. 192):

- Kaizen kann nicht delegiert und diktiert werden.
- Kein System, keine Struktur, kein Kaizen.
- Keine Kapazitäten, kein Kaizen.
- Kaizen ist zu 100 % von Menschen abhängig.
- Kaizen kennt keine Kompromisse.
- Keine Fehlerkultur, kein Kaizen.

Aufschluss über die Ursache der Missinterpretation können die **sieben Stufen im Kaizen** geben:

In den **Stufen 1 bis 3** wird das zu lösende Problem präzisiert. Hier sehen wir eine Parallele zum Design-Thinking, wo die ersten drei Phasen den Fokus auf das Stellen der passenden Fragen gelegt wird (vgl. Kapitel 1.3).

- **Stufe 1** – ursprüngliche und präzise Problembeschreibung
- **Stufe 2** – Klärung des Problems ohne Vorurteile und mit gesundem Menschenverstand an dem Ort, wo es auftritt → Grundursache
- **Stufe 3** – Lokalisierung der Ursache (Probleme liegen oft ›stromaufwärts‹)

In der **Stufe 4** werden die Ursachen des Problems analysiert, beispielsweise mit der 5-Why-Hinterfragetechnik (siehe Kapitel 3.1.1). Das ›penetrante Nachfragen‹ nach der wirklichen Problemursache und das Finden des Ortes der Ursache ist die **wichtigste Stufe** im Kaizen (Gorecki/Pautsch 2018, S. 193):

- **Stufe 4** – Untersuchung der wahren Grundursache

Die Stufen 5 bis 7 legen den Fokus auf das Lösen des Problems. Auch hier gibt es eine Parallele zum Design-Thinking, das in den Phasen 4 bis 6 die passenden Antworten findet:

- **Stufe 5** – kreative Gegenmaßnahmen mit interdisziplinären Teams
- **Stufe 6** – Bewertung der Gegenmaßnahmen und Wirkung anhand der definierten Kennzahlen
- **Stufe 7** – Standardisierung, wenn die Stufe 6 sich bewährt hat, damit das Problem künftig verhindert wird

Aus meiner Berufspraxis

Wie ich die Stufe 4 zum ersten Mal live erlebte – dank eines Geschäftsführers mit echtem Interesse an der wahren Grundursache

Lassen Sie mich dies an folgendem Praxisbeispiel einer Firma im Bereich Elektrotechnik verdeutlichen. Hier hatte ich die Gelegenheit, den Geschäftsführer während des Audits zu begleiten.

Der Ausgangspunkt war folgendes Zitat des Geschäftsführers: »Ich empfinde Audits als starr und auch als Geschenk. Für die Prozessdokumentation ist es hilfreich. QM sollte allerdings nie für die Schublade gemacht werden, sondern immer als Gelegenheit, die Ist-Situation kritisch zu hinterfragen. Passen unsere Prozesse noch zu unserem Unternehmen? Ich brauche Klarheit, was ich verbessern will. Ich brauche ein Bewusstsein für Werte. Und ich brauche dazu jene Menschen, die das Thema verstehen und die Entscheidungen treffen können.«

Bis dato kannte ich nur Auditverfahren, bei denen die Beteiligten nach der erfolgreichen Zertifizierung erschöpft und erleichtert waren, dass es geschafft war. Hier hatte ich einen Geschäftsführer, der das Audit als Gelegenheit nutzte, um dichter an die Ursache und an echte Verbesserungen heranzukommen. Die Prozesse waren aktualisiert und dokumentiert. Das Grundproblem war allerdings noch nicht gelöst.

Eine Erkenntnis aus dem Audit war, dass es keine tagesaktuellen und einheitlichen Personaldaten gab, was immer dann besonders zeitintensiv war, wenn besondere Fähigkeiten von Kollegen gebraucht wurden. Dann konnte die Suche nach einem Fähigkeitenverwalter bis zu sechs Stunden Telefon- oder Mailrecherche bedeuten.

Nun erlebte ich eine Premiere. Während ich davor nur aus Erzählungen und aus Büchern wusste, dass in Japan beispielsweise Manager an den Ort der Ursache gehen und immer tiefer nachfragen, bis sie die Ursache des Problems gefunden haben, erlebte ich nun einen Geschäftsführer in Deutschland, der an der wirklichen Ursache und nicht nur an dem erfolgreichen Audit interessiert war.

Ich erlebte zum ersten Mal die gelebte Stufe 4 – die Untersuchung der wahren Grundursache. Wir starteten mit wiederholtem Nachfragen nach dem Warum (siehe auch Kapitel 3.1.1), z. B.: »Warum dauert es so lange, bis der passende Fähigkeitenverwalter gefunden wird?« Hier lautete die Antwort: »Weil die Daten in der Datenbank teilweise veraltet sind und es mühsam ist, die passende Person zu finden.« Für das Suchen der wahren Grundursache nahmen wir uns Zeit und näherten uns schrittweise dem Knackpunkt und Kern des Problems.

Die Grundursache war schließlich die fehlende Datenhygiene. Es gab an den verschiedenen Standorten verschiedene Excel-Dateien mit verschiedenen Dateiformaten. Mal war beispielsweise die Mailadresse in Spalte 4, mal in Spalte 5. Und es gab keine tagesaktuellen Daten. Schied z. B. eine Mitarbeiterin aus, dann dauerte es manchmal bis zu sechs Wochen, bis die Daten in allen Systemen angepasst waren. Eine deutschlandweite und schnelle Recherche war bislang nicht möglich.

Im nächsten Schritt wogen wir ab, ob es sich um die Optimierung von Prozessen und Abläufen handelt oder ob es ein Projekt ist. Bei Prozessen haben wir immer den gleichen Auslöser und das gleiche Ergebnis mit dazwischenliegenden Schritten in einer definierten Reihenfolge. Prozesse sind wiederholbar. Ein Projekt dagegen ist einmalig und greift ein Thema auf, das zum Projektende gelöst ist. Wir waren uns schnell einig, dass es ein Projekt ist und weniger eine Prozessoptimierung.

Der Projektauftrag wurde definiert mit Zweck, zu erreichenden Zielen, Ressourcen, Rollenklärung und Meilensteinen. (Für Ziele darf ich auf Kapitel 3.1.5 und im Besonderen auf die so hilfreichen Objectives and Key Results (OKR) verweisen.) Zudem überlegten wir, welche Nutzer:innen mit den Ergebnissen arbeiten würden und wie diese suchen, beispielsweise mit Schlagworten.

Das Ergebnis war eine Qualifikationsmatrix in Echtzeit, die Mitarbeitende mit besonderen Fähigkeiten und Equipment findet. Diese Matrix funktioniert wie eine Suchmaschine. Herr Müller gibt beispielsweise das Schlagwort ›Fähigkeitenverwalter‹ ein und erhält in Echtzeit den Namen des Vorgesetzten mit den aktuellen Kontaktdaten. Optional kann nach speziellen Messgeräten gesucht werden, wie z. B. ›Kabelmesswagen‹. Und dann sieht die suchende Person in der Qualifikationsmatrix jene Person, die den Kabelmesswagen gerade auf einer Baustelle im Einsatz hat.

Die Qualifikationsmatrix konnte intern programmiert werden. Besonders beeindruckend war die abschließende Bilanz zwischen Aufwand und Nutzen. Der Zeitaufwand plus die personellen Ressourcen standen in keinem Verhältnis zu den zuweilen zeitintensiven Workshops rund um Prozessoptimierung mit grafischen Darstellungen als Soll- oder Ist-Prozess.

Das Fazit des Geschäftsführers lautete: »Ihre externen Fragen haben uns dabei geholfen, das Thema zu verstehen und die wirkliche Ursache herauszufinden. Das hat die Lösungsfindung enorm beschleunigt und so wertvolle Ressourcen gespart.«

Mein Learning
Was ich hier live lernte, war: Wenn die richtigen Entscheider an der Ursache eines Problems wirklich interessiert sind, dann lassen sich Ursachen ›beim Schopfe packen‹ und lösen. Darum werbe ich für mehr Mut zum Finden der wahren Ursache und weniger Ressourcenverschwendung für Maßnahmenkataloge, worauf ich in Kapitel 2.3.3 (Lean Management) näher eingehen werde.

Zwischenfazit
Nach meinem Verständnis passen Kaizen und Lean Management deutlich besser zusammen als Kaizen und der kontinuierliche Verbesserungsprozess. Vielleicht haben wir in Deutschland einen wichtigen Aspekt übersehen und zu früh Kaizen und KVP miteinander gleichgesetzt? Ja, es gibt inhaltliche Schnittmengen rund um den Wunsch der Veränderung zum Besseren. Nach meiner Überzeugung gehört hierzu jedoch unbedingt auch der Blick auf die Verschwendungsarten, die ein fester Bestandteil des Lean Managements sind.

2.3.2 KVP und PDCA-Zyklus

Der **kontinuierliche Verbesserungsprozess (KVP)** ist integraler Bestandteil des klassischen Qualitätsmanagementsystems. Er beruht auf dem **Plan-Do-Check-Act-Zyklus (PDCA-Zyklus)**, dem wichtigsten Steuerungsinstrument zur ständigen Verbesserung. Der PDCA-Zyklus beginnt mit dem Erkennen und Akzeptieren eines Problems. Dies erfordert das Suchen der Ursache, um Verbesserungen zielgerichtet zu initiieren, Lösungen zu entwickeln, Maßnahmen konsequent zu planen, umzusetzen und zu reflektieren.

Verbreitung fand der PDCA-Zyklus über William Edwards Deming und ist zwar leicht einzuführen, jedoch keineswegs leicht in unser menschliches Verhalten zu integrieren (Kostka o. J.); japanische Geschäftsleitungen entwickelten ihn weiter (Barsalou o. J.).

> »Deming selbst stellte 1989 in seinem Buch ›Out of the Crisis‹ eine neue Variante vor, die er PDSA – Plan-Do-Study-Act (Planen-Ausführen-Studieren-Anpassen) nannte. Der dritte Schritt ›Studieren‹ beinhaltet die Interpretation der Untersuchungsergebnisse aus dem vorangegangenen Schritt und die Gewinnung neuer Erkenntnisse. Nicht nur Deming hat versucht, PDCA zu ändern. Wolf verfeinerte den vierten Schritt zu ›learn‹ (lernen). Obgleich das Lernen einen Teil dieses Schrittes ausmacht, sind die anschließend getroffenen Maßnahmen das Entscheidende.«
>
> (Barsalou o. J.)

Aus meiner Berufspraxis

Zwei Beispiele aus meiner Berufspraxis sollen die Besonderheiten verdeutlichen, warum das Finden des Kernproblems, des Knackpunktes so wichtig ist, bevor wir kontinuierlich verbessern wollen. In beiden Beispielen wurde ich gerufen, um Prozesse zu optimieren.

Das **erste Beispiel** ist im Bereich Lagerlogistik. Hier lautete die Anfrage, dass die Prozesse im Lager optimiert werden sollen. Durch konsequentes Hinterfragen nach dem zu lösenden Problem kamen folgende drei Antworten heraus:

a) Datenhygiene/Daten bereinigen (z. B. Artikelnummer)
b) Lagerkapazität optimieren/Lkw auslasten (um Transportkosten zu senken)
c) zeitliche Puffer für Lagerarbeiter schaffen (um die Krankenstände zu minimieren)

Im **zweiten Beispiel** geht es um ein Forschungsinstitut, das ebenfalls Prozesse optimieren möchte. Hier lauteten die drei verschiedenen Antworten mit Blick auf das zu lösende Problem wie folgt:

a) Einführung eines Campusmanagementsystems mit Leistungsverzeichnis
b) gemeinsames Verständnis im Team schaffen
c) Teilautomatisierung von Prozessen

In beiden Beispielen wäre der jeweils erste Schritt ein anderer. Der Auftraggeber bestimmt die Reihenfolge und Priorisierung, womit wir beginnen. Im Beispiel der Lagerlogistik hatte die Antwort c) (zeitliche Puffer für Lagerarbeiter schaffen) erste Priorität. Im Beispiel des Forschungsinstituts hatte die Antwort b) (gemeinsames Verständnis im Team schaffen) oberste Priorität.

Zwischenfazit

Meine Empfehlung an Sie lautet: Stellen Sie mehr Fragen und begeben Sie sich auf die Suche nach der Ursache. Hier darf ich an das Praxisbeispiel des interessierten Geschäftsführers in Kapitel 2.3.1 (Kaizen) erinnern und Ihnen Mut machen. Hinterfragen Sie, welches Problem wirklich gelöst werden soll oder welcher Mehrwert geschaffen werden soll. Und fragen Sie nach der Ursache und zu lösenden Problemen. Wir brauchen mehr starke Fragen – oder weniger Annahmen –, wie in Kapitel 1.3.1 (Design-Thinking) ausführlich beschrieben.

2.3.3 Lean Management

Lean Management und Kaizen werden oft als Synonyme verwendet, da sie auf dem gleichen Basiskonzept beziehungsweise der gleichen Philosophie basieren (Gorecki/Pautsch/Lefebvre 2020, S. 7).

Lean steht für ›schlank‹ und hat die folgenden zwei Perspektiven im Blick (Tündermann 2021, S. 6):

- die Sicht des Kunden und dessen Wünsche
- die Sicht des Unternehmens und sein Bestreben, profitabel zu sein

Mit anderen Worten: Lean Management ist der konsistente und konsequente **Fokus auf unsere Kunden und Nutzergruppe** durch die Reduktion auf jene Elemente, die einen **wirklichen Wert** für unsere Kunden und Nutzergruppen bringen (Gorecki/Pautsch/Lefebvre 2020, S. 6).

Seinen Ursprung hat **Lean Management** in einer indischen Bank:

> »Als der Gründer einer indischen Bank sich wunderte, warum immer weniger Kunden Kreditanträge stellten, untersuchte er den Prozess, der den Hypothekenkreditantrag regelt. Präsident Jairam Sridharan fand heraus, dass solch ein Antrag insgesamt durch 30 Hände ging. Kein Wunder, dass niemand so lange warten wollte. Die Axis Bank suchte nach Lösungsansätzen und fand sie letztlich nicht in der Technologie, sondern in der Philosophie: dem Lean Management.«
> (Tündermann 2021, S. 2)

Die historischen Wurzeln liegen, so Gorecki und Pautsch (2018), auch beim Autobauer Henry Ford, der Familie Toyoda (die späteren Gründer der Toyota Motor Corporation), William Edwards Deming und den amerikanischen Supermärkten (ebd., S. 3), wie in Kapitel 1.3.2 (Kanban) bereits beschrieben.

Eine zentrale Rolle im Lean Management spielt die *klare Zielausrichtung* eines Unternehmens durch die vertikale und horizontale organisierte Unternehmensplanung – das »Management durch eine Kompassnadel« (ebd., S. 9) sowie »visuelles Management«, indem Ziel- und Ist-Zustände sichtbar gemacht werden und so zu besseren Entscheidungen beitragen (ebd., S. 10).

> »Die *Vision* bestimmt zusammen mit dem Unternehmenszweck die Unternehmenskultur. [...] Die Vision ist im Rahmen des Lean Managements die wesentliche Grundlage, in welche Richtung sich das Unternehmen entwickeln soll«
> (ebd., S. 34)

AUF EINEN BLICK: LEAN MANAGEMENT

Die **Lean-Philosophie mit ihren sieben Schlüsselfaktoren** (Gorecki/Pautsch 2018, S. V):

- aus Problemen und Fehlern lernen
- Verschwendung vermeiden
- Ursachen auf den Grund gehen

- Veränderungen meistern
- Werkzeuge als Mittel zum Zweck einsetzen
- sichtbare und nicht sichtbare Elemente beachten
- Teamarbeit umsetzen und Workshops durchführen

Lean Management lenkt unseren Blick auf die Sicht des Kunden und seine Sicht auf den Wert einer Dienstleistung oder eines Produkts. Und die Ursprungsgeschichte in der indischen Bank erinnert uns daran, unsere internen Abläufe immer wieder kritisch zu hinterfragen. Wo verschwenden wir kostbare Ressourcen durch lange Wartezeiten oder Abhängigkeiten? Welche wiederholenden Massenverfahren können automatisiert werden? Haben wir eine gute Feedback- und Fehlerkultur und nutzen das Wissen unserer Mitarbeitenden? Welche Tätigkeiten sind Zeitfresser? Haben wir eine gesunde Meeting-Kultur, so dass die Meetings für die Teilnehmenden die Highlights der Woche sind?

Die acht Arten der Verschwendung

> »Verschwendung ist nach Lean jede Aktivität, die Ressourcen verbraucht, aber keinen Mehrwert für den Endkunden bringt. In Wirklichkeit sind die Aktivitäten[,] die tatsächlich einen Mehrwert für die Kunden schaffen, nur ein kleiner Teil des gesamten Arbeitsprozesses. Aus diesem Grund sollten sich Unternehmen darauf konzentrieren, Aktivitäten ohne Wert so weit wie möglich zu reduzieren. [...] Machen Sie keinen Fehler. Nicht alle verschwenderischen Aktivitäten können aus Ihrem Arbeitsprozess eliminiert werden. Einige von ihnen sind eine Notwendigkeit.«
>
> (Kanbanize o. J.)

Im Lean Management gab es zunächst sieben Arten der Verschwendung. Später kam die achte und in der folgenden Aufzählung letzte Verschwendungsart der nicht genutzten Kreativität der Mitarbeitenden hinzu (Kaizen LeanManagement o. J.):

- **unnötige Transporte** (kosten Zeit, Verluste und Schäden sind möglich)
- **zu hohe Materialbestände** (kosten Lagerfläche, Komponenten können veralten)
- **unnötige Bewegung** (z. B. schlecht organisierter Workflow, Zeitverluste)
- **Wartezeiten** (inkl. Verzögerungen im nicht koordinierten Workflow)
- **Überproduktionen** (ziehen weitere Verschwendungsarten nach sich)
- **überdimensionierte Prozesse** (z. B. doppelt ausgeführte Arbeitsschritte, mangelhafte Absprachen)
- **Nacharbeit/Schrott** (defekte Produkte/mangelhafte Dienstleistungen oder Ausschuss kosten Zeit und Geld)
- **nicht genutzte Kreativität der Mitarbeiter** (Einbindung der Mitarbeiter in die Prozessgestaltung führt zu Verbesserungen, spart Zeit und steigert die Motivation und Zufriedenheit der Mitarbeiter)

2

Zwischenfazit

Hier können wir Qualitätsmanagerinnen und Qualitätsmanager wirken, indem wir nicht nur die Verbesserung von Abläufen im Blick haben, sondern auch immer wieder einen Rahmen schaffen, in welchem wir uns ehrlich mit unseren Verschwendungsarten beschäftigen. Wenn beispielsweise das Feedback der Mitarbeitenden immer wieder lautet, dass Abhängigkeiten und lange Wartezeiten als Verschwendung wahrgenommen werden, dann sollten wir das ernst nehmen und diese Probleme mit den Entscheidern lösen. Lassen Sie uns mutiger werden im Herausfinden der wahren Ursachen, wie im Kaizen und Lean Management beschrieben, und mutiger werden im Lösen der Probleme, wozu diese Toolbox ab Kapitel 3 inspirieren soll.

2.3.4 Die Parkinsonschen Gesetze

Im Jahr 1955 veröffentlichte der Historiker **Cyril Northcote Parkinson** im britischen Wirtschaftsmagazin ›The Economist‹ einen satirischen Beitrag zum Thema Verwaltung (vgl. Lecturio 2019): Die **Parkinsonschen Gesetze** waren geboren.

Das **erste Gesetz** widmet sich dem Bürokratiewachstum: *»Arbeit dehnt sich in genau dem Maß aus, wie Zeit für ihre Erledigung zur Verfügung steht.«*

Das **zweite Gesetz** formuliert Parkinson folgendermaßen: *»Beamte und Angestellte schaffen sich gegenseitig Arbeit.«*

Parkinsons Artikel fußte auf seinen Beobachtungen in der britischen Verwaltung, speziell der Marine zwischen 1914 und 1928:

- Zahl der Admiräle – um 78 % gestiegen
- Zahl der Schiffe – um 67 % gesunken
- Zahl der Offiziere – um 31 % gesunken

Schlussfolgerung: Weniger Arbeit, mehr Admiräle beziehungsweise Vorgesetzte.

Das Beispiel einer Sitzung eines Finanzausschusses (vgl. ebd.) bringt diese Brisanz auf den Punkt:

- Bewilligung eines Atomreaktors – Kostenfaktor: 10 Millionen Dollar, Diskussionszeit: 2½ Minuten.
- neuer Fahrradunterstand – Kostenfaktor: 2.350 Dollar, Diskussionszeit: 45 Minuten
- Entscheidung über Kaffee für die Sitzungen eines anderen Ausschusses – Kostenfaktor: monatlich 4,75 Dollar, Diskussionszeit: 5¼ Stunden.

Daraus ergibt sich ein **drittes Gesetz**: *»Die auf einen Tagesordnungspunkt verwendete Zeit ist umgekehrt proportional zu den jeweiligen Kosten.«*

Was sagt uns das?

Gravierende Entscheidungen, die oft Millionenkosten zur Folge haben, werden innerhalb kürzester Zeit getroffen, und zwar weil der Großteil der Anwesenden keine größere Ahnung von dem Punkt hat und nichts von den möglichen Konsequenzen versteht.

Erinnern wir uns an den sechsten der sieben Grundsätze im Qualitätsmanagement aus Kapitel 2.1.1, die faktengestützte Entscheidungsfindung: »Viele Entscheidungen von Führungskräften werden mangels Datengrundlage nach Gefühl getroffen.« – **Das ist kein professioneller und wertschöpfender Umgang mit wertvollen Ressourcen.**

Nach Parkinson sind die beiden **Königsdisziplinen der Verschwendung von Zeit**:

- das Verfassen eines Schriftstücks
- die Einberufung von Sitzungen (ohne Entscheidungen zu treffen)

Was hat das nun mit Qualität zu tun?

Qualitätsmanagement hat nach meinem Verständnis sehr viel mit einer guten Balance aus Aufwand und Nutzen sowie dem bedachten Umgang mit Ressourcen zu tun. Dazu gehören auch Entscheidungswege und Verantwortlichkeiten für getroffene Entscheidungen. Das können und sollten Qualitätsbeauftragte aus meiner Sicht thematisieren und im Blick behalten – für bestmögliche Ergebnisse für unsere Nutzer:innen in einem wirtschaftlich profitablen Unternehmen.

Führungskräfte sollten auf das offene und ehrliche Wort ihrer Qualitätsmanager:innen hören und notwendige Entscheidungen treffen sowie notwendige Schritte mit den erforderlichen Rahmenbedingungen einleiten.

Zwischenfazit

Ich persönlich bin ein Fan von Cyril Parkinson. Ich mag den pointierten Charakter seiner Satire und wünsche mir mehr Ehrlichkeit im Bewerten von zeitlichen Aufwänden und mehr Mut beim Finden von passenden Lösungen. Aus meiner Sicht können wir es uns als Gesellschaft perspektivisch nicht mehr lange leisten, dass »der Großteil der Anwesenden keine größere Ahnung von dem Punkt [hat] und nichts von den möglichen Konsequenzen versteht.« Hier brauchen wir andere Entscheidungswege, wie der Artikel ›*Hierarchie ade? Kollegiale Führung in der Hochschulverwaltung*‹ in der Zeitschrift ›Personal in Hochschule und Wissenschaft‹ beschreibt, die sich an Bernd Oestereich und Claudia Schröder (2017; o. J.) orientieren.

2.3.5 Resümee

Für mich haben KVP, PDCA, Kaizen und Lean Management zahlreiche inhaltliche und gedankliche Schnittmengen. Synonyme sind es nach meinem Verständnis nicht.

2

Ich wage die **These**, dass wir im klassischen Qualitätsmanagement den Fokus zu stark auf die kontinuierliche Verbesserung und auf Zertifizierungen gelegt haben und zu wenig auf echten Wert, den wir für unsere Nutzer:innen schaffen wollen: »Wertschöpfende Tätigkeiten sind vereinfacht diese, für die der Kunde auch direkt bereit ist, Geld zu zahlen« (Reimer o. J.). Das bedeutet jedoch, dass wir ein Produkt/eine Dienstleistung für unsere Kunden und Nutzergruppen anbieten, die entweder ein Kundenproblem löst oder einen Mehrwert für unsere Nutzer:innen schafft oder eine Innovation beinhaltet.

Ferner teile ich die Haltung von Thomas Michl, der in seinem Blog-Artikel vom 23.11.2022 titelt: ›Verschwendung können wir uns nicht mehr leisten – gerade auch wegen des Fachkräftemangels‹.

Bei Wertschöpfung und der Vermeidung von Verschwendung können die Techniken in dieser Toolbox helfen, beispielsweise um zu verstehen, welchen Wert ich schaffen will (siehe Kapitel 3.1.1) oder was ich bereit bin loszulassen (siehe Kapitel 3.4.3). Diese Techniken sind immer eingebunden in die Vision der Unternehmung und in die horizontalen und vertikalen Unternehmensziele. Und dann kann ich die unter der Lean-Philosophie genannten Bereiche genauer beleuchten oder den Fokus auf die Beseitigung von Verschwendungsarten lenken.

Kommen wir nun zu den abschließenden Teilen des zweiten Kapitels, in denen wir uns den Erfolgsfaktoren, Vorteilen und Grenzen des agilen Qualitätsmanagements widmen.

2.4 Erfolgsfaktoren, Vorteile und Grenzen des agilen Qualitätsmanagements

2.4.1 Sieben Erfolgsfaktoren auf dem Weg zum agilen QM

Dr. Sommerhoff, Leiter für Innovation bei der DGQ, fasst agiles Qualitätsmanagement wie folgt zusammen:

> »Agilität bedeutet für das QM, selbst agiler zu werden und eine neue Perspektive einzunehmen.
> Das agile QM treibt die Transformation von einer ›Null-Fehler-Kultur‹ zu einer neuen Fehlerkultur des ›Fail Fast – Learn Fast‹ voran.
> Risiken werden frühzeitig erkannt und aktiv von Qualitätsprozessen gemanagt.
> Agiles QM ist fortlaufend bemüht, starre und überbordende Regeln zurückzufahren, um so neue Freiräume zu schaffen.«
>
> (Sommerhoff/Wolter 2019, S. 14)

Die sieben Schritte auf dem Weg zum agilen Qualitätsmanagement – nach Benedikt Sommerhoff und Olaf Wolter (2019) – sind folgende:

1. **Kunden- und Geschäftsfokus sind wichtiger als interne Richtlinien.**
   - Kundenbedürfnisse verstehen (Unterscheidung zwischen Kundenwünschen, Kundenanforderungen und tief liegenden emotionalen Kundenbedürfnissen)
   - mit Kunden professionell kommunizieren (direkte/persönliche Interaktion zwischen Management, Mitarbeiter und Kunden, z. B. Feedback)
   - Kunden integrieren, z. B. One Team to the Customer
   - QM als Dienstleistung für interne Kunden mit echtem Mehrwert etablieren bis hin zum QM als ›Problemlöser‹ mit echtem Kundennutzen (*nie*: ›das QM‹)
2. **Verantwortung und Engagement für Qualität sind wichtiger als das Abarbeiten von Checklisten.**
   - bei sich beginnen, mit persönlicher Verantwortung und persönlichem Engagement
   - mit klarer Vision und Strategie beginnen, Fokus auf die Ziele der Organisation, Fokus auf das »WIE erreichen wir das Ziel?«
   - das Team unterstützen mit ›sanfter Moderation‹ und dem Freiraum für Fehler, Lernerfahrungen, Lernkultur und Teamentwicklung (Anmerkung: sanfte Moderation hält sich im Hintergrund; Fokus auf Feedback und so wenig wie möglich intervenieren, z. B. bei Störungen im Team oder wenn das Team Hilfe braucht)
   - auf dynamische Kommunikation achten und agile Methoden nutzen, z. B. Daily, Kanban-Board, User-Storys
   - darauf achten, dass Qualität nicht wegdelegiert wird, jeder Einzelne übernimmt Verantwortung
   - Verbündete/Gleichgesinnte/Kooperationspartner suchen – intern und extern (z. B. Agile Monday, agile Verwaltung, Fachkreise DGQ)
3. **Vernetzt arbeiten ist wichtiger als ständige Feuerlöschaktionen.**
   - vernetztes Arbeiten als Kernelement fördern und einfordern
   - selbstorganisierte Teams ermöglichen und unterstützen (z. B. als Agile Coach) – Achtung: Linienorganisation sollte sich aus Teambelangen heraushalten
   - Entscheidungsmatrix definieren
   - Mut machen für offene Kommunikation, auch rund um Risiken und Fehler
   - Team fit machen rund um agile Methoden
4. **Frühes Testen und schnelles Lernen sind wichtiger als lange Produkteinführungszeiten.**
   - früh testen UND schnell lernen
   - iteratives Arbeiten ermöglichen
   - Kultur des Experimentierens fördern
   - Kunden und Lieferanten einbinden/Originalfeedback einholen
   - QM-Manager als Scrum-Master ausbilden
   - immer wieder ›Kill your Darlings‹ (den ›eigenen Senf‹ herauslassen)
5. **Transparenz mit Echtzeitdaten ist wichtiger als detaillierte Qualitätsberichte.**
   - ›Smart Data‹ in Echtzeit ist wichtiger als ›viel Data‹ (Datenhygiene)
   - Qualitätsberichterstattung und CAQ-Systeme betrachten (Computer-aided Quality)

- Transparenz erhöht den Druck und schafft Vertrauen
- »Es gibt keine falschen Entscheidungen, es gibt nur Entscheidungen.« (Dr. Sommerhoff)
- Team schulen rund um Data-Analytics/mit Data-Scientists zusammenarbeiten

6. **Qualitätskompetenz bei allen aufbauen ist wichtiger als das Trainieren von Qualitätsexperten.**
   - alle Mitarbeiter in der Organisation breit qualifizieren in folgenden Kompetenzkategorien nach Erpenbeck/Rosenstiel:
     a) fachlich-methodische Kompetenzen (z. B. FMEA, Ishikawa-Diagramm anwenden)
     b) sozial-kommunikative Kompetenzen (z. B. sanfte Moderation)
     c) handlungsbasierte Kompetenzen (z. B. Umsetzungsstärke)
     d) personale Kompetenzen (z. B. Selbstorganisation)
7. **Schlanke Managementsysteme sind wichtiger als umfangreiche Handbücher.**
   - größte Herausforderung – gerade bei regelwerksbasierten Managementsystemen
   - Gefahr der ›informalen Ausweichbewegungen‹
   - Fokus auf Ursache (z. B. Überformalisierung) und konsequenter Abbau von Doppelungen und Relikten, z. B. Reduktion der Dokumente um 50 %
   - weniger ist mehr, Kommunikationsinstrumente mixen (Text und Bild, kurze Videos)
   - gesunder Mix aus Spielregeln und Freiraum, z. B. Poka-Yoke-Prinzip
   - regelmäßige Inventur

Ihr Erfolgsrezept für agiles Qualitätsmanagement

- Herausforderungen analysieren und priorisieren
- Anwendungsfälle erkennen, testen und skalieren
- Vision und Roadmap entwickeln
- Technologie- und Datenvoraussetzungen schaffen
- Qualifikationen aufbauen
- Veränderungen steuern und Team vorbereiten
- Qualitätskultur fördern, in der jeder Mitarbeiter Verantwortung für Qualität übernimmt

(Küpper/Nöcker 2020)

Zwischenfazit

Vielleicht haben Sie es schon bemerkt? Ich bin ein Fan der agilen Arbeitsweise und ein Fan des agilen Qualitätsmanagements. Dennoch ist es mir wichtig zu betonen, dass agiles Qualitätsmanagement in seiner Fülle nicht immer die passende Lösung für Ihre Organisation und Ihr bestehendes Problem ist. Das nun folgende Kapitel soll hierfür sensibilisieren und dennoch Mut machen, denn es ist immer auch eine Frage des Timings und des Zusammenspiels der beteiligten Menschen.

2.4.2 Vorteile des agilen Qualitätsmanagements

In diesem Kapitel erhalten Sie einen Überblick über die Vorteile des agilen Qualitätsmanagements und erfahren schon einmal, was Sie anschließend in Kapitel 3 – der Toolbox – erwartet.

Halten Sie zunächst kurz inne. Welches Bild spricht Sie spontan an? Welche Assoziationen verbinden Sie mit Ihren Qualitätsmeetings? Luftsprünge wie in Abb. 8, oder wird Qualitätsmanagement mit umfangreicher Dokumentation und Kontrolle in Verbindung gebracht, wie in Abb. 9?

Abb. 8: Sind Ihre Qualitätsmeetings das Highlight der Woche? (Quelle: René Rauschenberger, Pixabay)

Abb. 9: Der QMB hat alles im Griff (Quelle: Reinhold Löffler)

Lassen Sie Ihre persönliche Auswahl kurz auf sich wirken. Wie fühlt es sich für Sie an? Soll dieses Gefühl so bleiben? Oder möchten Sie etwas ändern?

Agiles Arbeiten ist eine Geistes- und Grundhaltung. Fassen wir die relevanten Vorteile aus dem ›Agilen Manifest‹ und dem ›Manifest für Agiles Qualitätsmanagement‹ noch einmal zusammen:

a) Unsere höchste Priorität ist die **Kundenzufriedenheit** oder sogar **Kundenbegeisterung**. Dazu ist eine regelmäßige Interaktion mit unseren Kunden notwendig, um wirklich zu verstehen, was unsere Kunden begeistert. Begeisterung ist ansteckend, bindet Kunden und zieht passende Kunden an.
   - **Ihr Vorteil:** Das ist Ihr Wettbewerbsvorteil.
   - **Tools:** Persona, Kanban und Wertschöpfung, systematische Reflexion

b) Eine gute Führungskraft schafft für ihr Team den idealen Rahmen, damit das Team die gestellte Aufgabe bestmöglich erledigen kann. Die **Führungskraft** wird zum begleitenden **Coach.** Das Team arbeitet zunehmend **selbstorganisiert** und genießt das Vertrauen und die Rückendeckung der Führung, auch in schwierigen Situationen.
   - **Ihr Vorteil:** So binden Sie Mitarbeitende an Ihre Organisation – mit geringer Fluktuation, niedrigem Krankenstand, einer hohen Resilienz und erfrischender Motivation.
   - **Tools:** systematische und regelmäßige Reflexion, Tipps für effektive Meetings, Case-Study III ›Carl Zeiss‹ mit Stärken-Coach

c) **Meetings** und **Hierarchien** ändern sich. Statt langer Abstimmungswege durch Abteilungen findet **interdisziplinäre Vernetzung** direkt zwischen den beteiligten Personen statt. Die Kommunikation von Angesicht zu Angesicht passiert auf Augenhöhe; direkte Nachfragen reduzieren Missverständnisse und führen dazu, dass die richtigen Dinge richtig gemacht werden.
   - **Ihr Vorteil:** Meetings werden als wertvoll und effektiv wahrgenommen. Das spart Zeit und wertvolle Ressourcen.
   - **Tools:** Kanban-Board, Case-Study I ›WHU‹, systematische und regelmäßige Reflexion, Praxistipps für Meetings

d) **Die Kunst liegt in der Einfachheit.** Statt Prozesse kontinuierlich zu optimieren, investieren wir Zeit in das wirkliche Verstehen der Bedürfnisse der Kunden sowie deren Probleme oder Wünsche. Der Fokus liegt auf der **knackpunktbasierten Lösungsfindung.** Loslassen, die **evolutionäre sowie iterative Herangehensweise** und die Gabe, immer wieder mit frischem Blick das Thema zu beleuchten, sind elementare Bestandteile.
   - **Ihr Vorteil:** Weniger ist mehr. Der Fokus auf wirklich relevante Dokumentationen spart Zeit und Ressourcen. Schnelligkeit und Treffsicherheit stärken unseren Wettbewerbsvorteil.
   - **Tools:** Start with WHY, Persona, User-Fokus, iteratives Vorgehen, Prototyping, Kill your Darlings

e) **Es geht um den Menschen**. Der Mensch steht mit seinen Bedürfnissen im Zentrum unseres Handelns. Dazu gehört die **regelmäßige und systematische Reflexion** – sowohl als Team als auch in der Zusammenarbeit mit unseren Kunden. Was hat sich bewährt, was kostet Zeit und Nerven, womit sollten wir beginnen?

- **Ihr Vorteil:** Kundenzufriedenheit, Kundenbegeisterung, Kunden- und Mitarbeiterbindung, erfolgreiche Organisation dank starker intrinsisch motivierter Organisationsentwicklung
- **Tools:** systematische und regelmäßige Reflexion, Start with WHY, Case-Study III mit Stärken-Coach, Kulturveränderung

Zwischenfazit

Wir haben die sieben Erfolgsfaktoren sowie die verschiedenen Vorteile im agilen Qualitätsmanagement beleuchtet und erste Ideen entwickelt, welche Tools uns dabei unterstützen können. Die Erfahrung zeigt, dass es sich lohnt, sich auf das neue Denken einzulassen. Es ist jedoch nicht immer *die* Lösung für jedes Problem. Auf die Grenzen im agilen Qualitätsmanagement gehen im folgenden Kapitel ein.

2.4.3 Grenzen des agilen Qualitätsmanagements

Agiles Qualitätsmanagement ist nicht immer die passende Antwort auf aktuelle Problemstellungen. Als Tendenz lässt sich zusammenfassen, dass eine eher hierarchische geprägte Organisation sich schwerer tut auf dem Weg zu einem agilen Qualitätsmanagement als eine Organisation, in welcher beispielsweise die Geschäftsführerin regelmäßig am Q-Treffen teilnimmt.

> **Aus meiner Berufspraxis**
>
> Ich erinnere mich an ein Beispiel im Bereich Windenergie, wo ein Team aus dem Bereich Qualitätsmanagement auf mich zukam mit der Bitte, dieses agiler auszurichten.
>
> Nach einer Analyse und verschiedenen Interviews mussten wir erkennen, dass die Firma wirtschaftlich sehr erfolgreich in der Art und Weise ist, wie sie Projekte akquiriert, plant und durchführt. Das Team war groß genug, um die Herausforderungen anzupacken, und klein genug, um sich intern gezielt abzustimmen. Das Q-Team nutzte verschiedene in diesem Buch beschriebene Tools wie Retrospektive im Team oder Personas.
>
> Nichtsdestoweniger stieß das Team an seine Grenzen und musste erkennen, dass ein Mehr an agilem Qualitätsmanagement – wie in Kapitel 2.2.2 beschrieben – nicht förderlich gewesen wäre.

Was können Sie tun, wenn Sie an Grenzen stoßen?

Manchmal ist das Timing entscheidend, manchmal Ihr Gegenüber. Ich empfehle, sich mit den vorgestellten Tools vertraut zu machen und diese nach Bedarf und gezielt einzusetzen, mit einem starken WARUM aus Ihrer Sicht. Ergänzend empfehle ich das Buch von Dr. Benedikt Sommerhoff: ›*QM im Wandel. Personenzentriertes Innovations- und Qualitätsmanagement*‹. Dort sind zahlreiche Konzepte und Ideen vorgestellt, wie der Mensch in den Mittelpunkt gestellt werden kann und die Verzahnung mit Innovation gelingt.

Teil II: Die Praxis – Toolbox und Case-Studies

Dieser Teil, der sich ganz der praktischen Anwendung widmet, besteht aus zwei Kapiteln: Kapitel 3 lädt ein zum Ausprobieren und Reflektieren der verschiedenen Methoden. Im Idealfall ist Ihre persönliche Toolbox anschließend gefüllter als vorher. Die Case-Studies, in die wir in Kapitel 4 eintauchen, sollen Ihnen Mut machen und Ihnen konkrete Praxistipps aus dem echten QM-Leben an die Hand geben.

Die beiden Abschnitte lassen sich auch gut **kombinieren**: Schauen Sie bei der Lektüre von Kapitel 3 gerne in Kapitel 4 nach, wie die Praxiserfahrungen mit den entsprechenden Tools waren, und lassen Sie sich davon inspirieren und ermutigen. Neugierig? Hier erhalten Sie schon einmal einen kurzen Überblick über die Fallstudien, bevor wir gleich mit den Tools beginnen:

- **Case-Study I** – die WHU – Otto Beisheim School of Management, eine der zwanzig besten internationalen Wirtschaftshochschulen in Europa: Dr. Tim Leiendecker (Associate Director Regulations, Accreditations & Quality Management) und Brigitte Braun (Faculty Data Manager) berichten, was sie im Qualitätsteam der WHU ausprobiert und erlebt haben; vorgestellte Tools: Kanban-Board, Daily mit Spielregeln, Start with WHY/Auftragsklärung, Team organisieren mit Scrum und Kanban, inklusive wertvoller Handlungsempfehlungen für Sie.
- **Case-Study II** – der Verband Evangelischer Kindertageseinrichtungen in Schleswig-Holstein e. V. (VEK) mit seiner Erfolgsgeschichte des Gütesiegels BETA: Zehn Jahre erfolgreiches Qualitätssiegel – was waren die Erfolgskriterien? Wie konnte der Spagat zwischen einheitlichen Qualitätsstandards und den speziellen Bedürfnissen in Kindertagesstätten gelingen? Ein spannendes Interview über einen zukunftsorientierten Verband, dem die Verknüpfung von Formalität und Menschlichkeit gelungen ist, mit dem Geschäftsführer Herrn Potten und der Fachberaterin und QMB des VEK e. V., Frau Prühs.
- **Case-Study III** – die Carl Zeiss Vision GmbH: Hier wagen wir zusammen mit der Führungskraft Frau Haake-Schäfer einen Ausblick. Sie erfahren, warum es sich als Führungskraft lohnen kann, eine Ausbildung zum Stärken-Coach für das Team zu machen, und was das mit ›leuchtenden Augen‹ im Qualitätsmanagement und Kulturveränderung im Unternehmen zu tun hat. Und Sie erfahren, warum das Daily erst funktionierte und dann nicht mehr, und warum die Value-Proposition-Canvas hilfreich ist.

3 Ihre Toolbox – Erfolgsfaktoren für die Praxis

Die Toolbox, die Sie auf den folgenden Seiten finden, soll Lust machen zum Ausprobieren. Scheitern ist ausdrücklich erwünscht, was nicht heißt, dass Sie frustriert sein sollen. Nein, es ist viel wichtiger, Neues auszuprobieren, anstatt auf die perfekte Situation zu warten. Vertrauen Sie Ihrer Intuition. Beginnen Sie mit dem Tool, das Sie am meisten anspricht.

Die sieben Unterkapitel orientieren sich an den sieben Schritten auf dem Weg zum agilen Qualitätsmanagement nach Benedikt Sommerhoff und Olaf Wolter in ihrem Buch ›*Agiles Qualitätsmanagement. Schnell und flexibel zum Erfolg*‹.

Meine Beobachtungen in der Praxis zeigen, dass Sie grundsätzlich auf jeder der sieben Stufen beginnen können. Eine ideale Reihenfolge und Musterlösung existiert nur in unseren Köpfen; das wahre Leben ist ja doch schnelllebiger und differenzierter.

Also – machen Sie sich bereit. Hier kommen zahlreiche praxisbewährte und leicht erlernbare Tools für mehr Begeisterung und ›leuchtende Augen‹ im Themenfeld Qualitätsmanagement.

3.1 Auf dem Weg zum Kunden- und Geschäftsfokus

Das Herzstück im Qualitätsmanagement sind unsere Kunden und ihre Bedürfnisse. »Kunden- und Geschäftsfokus sind wichtiger als interne Richtlinien« (Sommerhoff/Wolter 2019, S. 19). Dabei ist Qualitätsmanagement nie Mittel zum Zweck, sondern eine unterstützende Dienstleistung auf dem Weg zu begeisterten Kunden. Direkter Kontakt auf Augenhöhe sollte das Ziel sein. Das *Verstehen* von echten Kundenbedürfnissen steht im Fokus, wozu die nachfolgenden Unterkapitel mit schnell erlernbaren und wirkungsvollen Tools beitragen.

Das Ziel ist das Schaffen von echtem Wert – dem Value.

Das Herzstück des QM – unsere User

- Wer Bedürfnisse *versteht*, führt und ist klar im Wettbewerbsvorteil.
- Unterscheiden Sie zwischen Kundenwünschen, Kundenanforderungen und Kundenbedürfnissen (Sommerhoff/Wolter 2019, S. 21).
- Pflegen Sie einen regelmäßigen und interaktiven Dialog und Austausch mit Ihren Kunden. Das führt dazu, dass Sie die richtigen Dinge richtig machen.
- QM ist ›nur‹ Mittel zum Zweck. Stellen Sie den Kundennutzen in den Fokus.

3

Wir beginnen mit dem starken WARUM, dem ›**Start with WHY**‹ – warum wollen wir beispielsweise eine Bewerbermanagementsoftware einführen? Oder warum evaluieren wir verschiedene Verfahren? Was soll danach anders sein? Was ist der **Purpose**, der dahinterliegende Zweck? Um welche User-Gruppe geht es? Wessen Problem wollen wir lösen, oder welchen Mehrwert wollen wir schaffen? Oder geht es gar um eine innovative Idee, die uns vom Wettbewerb abheben soll? Die 5- oder sogar 7-W-Methode kann uns dabei helfen, die tieferliegenden Kundenbedürfnisse zu verstehen und zu analysieren – immer mit dem **User-Fokus**.

Anschließend werfen wir einen Blick auf die User und wie wir die Bedürfnisse unserer User-Gruppen sichtbar machen können. Tools wie **Use-Case**, **User-Story-Card**, **Epic** und **Personas** sind darauf spezialisiert, die Nutzer:innen in den Fokus zu stellen und deren Bedürfnisse durch Schriftlichkeit auf den Punkt zu bringen. Wir beobachten, befragen oder erforschen die Bedürfnisse unserer User und nutzen die knackpunktbasierte Lösungsfindung aus dem Design-Thinking-Ansatz.

Auftragsklärung und **Rollenklärung** sind oft die Knackpunkte im Qualitätsmanagement. Deshalb widmen wir diesen Themen ein eigenes Kapitel. Inhaltlich hängt vor allem die Auftragsklärung eng mit dem starken WARUM und dem Purpose zusammen, was die antreibende Kraft ist. Ergänzend können **Definition of Ready** (DoR) und **Definition of Done** (DoD) dabei helfen, ein Gefühl zu entwickeln, wann das Qualitätsteam sagt: »Ah, we got it« und loslegen kann, und wie die formale Beschreibung des Zwischenergebnisses sein soll, das die für das Produkt erforderlichen Qualitätsmaßnahmen erfüllt.

Sind der Auftrag und die Rollen klar, dann ist eine starke **Vision** der stärkste Motivator für unser Team, die wie ein Magnet wirken kann. Was wäre, wenn wir mit unserer Bewerbermanagementsoftware jede offene Stelle nach maximal drei Monaten besetzen könnten und so alle gesteckten Unternehmensziele erreichen würden? Die Vision in Kombination mit **WOZU** und den zu lösenden Problemen beziehungsweise dem zu schaffenden Nutzen lenken den Blick nach vorn und treiben an.

Ein klar formuliertes starkes **Ziel** in Kombination mit einem Bild oder einer **Zielcollage** können sogar Weltmeisterinnen hervorbringen. Lassen Sie sich inspirieren von meinen Erfahrungen als begleitender Onlinecoach, als die damalige Vizeweltmeisterin Lena Bringsken zur zweifachen Weltmeisterin im Kunstradfahren im Doppel wurde. Ihren eigenen Angaben zufolge haben die klare Definition des Ziels und das Symbolbild einen entscheidenden Beitrag dazu geleistet.

Abgerundet wird dieses Kapitel mit einem **Praxisbeispiel**, in dem vorgestellt wird, welche Schritte nötig sind, um beispielsweise ein Sommerfest zu planen. Lassen Sie sich von der Musterlösung inspirieren, in der ich die Auftrags- und Rollenklärung, User-Storys sowie die DoR und die DoD anschaulich Schritt für Schritt erkläre und zeige. Sie können dieses Praxisbeispiel wie eine Schablone in Ihren Arbeitsalltag oder in Projekte im Bereich Qualitätsmanagement integrieren.

Zwischenfazit

Unser Denken im agilen Qualitätsmanagement beginnt immer beim Kunden, also aus der Sicht unserer Kunden und späteren Nutzer:innen. Das sollte unser Handeln im Qualitätsmanagement konsequent leiten und lenken. Die nachfolgenden Techniken sollen uns dabei unterstützen, unseren Blick auf die User zu lenken. Zudem sind sie leicht erlernbar. Es braucht nur etwas Mut und Disziplin. Sie erfahren immer erst etwas über den **Hintergrund und Grundgedanken**, dann erhalten Sie **Expertentipps zur Anwendung** und schließlich unter ›**Ihre Vorteile & Praxistipps**‹ das Wichtigste auf einen Blick in einem Kasten für Sie zusammengefasst.

3.1.1 Toolbox: Start with WHY, 5-Why-Methode, Purpose, Value-Proposition-Canvas und User-Fokus

3.1.1.1 Start with WHY

Hintergrund und Grundgedanke

> »People don't buy what you do; they buy why you do it. And what you do simply proves what you believe.«
>
> (Sinek o. J. a)

Simon Sinek hat die Methode ›Start with WHY‹ begründet, die auch als ›Golden Circle‹ oder ›Goldener Kreis‹ bekannt ist (vgl. Abb. 10). Er vergleicht die drei Kreise im Golden Circle mit unserem Gehirn (Sinek o. J. b):

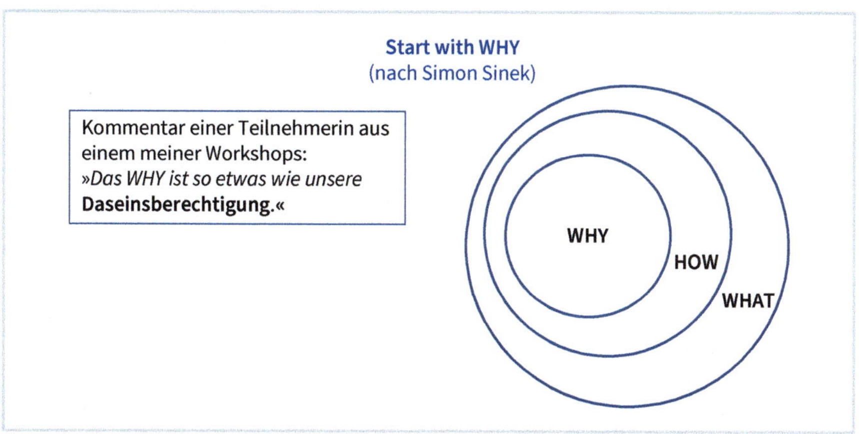

Abb. 10: Start with WHY – Warum machen wir etwas? (Quelle: Ulrike Margit Wahl)

Der äußere Kreis ist unser Kortex, unsere Großhirnrinde. Hier finden unsere rationalen Entscheidungen statt, hier liegt unser Handwerkszeug. Diesen äußeren Kreis vergleicht Simon Sinek mit den Angeboten, die wir unseren Kunden offerieren.

Der mittlere Kreis ist vergleichbar mit unserem limbischen System, das von unserem Stammhirn gesteuert wird. Hier liegen unsere Gefühle. Diesen mittleren Kreis vergleicht Simon Sinek mit unserer Value-Proposition, also mit unserem Nutzenversprechen. Welchen Nutzen versprechen wir unseren Kunden mit unserem Produkt oder unserer Dienstleistung? (Hier darf ich auf das Unterkapitel 3.1.1.4 verweisen, das sich mit dem Nutzerversprechen beschäftigt.)

Der innere Kreis beschreibt den Grund, warum Ihre Organisation existiert, und ist vergleichbar mit dem Stammhirn. Dieser Bereich steuert Ihr Verhalten und ist verknüpft mit Ihren Körpererfahrungen. Jene Menschen, die mit dem Warum beginnen, handeln von innen nach außen. Menschen spüren, ob es ein starkes Warum gibt, und lassen sich davon inspirieren. Menschen kaufen Ihr Produkt oder Ihre Dienstleistung, weil sie Ihnen Glauben schenken, was Sie glauben und fühlen.

Die Frage nach dem ›WHY‹ spielt im Qualitätsmanagement eine zentrale Rolle. Die Antwort auf diese Frage schafft das Fundament, den Rahmen.

Expertentipps zur Anwendung

In der Case-Study I der WHU werden bei der Arbeit mit dieser zentralen Frage folgende Vorteile offenbar:

> »Dieses Vorgehen hat nach unseren Erfahrungen mehrere Vorteile: Es macht die Aufgabe eindeutig und verhindert das Loslaufen in die falsche Richtung. Es gibt den beteiligten Personen Sicherheit – sowohl gedacht im Hinblick auf die Aufgabendefinition als auch auf die Absicherung gegenüber den Auftraggebenden.«
>
> (Brigitte Braun/Tim Leiendecker)

Die Antwort auf das WARUM ist eine Art ›Daseinsberechtigung‹ für unsere Rolle in unserer Organisation. Wie oft beginnen wir sofort mit dem WHAT? Ist Ihnen die Frage vertraut: Was machen wir zuerst? Wir gehen davon aus, dass wir wissen, warum wir etwas tun, jedoch erlebe ich in meiner täglichen Arbeitspraxis, dass ich nur äußerst selten eine konkrete Antwort darauf erhalte, warum wir etwas im Qualitätsmanagement tun. Warum dokumentieren wir beispielsweise Prozesse? Es macht einen Unterschied, ob wir zeitnah eine Zertifizierung brauchen und dafür dokumentierte Prozesse nachweisen müssen, oder ob wir konsequent alle Verschwendungsarten beseitigen möchten, wie beispielsweise Abhängigkeiten oder Wartezeiten. Idealerweise spielen die beiden Antworten zusammen. In der Praxis erlebe ich jedoch häufig eine Präferenz in die eine oder in die andere Richtung.

›Start with WHY‹ lässt uns innehalten und reflektieren, WARUM und WOZU wir eine Aufgabe erledigen sollen. Was ist unsere ›Daseinsberechtigung‹ in unserer Rolle? Welchen Mehrwert schaffen wir? Oder welches Problem lösen wir? Erst wenn wir auf diese Frage eine klare Antwort haben, folgt das WIE; und erst dann folgt das WAS.

Es gibt im Hinblick auf Produkte oder Dienstleistungen grundsätzlich drei Motivationen, warum Nutzer:innen bereit sind, einen Gegenwert dafür zu bezahlen. Alle drei Motivationsgründe sollten ein starkes Warum im Kern haben:

1. Sie lösen ein Problem.
2. Sie schaffen einen Mehrwert (=Value).
3. Sie schaffen eine Innovation, eine innovative Idee.

Ihre Vorteile & Praxistipps

Die intensive Auseinandersetzung mit der Frage nach dem WARUM kann wertvolle Zeit sparen, weil wir die richtigen Dinge richtig machen. Sie kann die Effizienz erhöhen und den Sinn von QM nachvollziehbar und sichtbar werden lassen.

Abschließend darf ich auf Übung 6.1 im anhängenden Workbook verweisen. Probieren Sie es gleich einmal an einem Beispiel Ihrer Wahl aus.

3.1.1.2 5-Why-Methode

Hintergrund und Grundgedanke

Die **5- oder auch 6-Why-Hinterfragetechnik** ist im Lean Management und im Kaizen weit verbreitet (vgl. Kapitel 2.3). Das heißt, mindestens fünfmal penetrant immer wieder nach dem WARUM zu hinterfragen – bei japanischen Managern eine weit verbreitete Methode.

> »Das äußerst gründliche Hinterfragen von Problemen und Ursachen ist ein Kernbestandteil des Managements in japanischen Unternehmen. Was auf den ersten Blick befremdlich erscheint, ist eine wirksame Methode, um den wahren Ursachen von Problemen auf den Grund zu gehen«.
>
> (Gorecki/Pautsch 2018, S. 101)

Denn die **wahre Ursache eines Problems** kann nur dann gefunden werden, **wenn gründlich hinterfragt wird**. Aktuell gibt es bereits Tendenzen in Richtung 7-W. Probieren Sie es aus. Vielleicht genügen fünf Nachfragen, vielleicht brauchen Sie sieben.

Die 5-Why-Methode kann **mit ›Start with WHY‹ kombiniert** werden. Sie hinterfragen mehrmals hintereinander, warum Sie genau diese Aufgabe jetzt angehen wollen. Hier hilft Schriftlichkeit, denn Schriftlichkeit schafft Klarheit. Durch das Aufschreiben spüren wir, ob wir bereits den wahren Knackpunkt, den wirklichen *Purpose*, verstanden haben.

Falls nicht (wie in folgendem Beispiel), lassen Sie sich nicht entmutigen. Bleiben Sie dran. Bitten Sie um Feedback. Nutzen Sie das Wissen in Ihrem Q-Team.

BEISPIEL

Die Einstiegsfrage ist: *»Warum ist es so zeitintensiv, von Kollegen den nötigen Input für das anstehende Audit zu erhalten?«*

Die Antwort auf dieses erste Warum lautet: *»Weil den Kollegen nicht bewusst ist, dass ihr Input so dringend gebraucht wird.«*

Nun greifen Sie die Antwort auf und formulieren daraus die zweite Warum-Frage: *»Warum ist es Ihren Kollegen nicht bewusst, dass ihr Input so dringend gebraucht wird?«*

Die zweite Antwort lautet: *»Weil sie nicht nachvollziehen können, dass die Aktualisierungen beim Audit eine wichtige Rolle spielen.«*

Erneut greifen Sie diese zweite Antwort auf und formulieren die anschließende Frage: *»Warum können Ihre Kollegen nicht nachvollziehen, dass die Aktualisierungen beim Audit eine wichtige Rolle spielen?«*

Die dritte Antwort lautet: *»Weil sie von den möglichen Auswirkungen erst einmal nicht betroffen sind.«*

An dieser Stelle unterbrechen wir, weil wir bereits jetzt einen Anhaltspunkt für eine mögliche Argumentation haben. Was können wir beispielsweise tun, damit die Kollegen nachvollziehen können, dass sie durchaus die Konsequenzen spüren würden, wenn beispielsweise wichtige Stammkunden wegbrächen, wenn wir das Audit wegen mangelhafter Dokumentation nicht beständen?

ÜBUNG – PROBIEREN SIE IHRE FRAGE MIT EINEM STARKEN WARUM AUS

Nehmen Sie sich ein leeres Blatt Papier.
Notieren Sie Ihre Frage, die mit einem Warum beginnt.

Expertentipps zur Anwendung

Lassen Sie sich nicht entmutigen, wenn nicht gleich die ideale Antwort dabei ist. Das kann passieren. Nehmen Sie dies als Impuls, tiefer nachzufragen und vielleicht die Perspektive noch einmal zu ändern.

Spielen Sie mit den Fragen. So könnte die angepasste Frage lauten: »Wozu machen wir dieses Projekt in unserem QM-Team?« oder »Welche User werden unsere Projektergebnisse nutzen?« oder »Wer würde zuerst merken, wenn wir dieses Audit nicht durchführen würden?« oder »Was wären die spürbaren Konsequenzen, wenn wir auf Audits verzichten würden?«

Reflektieren Sie anschließend im Team. Wie fühlen sich die Antworten an? Haben Sie die nötige Klarheit? Brauchen Sie mehr Hintergrundinformationen? Liegen Ihnen die relevanten Zahlen, Daten und Fakten vor? Kennen Sie die wahren Bedürfnisse der späteren Nutzergruppen?

Nehmen Sie sich die nötige Zeit. Eine überzeugende Antwort auf die Fragen nach dem **WHY**, dem **Purpose** (vgl. Kapitel 3.1.1.3) und den echten Bedürfnissen Ihrer späteren **User** – *bevor* Sie beginnen – spart Zeit und erhöht die Wahrscheinlichkeit, dass die Projektergebnisse die späteren Nutzer:innen auch wirklich begeistern und einen echten Mehrwert schaffen.

Damit QM nicht als Arbeitsbeschaffungsmaßnahme wahrgenommen wird.

Ihre Vorteile & Praxistipps

Ein starkes WARUM (›Start with WHY‹) motiviert und schafft Zusammenhalt im Team, idealerweise auch zwischen verschiedenen Abteilungen. Der Austausch im Team über das starke WARUM oder die fünf Fragen, warum wir etwas tun, führen zu einem Austausch auf Augenhöhe und haben teambildenden Charakter.

Schriftlichkeit schafft Klarheit. Nutzen Sie einen Flipchart oder ein Whiteboard. Machen Sie Gedankengänge sichtbar. Das schafft Transparenz und lässt Hintergründe und Gedanken sichtbar werden.

3.1.1.3 Purpose

Hintergrund und Grundgedanke

Es geht um den Purpose, um den **Zweck**. WOZU machen wir WAS? WOZU ist immer in die Zukunft gerichtet. Was soll danach anders sein? Wer würde den Unterschied merken? Woran würden wir den Unterschied merken?

Was ist beispielsweise der Zweck einer Evaluation? Wozu evaluieren wir? Wollen wir Minimalstandards schaffen oder ehrliches, differenziertes Feedback auf Augenhöhe? Wollen wir eine Feedbackkultur schaffen oder die formale Voraussetzung für eine Akkreditierung oder ein Audit erfüllen?

Bei dem WARUM und dem Purpose geht es immer um unsere **User**, unsere Nutzergruppe. **Der Mensch steht im Fokus.** Für WEN machen wir WAS und WARUM? Welche User werden unsere Projektergebnisse nutzen? Haben wir die wahren Bedürfnisse verstanden? Was ist der wirkliche Knackpunkt? Wo ›drückt der Schuh‹? Und was bringt die Augen unserer Nutzer:innen zum Leuchten?

Aus meiner Berufspraxis

Bei folgendem Projekt ging es um das ›Onboarding‹ neuer Mitarbeitender. Durch die frühzeitige Befragung der späteren Nutzer:innen konnten folgende Antworten berücksichtigt werden:

Person A: *»Das größte Problem war, dass die Möbel des Vorgängers noch in meinem Büro waren.«*

Person B: *»Ich brauche Klarheit von meinen Vorgesetzten, was von mir erwartet wird, idealerweise mit einer klar definierten Definition of Done, also dem zu erwartenden Ergebnis am Ende meiner Aufgabe.«*

Person C: *»Ich möchte mit meinen Kollegen kollaborativ zusammenarbeiten, unabhängig vom Ort und Zeitpunkt. Dazu brauche ich ein Tool, das von allen Beteiligten genutzt wird.«*

Neu ist, dass wir frühzeitig die echten Nutzer:innen befragen, z. B. mit der Methode der **Persona,** die später in Kapitel 3.1.2 beschrieben wird.

User-Fokus bedeutet, dass die späteren User bei unseren Arbeitsschritten stets mitgedacht und eingebunden werden.

Expertentipps zur Anwendung

Die Frage nach dem WHY kann als Brainstorming oder Rollenspiel durchgeführt werden. Rollenspiele sind oft wirkungsvoller als PowerPoint-Präsentationen. Ein kurzer Pitch kann sehr erhellend sein. Das reicht von improvisierten Handpuppen aus Socken bis zu Rollenspielen mit Verkleidungen. Der Perspektivwechsel auf die Nutzersicht ist wertvoll und eindrucksvoll. Dieses Erlebnis spricht alle Sinne an und prägt sich nachhaltig ein. Das Rollenspiel kann zusätzlich fotografiert und als Logo für das Projekt verwendet werden. So bleibt das WARUM präsent.

Die Frage kann z. B. lauten: »Warum machen wir dieses Projekt in unserem QM-Team?«

Notieren Sie Ihre erste Antwort auf das WARUM auf einen Flipchart. Anschließend reflektieren Sie diese Antwort und fragen erneut nach dem WARUM? Die Antwort notieren Sie unter Ihre erste Antwort. Das wiederholen Sie, bis Sie mindestens fünf Antworten untereinandergeschrieben haben.

Ihre Vorteile & Praxistipps

Menschen spüren, ob Sie einen klaren Zweck verfolgen und was Ihre Motivation ist. Was Sie denken, ist das, was Sie sagen. Was Sie sagen, ist das, was sie tun. Das, was Sie tun, ist das Handeln, das Ihr Gegenüber spürt.

Achten Sie also auf eine gute Gedankenhygiene und reflektieren Sie regelmäßig Ihren persönlichen Purpose.

3.1.1.4 Value-Proposition-Canvas

Hintergrund und Grundgedanke

Ein weiteres starkes Tool ist die **Value-Proposition-Canvas**, die Sie im angehängten Workbook unter Punkt 6.2 finden. Diese lenkt unseren Blick auf sechs zentrale Aspekte und Fragen:

1. ›**Schmerz**‹ – z. B. »Welchen ›Schmerz‹ hat Ihr Kunde/Ihre Nutzerin?«
2. ›**Schmerz-Killer**‹ – z. B. »Wie lindern Ihre Produkte/Dienstleistungen den ›Schmerz‹ Ihrer Nutzer:innen?«
3. **Nutzen** – z. B. »Welchen Mehrwert bieten Sie Ihren Nutzer:innen?«
4. **Nutzen-Stifter** – z. B. »Wie schaffen Ihre Produkte/Dienstleistungen einen Mehrwert für Ihre Nutzergruppe?«
5. **Kunden-Jobs** – z. B. »Welchen ›Job‹ erledigen Sie für Ihren Kunden?«
6. **Produkte und Services** – z. B. »Welche Produkte/Services bieten Sie an, um Ihren Nutzer:innen zu helfen?«

Expertentipps zur Anwendung

Ich erinnere mich an eine Schweizer Hochschule, die kein größeres Aufgabenpaket oder Projekt startete, bevor die **Value-Proposition-Canvas** ausgefüllt war. Die Value-Proposition-Canvas wird auch in der Case-Study III der Carl Zeiss Vision GmbH aufgegriffen. Probieren Sie es aus.

Ihre Vorteile & Praxistipps

Die Value-Proposition-Canvas ist eine vergleichsweise einfache Möglichkeit, den Blick zu schärfen. Die sechs Felder lenken unseren Blick auf die wirklich wichtigen Fragen. Aus meiner Erfahrung ist es nicht so wichtig, in welchem Feld Sie beginnen. Wichtiger ist, dass Sie beginnen. Vertrauen Sie Ihrer Intuition und beginnen Sie mit genau diesem Feld.

Probieren Sie es gleich im integrierten Workbook unter Punkt 6.2 aus.

3

3.1.1.5 User-Fokus – mit ›Be your Customer‹ und der Customer-Journey-Map

Hintergrund und Grundgedanke

Der Mensch kann aus meiner Sicht nicht genug im Zentrum stehen, was auch Auswirkungen auf unser Qualitätsmanagementsystem hat. Je besser wir die Bedürfnisse unserer Nutzer:innen, also unserer User, verstehen, desto eher können wir diese berücksichtigen.

In diesem Kapitel werden zwei Ansätze beschrieben, die unseren Fokus auf unseren User richten. Das sind die Techniken ›Be your Customer‹ und die Customer-Journey-Map.

Expertentipps zur Anwendung

Ich darf an die Grundhaltung im Design-Thinking (Kapitel 1.3.1) erinnern. Der Kunde steht konsequent im Fokus. Wir wollen seine Bedürfnisse verstehen und uns in ihn hineinversetzen.

Beginnen wir mit ›**Be your Customer**‹. Hier versetzen wir uns aktiv in die Lage unserer Kunden. In der Praxis geschieht das idealerweise live bei unseren echten Kunden. In einem Projekt, das ich begleiten durfte, ging es um die Einführung eines Dokumentenmanagementsystems für das Prüfungsamt in einer Hochschule. Hier beobachteten wir einen halben Tag die Mitarbeitenden bei ihrer Arbeit. Wichtig ist, nur zu beobachten und nicht zu werten. Unsere Sicht bleibt außen vor. Es geht um das Reinfühlen und Hineinversetzen. Alternativ ist ein Rollenspiel möglich, in dem ich eine Kollegin oder einen Kollegen bitte, sich in die Rolle der betreffenden Person hineinzuversetzen und zu beschreiben, wie ein typischer Arbeitsalltag aussieht. Es ist immer wieder erstaunlich, welch wertvolle Erkenntnisse auch in einem Rollenspiel rund um die Perspektive eines Customers herauskommt.

Die **Customer-Journey-Map** geht einen Schritt weiter. Hier skizzieren wir die gesamten Erfahrungen eines Kunden. Die Customer-Journey-Map ist eine Art Reisekarte unseres Kunden. Wir haben dies in einer Stadtverwaltung am Beispiel eines Kindergartenplatzes angewendet.

> **Aus meiner Berufspraxis**
>
> Wo beginnt der Bedarf eines Elternteils, und wo endet das Bedürfnis nach einem Kindergartenplatz? Als Erstes notierten wir die einzelnen Schritte. Hier bewähren sich statische Notizzettel, mit denen Sie große Wandflächen leicht und übersichtlich gestalten können. Die statischen Notizzettel sind rückstandsfrei von der Wand zu entfernen und leicht an der Wand hin- und herzubewegen.

Was passiert zuerst? Die alleinerziehende Mutter wendet sich mit der Frage nach einem Kindergartenplatz an die Kindertagesstättenleitung. Sie ist erschöpft, fühlt sich oft alleingelassen, braucht dringend eine verbindliche Kinderbetreuung, um ihren Job nicht zu verlieren.

Alle relevanten Details werden notiert. Wir versetzen uns in die Lage der alleinerziehenden Mutter. In einem Rollenspiel stellen wir die Situation nach und fühlen mit. Die einzelnen Stationen können auf einer Art Landkarte visualisiert werden. Diese lässt sich kombinieren mit Smileys. Lachende Gesichter zeigen, wo die alleinerziehende Mutter glücklich ist, traurige Smileys zeigen den Frust, den wir beseitigen wollen.

Ihre Vorteile & Praxistipps

›Be your Customer‹ und die Customer-Journey-Map lassen sich gut kombinieren. Der Zeitaufwand lohnt sich. Das Hineinfühlen in die echten Bedürfnisse unserer User zahlt sich in der Regel aus. Ihre Nutzer:innen werden spüren, dass Sie sich wirklich, wirklich für Sie interessieren. Und idealerweise haben Sie anschließend Fans, die von Ihnen so begeistert sind, dass diese Begeisterung ansteckend ist und so viele weitere Kunden generiert.

3.1.2 Toolbox: Wahre Bedürfnisse verstehen – am Beispiel eines Baums, mit Use-Cases, User-Story, Epic und Persona

3.1.2.1 Wirkliches Verstehen am Beispiel eines Baumes

Hintergrund und Grundgedanke

Im agilen Qualitätsmanagement steht der Mensch mit seinen Bedürfnissen im Fokus. Personas und User-Storys helfen dabei, den Fokus immer wieder auf die Bedürfnisse der Nutzer:innen zu lenken – sei es im beruflichen Alltag oder in kritischen Situationen. Es geht darum, unseren ›eigenen Senf‹ herauszuhalten und unsere Rollen jeweils zu schärfen.

Erinnern wir uns an das Design-Thinking mit seinen sechs Phasen aus Kapitel 1.3.1. An erster Stelle steht das **Verstehen**, das Verstehen von Bedürfnissen. Hier darf ich an die Unterscheidung von Kundenanforderungen, Kundenbedürfnissen und Kundenwünschen erinnern. Worum geht es gerade?

Diese wichtige Phase wird regelmäßig unterschätzt, wie die folgende Übung verdeutlicht, die ich seit 2016 regelmäßig in meinen Trainings durchführe (siehe auch Kapitel 1.3.1).

3

ÜBUNG – ZEICHNEN SIE EINEN BAUM!

Die Aufgabe lautet: »Bitte zeichnen Sie einen Baum.«
Was passiert dann? Die Teilnehmenden legen motiviert und enthusiastisch los und zeichnen ihre Bäume. Ich kommentiere das nicht und warte ab. Dann hängen wir die ›Bäume‹ gut sichtbar an die Wand. Anschließend stelle ich zwei Fragen:

1. *Wer von Ihnen sieht zwei identische Bäume?*
2. *Wer von Ihnen hat mich als Auftraggeberin gefragt, was für einen Baum ich gerne gehabt hätte?*

Abb. 11: Wirkliches Verstehen am Beispiel »Bitte zeichnen Sie einen Baum« (Quelle: Ulrike Margit Wahl)

Der anschließende Aha-Effekt ist groß.

Und hier geht es um einen ›einfachen Baum‹. Ich unterstelle an dieser Stelle, dass Sie alle schon einmal einen Baum gesehen haben und mit Bäumen in Ihrem Umfeld vertraut sind. Spannend ist auch, dass in Deutschland die Jahreszeiten einen großen

Einfluss auf die Gestaltung der Bäume haben. Im Sommer finden sich Früchte an den gezeichneten Bäumen, im Winter werden Tannenbäume präferiert.

Diese oft unbewussten Einflüsse haben wir in unserem Arbeitskontext auch. Doch wie bewusst gehen wir damit um? Haben wir unseren ›eigenen Senf‹ herausgehalten? Geht es wirklich um die Bedürfnisse unserer Nutzer:innen? Oder stehen unsere eigenen Bedürfnisse im Vordergrund?

Expertentipps zur Anwendung

Die knackpunktbasierte Lösungsfindung spielt im agilen Qualitätsmanagement eine zentrale Rolle. Dazu gehört das wirkliche *Verstehen* der Bedürfnisse meiner Kunden und Nutzergruppe. Starke Fragen helfen uns dabei, unseren ›eigenen Senf‹ zurückzuhalten und unseren Blick fokussiert auf unsere User zu richten – ob mit Personas, einer Art Personensteckbrief wie im Western, oder mit User-Storys – immer spielen Geschichten rund um unsere Nutzer:innen eine entscheidende Rolle. Das Storytelling erinnert an frühere Zeiten, als wir uns noch Geschichten erzählt haben. Das Erzählen von Geschichten ist keineswegs eine Zeitverschwendung. Im Gegenteil: Geschichten und User-Storys helfen uns als Zuhörer, die Bedürfnisse und Hintergründe unseres Gegenübers besser nachzuvollziehen und zu verstehen. Und darum geht es.

Ihre Vorteile & Praxistipps

Fragen Sie sich in Ihrer Rolle stets, über ›welchen Baum‹ Sie gerade sprechen und um ›wessen Baum‹ es gerade geht. Halten Sie Ihre eigene Sichtweise ausreichend zurück? Sehen Sie die Bedürfnisse Ihrer User? Verstehen Sie die wahren Bedürfnisse? Kennen Sie ausreichend Originalstimmen? Sorgen Sie dafür, dass Sie sich immer wieder bewusstwerden, über wessen Baum und über welchen Baum Sie gerade in ihren Q-Meetings reden.

3.1.2.2 Use-Cases

Hintergrund und Grundgedanke

> »Use Cases beschreiben das Verhalten eines Systems aus Anwendersicht. Der Anwender ist eine Person, eine Rolle, eine Organisation oder ein anderes System. Er tritt als Akteur mit einem System in Interaktion, um ein bestimmtes Ziel in einer definierten Folge von Aktionen zu erreichen. Aus dem Ziel (bspw. ›Fahrzeuggeschwindigkeit regeln‹ oder ›Geld abheben‹) ergibt sich normalerweise der Name des Use Cases, so dass auf einen Blick zu erkennen ist, welches Systemverhalten beschrieben wird.«
>
> (t2informatik.de/wissen-kompakt: Use Case[13])

13 Abrufdatum: 31.01.2023

Use-Cases haben ihren Ursprung in der Softwareentwicklung und stehen synonym für Anwendungsfälle.

Abb. 12: Use-Cases nachspielen (Quelle: Congerdesign, Pixabay)

Expertentipps zur Anwendung

In einem Workshop kam die spontane Idee vom Team, einen typischen Anwendungsfall mit Handpuppen nachzuspielen. Da wir keine Handpuppen im Raum hatten, zogen drei Teammitglieder spontan ihre Socken aus und spielten am Tischrand eine Szene mit einem typischen Kunden ihrer Agentur nach.

Parallel dazu notierte das Team auf Notizzetteln seine Gedanken und Wahrnehmungen. Diese haben wir anschließend gemeinsam gesammelt, geclustert und in einer User-Story zusammengefasst. Diese Szenen sind bis heute im Gedächtnis des Teams und waren zudem noch schnell umsetzbar und kostengünstig.

Ihre Vorteile & Praxistipps

Das Nachspielen von Anwendungsfällen hilft dem Team, sich in das Verhalten des Anwenders hineinzuversetzen. Rollenspiele mit einfachen Mitteln wie Verkleidung, Legosteinen oder Handpuppen sind einprägsam und bleiben im Gedächtnis haften. Nutzen Sie einfache Hilfsmittel. Ihrer Kreativität sind keine Grenzen gesetzt.

Nehmen Sie sich nun gerne Übung 6.3 aus dem Workbook vor – an einem Beispiel Ihrer Wahl aus Ihrem Arbeitsalltag.

3.1.2.3 Epic, User-Story und Tasks

Hintergrund und Grundgedanke

Wir beginnen mit einem Epic, gehen dann auf User-Storys und Akzeptanzkriterien näher ein und erläutern Tasks, die die konkreten zu erledigenden Aufgaben beschreiben. Epics, User-Storys und Tasks werden im Anforderungsmanagement verwendet und können im Qualitätsmanagement unterstützend wirken, um die User und die Akzeptanzkriterien frühzeitig und konsequent im Blick zu haben.

Bevor wir auf die einzelnen Begriffe genauer eingehen, empfehle ich für einen ersten Überblick die folgende Übersicht und die dazugehörige Abb. 13.

Auf einen Blick: Epic, User-Story, Task

Epic – ein Epic ist eine umfangreiche Bündelung und gibt ein ›Big Picture‹.

User-Story – ein Epic kann in mehrere User-Storys unterteilt werden.

Der Grundaufbau von Epic und User-Story ist gleich. Sie unterscheiden sich im Umfang. Die unter den Expertentipps beschriebenen Satzschablonen geben eine Orientierung.

Task – ein Task beschreibt eine konkrete Aufgabe.

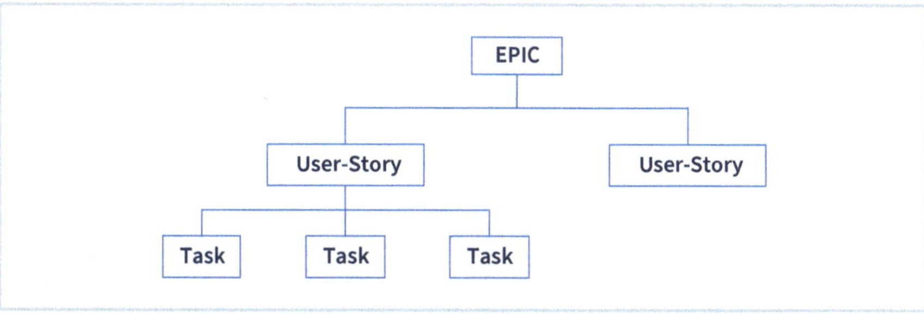

Abb. 13: Epic, User-Story, Task (Quelle: Ulrike Margit Wahl)

Beginnen wir mit dem **Epic** und zwei erhellenden Zitaten:

> »Ein **Epic** ist eine große, umfangreiche User Story. Manchmal wird argumentiert, dass die Textlänge ein Unterscheidungsmerkmal wäre, dies sollte jedoch durch die Verwendung von Textschablonen nicht der Fall sein. Die Größe bezieht sich entweder auf den Aufwand zur Implementierung der gewünschten Funktionalität oder die Möglichkeit, das Epic in sinnvolle, kleinere User Storys aufzusplitten. Tatsächlich gibt es kein fixiertes Maß, ab wann von dem einen oder dem anderen gesprochen wird.«
>
> (t2informatik.de/wissen-kompakt: Epic[14])

> »Eine **Epic** kann in mehrere Stories zerlegt werden (sogenannte Story-Zerlegung); umgekehrt lassen sich mehrere zusammengehörige Stories zu einer Epic bündeln.«
>
> (Sommerhoff/Wolter 2019, S. 79)

Im alltäglichen Sprachgebrauch werden **Use-Case** und **User-Story** oft als Synonyme verwendet. Sie unterscheiden sich allerdings im Umfang und in der Funktion, auch wenn sie Schnittmengen haben: »Einer der offensichtlichsten Unterschiede zwischen Stories und Use Cases ist deren Umfang« (Baumann 2014). Aus einer User-Story können Szenarien abgeleitet werden, die im Use-Case zusammengefügt werden. »Im Use Case verbirgt sich die langfristige Beschreibung eines umzusetzenden Zusammenhangs« (ebd.).

14 Abrufdatum: 31.03.2023

Ergänzend dazu gibt es noch **Tasks**. Die nachfolgenden Definitionen und Beispiele sollen bei der begrifflichen Unterscheidung helfen.

»Eine **Task** ist eine Tätigkeit zur Implementierung einer User Story.«[15] Tasks sind vergleichbar mit konkreten Aufgaben. Typische Beispiele für Tasks sind:

- Matrix mit relevanten Kriterien erstellen (in Excel)
- Firma X anrufen für Musterlösung
- Feedback vom Personalrat einholen

Expertentipps zur Anwendung

Ein **Epic** ist eine Bündelung und bietet ein ›Big Picture‹. Folgende Satzschablonen haben sich in der Praxis bewährt:

Auf einen Blick: Satzschablonen für Epic und User-Story

- Als (meine Rolle) möchte ich (was = mein Wunsch) (warum = der Nutzen).
- Als (wer) (wann) (wo) möchte ich (was) (warum).
- Wer (Nutzer:in) braucht was (Bedürfnis) wozu (Nutzen)?

Die Satzschablone finden Sie im angefügten Workbook im hinteren Teil dieses Buches unter Punkt 6.4. Ich empfehle diese für den Einstieg. Das Arbeiten mit Epic und User-Storys ist vergleichbar mit dem Fahrradfahren. Je öfter Sie fahren, desto leichter geht es. Die folgenden Beispiele sollen Ihnen den Einstieg erleichtern:

BEISPIELE FÜR EPICS

- **Als (meine Rolle) möchte ich (was) (warum).**
  Beispiel: Als Personalleiterin brauche ich ein virtuelles Analysetool, um Anzeichen erkennen zu können, wenn Fluktuation oder Krankenstand den Schwellenwert übersteigen.
- **Als (wer) (wann) (wo) möchte ich (was) (warum).**
  Beispiel: Als Personalleiterin brauche ich bis Ende 2023 im Fachbereich 5 ein virtuelles Analysetool, um Anzeichen erkennen zu können, wenn Fluktuation oder Krankenstand den Schwellenwert übersteigen, weil unsere Krankenstände sich innerhalb der letzten zwölf Monate verdoppelt haben.
- **Wer (Nutzer:in) braucht was (Bedürfnis) wozu (Nutzen)?**
  Beispiel: Als Präsidentin brauche ich eine Übersicht mit relevanten Kennzahlen, um das Ministerium von der Notwendigkeit der Verlängerung der Finanzierung des Instituts für die kommenden zehn Jahre überzeugen zu können.

Epics sollten einfach und mit Akzeptanzkriterien formuliert sein – der DoD. Wie soll das Ergebnis sein, damit wir sagen können: »Jetzt ist die Aufgabe erledigt«? Die DoD könnte

15 t2informatik.de/wissen-kompakt: Epic; Abrufdatum: 31.01.2023

wie folgt lauten: *Das Analysetool zeigt tagesaktuelle Auswertungen mit farblicher Kennzeichnung in Grün, Gelb und Rot.*

Ein Epic kann in mehrere **User-Storys** aufgesplittet werden. Die eben genannten Satzschablonen können auch für User-Storys verwendet werden.

Eine **User-Story** hat den folgenden Grundaufbau und sollte die folgenden sechs Merkmale mit den INVEST-Eigenschaften besitzen:

- **I**ndependent (unabhängig)
- **N**egotiable (verhandelbar)
- **V**aluable (wertschaffend für User)
- **E**stimatable (schätzbar)
- **S**mall (klein)
- **T**estable (testbar)

In Abb. 14 finden Sie ein Beispiel für eine User-Story in Form einer User-Story-Card. Im Anhang unter den Vorlagen (Übung 6.4) finden Sie eine Druckvorlage für Ihre User-Story-Card in Form einer DIN-A5-Postkarte, was Teil der Methode ist. Weniger ist mehr. Wir wollen Komplexität vermeiden.

USER STORY CARD – MUSTER Nr. __1

WER* ***Der Präsident der Universität XY***

braucht WAS*

überzeugende Argumente relevanter Statusgruppen der Universität XY (mit Zahlen, Daten, Fakten) und möglichen Konsequenzen

WOZU*

um das Ministerium von der Notwendigkeit der Neustrukturierung der Drittmittel zu überzeugen.

Autor	**Datum** (Erstellung)	**Datum** (Fertigstellung)
Ulrike Margit Wahl	15.11.2021	30.06.2022
Abnahmekriterium / DoD: - mindestens 3 überzeugende Argumente je Statusgruppe (belegt mit ZDF); je vom Senat, Dekanerunde, Personalrat		

[* WER=wessen Perspektive; WAS=Ziel/Bedürfnis; WOZU=Grund/Nutzen]

Abb. 14: Beispiel für eine User-Story-Card (Quelle: Ulrike Margit Wahl)

Ein weiteres Beispiel für eine User-Story ist Folgendes:

BEISPIEL EINER USER-STORY

Der Geschäftsführer der Frische Wind GmbH (= WER) braucht einen Finanzzuschuss für die Solaranlage in Höhe von 50.000 € (= WAS), um ein besseres Rating für das Zertifikat für Nachhaltigkeit seiner Firma zu erwerben (= WOZU).
Das Abnahmekriterium (= DoD) lautet: Der Zuschuss wurde bis 31.12.2023 bewilligt und überwiesen.

Ihre Vorteile & Praxistipps

Ich persönlich tue mich schwer in der Unterscheidung zwischen Epics und User-Storys. Ich bin ein haptischer Mensch und ein Fan von ausgedruckten Postkarten mit der im integrierten Workbook unter Punkt 6.4 beschriebenen Satzstruktur: Wer braucht was wozu, inklusive Akzeptanzkriterium (DoD). Sind die User-Storys zu groß, dann empfehle ich starke Überschriften oder Bilder, die den Use-Case beschreiben (siehe dazu Kapitel 3.1.2.2).

Probieren Sie es aus und spüren Sie nach. Müssen Sie immer wieder nachlesen, oder agieren Sie intuitiv? Ich bin mir sicher, dass Sie sehr schnell Ihren eigenen Weg und Umgang finden werden. Hier wünsche ich Ihnen viel Freude beim Ausprobieren und Reflektieren.

3.1.2.4 Persona

Hintergrund und Grundgedanke

Ich mag Personas. Sie helfen uns, unseren ›eigenen Senf‹ zurückzuhalten. Denn es liegt in der Natur des Menschen, dass wir manchmal vergessen, dass die Wahrnehmung unseres Gegenübers nicht deckungsgleich ist mit unserer Wahrnehmung. Persönliche Erfahrungen oder individuelle Glaubenssätze prägen unser Denken und Tun. Unser Fokus sollte jedoch auf den Bedürfnissen unserer Nutzer:innen liegen. Und hierbei kann die Persona helfen – eine weitere sehr wirkungsvollen Technik, wie folgendes Zitat zeigt:

> »Sie bekommen damit eine ganz neue Perspektive auf Ihre Ziel- und Nutzergruppe. Sie werden die potenziellen Nutzer besser verstehen. Sie können damit verschiedene Entwürfe von verschiedenen Persönlichkeitstypen als Ergebnisse Ihrer Erfahrungen und Forschungen modellieren und kommunizieren. Personas werden sehr häufig mit Anwendungsszenarien (Scenarios) kombiniert.«
>
> (Gerstbach 2018, S. 115)

»Die Persona-Methode geht [über die Anforderungsanalyse innerhalb der Quality-Function-Deployment-Methode] hinaus, weil sie besser dabei unterstützt, tief liegende, unausgesprochene Bedürfnisse zutage zu bringen.«

(Sommerhoff/Wolter 2019, S. 89)

Expertentipps zur Anwendung

Das folgende Beispiel aus einer Hochschule illustriert das Vorgehen:

Im ersten Schritt werden Informationen über die Person gesammelt. Bei Personengruppen kann das Sammeln und Clustern sinnvoll sein.

Anschließend findet im Idealfall ein Interview mit der betreffenden Person statt; alternativ haben sich in der Praxis Rollenspiele bewährt. Die Fragen laden immer wieder ein, Geschichten zu erzählen, das sogenannte Storytelling.

Mögliche Bitten und Fragen sind:

- Was ist Ihr schönstes Erlebnis rund um …? Bitte schildern sie und begründen Sie kurz.
- Welche Situation kostet Sie richtig viel Zeit und Nerven? Bitte beschreiben Sie mir Ihr nervigstes Erlebnis.
- FRUST – Was frustriert Sie? Was ärgert Sie? (=Schmerzpunkt)
- LUST – Was hilft Ihnen? Was macht Sie glücklich?
- Wenn Sie einen Wunsch frei hätten rund um … – welcher wäre dies?
- Werte, Ziele der Person, Profil wie Alter, Bildungsweg, Familie, Biografie?
- Sonstiges/Anmerkungen/relevante Zitate?

Die Persona ist eine Art ›Steckbrief‹ der Person oder Zielgruppe. Sie beinhaltet in der Regel: Eckdaten zur Person, Lust und Frust sowie relevante Zitate und Wünsche der Person.

Der Name der Persona ist häufig ein sprechender Name, der die Eigenschaften der Person beinhaltet, z. B.: Paul Pendler, Professor Helferlein oder Sabine Podcast.

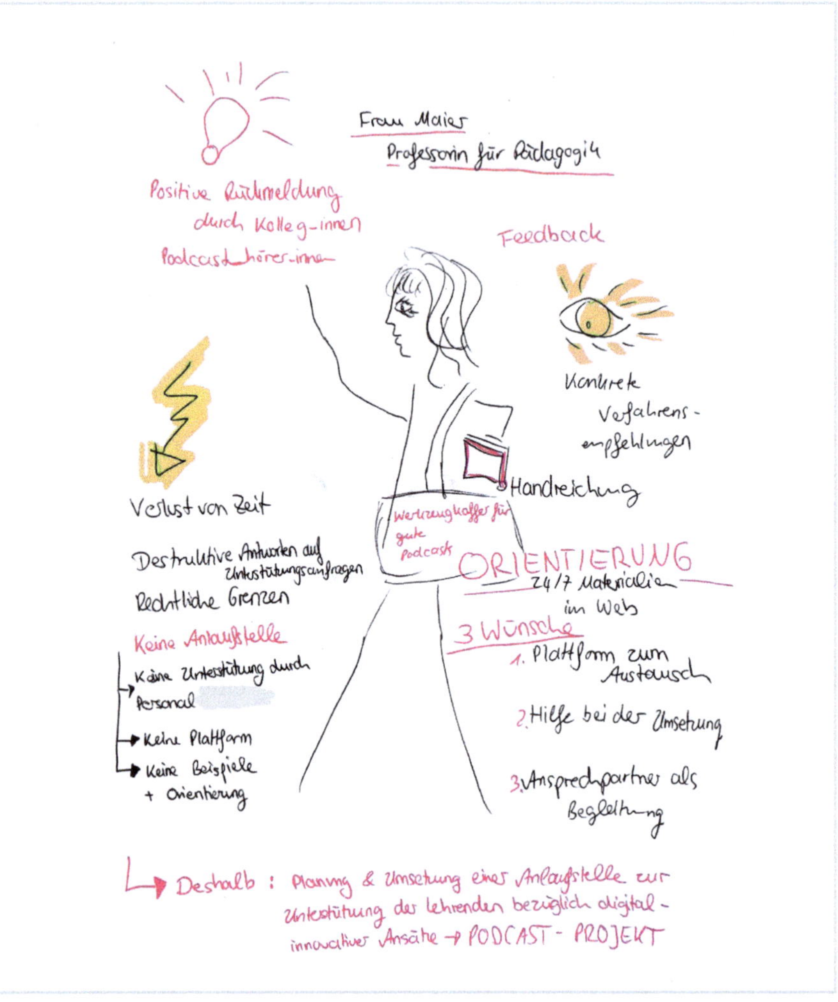

Abb. 15: Persona – am Beispiel einer Professorin für Pädagogik (Quelle: Isabelle Leitloff/Helge Lamm)

Zu der oben beschriebenen Persona gibt es folgende Anmerkungen und Beschreibungen, die im begleitenden Interview zusammengetragen wurden:

Was nervt die Person, die in der Persona zusammengefasst wurde?

- dass sie als Professorin in der Lehre mit der Umsetzung innovativer, digitaler Konzepte alleingelassen wird
- dass nicht allen an der direkten Interaktion Beteiligten (im international-interkulturellen Projekt) ein notwendiges Mindestmaß an gegenseitiger Aufmerksamkeit auch wirklich wichtig ist
- dass die gemeinsame Sprache der transnationalen Seminare oft Deutsch ist und es damit Ungleichheiten in der Ausdrucksstärke gibt

- dass ein Raumklima in einem transnationalen Seminar zwar die Seminargruppe zeigt, dabei aber Mimik und Gestik nicht mehr zu erkennen sind

Was ist der Person wichtig?
- eine Anlaufstelle, die ihr beratend und unterstützend für Empfehlungen und mit Musterexemplaren zur Seite steht, z. B. Podcasts erstellen und in ihre Lehre einbinden
- die langfristige Institutionalisierung verschiedener Möglichkeiten für interkulturellen Austausch in jedem Fach mit mindestens einem Angebot pro Semester

Was braucht die Person?
- verlässliche und leicht organisierbare virtuelle und physische Austauschmöglichkeiten
- Ansprechpartner für Digitalisierungskonzepte in der Lehre und direkte Hilfe, wenn etwas technisch hakt
- ein Netzwerk unter Lehrenden für den Austausch

Liegen mehrere Antworten vor, so können diese im Idealfall mit dem Interviewpartner und Auftraggeber priorisiert werden. Bei mehreren Interviews verschiedener Personen einer Zielgruppe können die Antworten gewichtet werden. Suchen Sie stets nach Mustern, die sich zusammenfassen oder hervorheben lassen. Gibt es zu viele Unterschiede, dann bilden Sie besser separate Untergruppen.

Personas entstehen in einem iterativen Prozess, d. h. im schrittweisen Vorgehen, das das Anpassen und Nachjustieren ausdrücklich erwünscht und zulässt.

Ihre Vorteile & Praxistipps

Sie stärken Ihre Empathie und Ihr Einfühlungsvermögen mit den betroffenen Personen und Nutzergruppen. Diese nutzerzentrierte Vorgehensweise (User-Fokus) spürt Ihr Gegenüber. Ihre Kundengruppen binden sich enger an Sie und Ihre Organisation, weil Sie die wahren Bedürfnisse und Wünsche verstehen und erkennen. Die Methoden und Tools sind schnell erlernbar und eine kostengünstige Vorgehensweise. Sie sind universell anwendbar und schaffen ein gemeinsames Verständnis und Vertrauen im Team.

»Zack, ist das Bild im Kopf.« – Dieses Zitat bringt die Arbeit mit der Persona auf den Punkt. Die Persona hilft uns, unsere eigenen Vorstellungen und Meinungen zurückzuhalten. Und zack, ist das Bild der echten Nutzer:innen präsent.

Ich mag Einfachheit. In der Praxis können zu viele Fremdwörter eher verwirren. Weniger ist hier mehr. Lassen Sie sich Geschichten aus dem Arbeitsalltag erzählen (Storytelling mit Use-Cases), gestalten Sie Personas und versuchen Sie, erste User-Storys zu erstellen. Das hat sich in der Praxis für den Einstieg bewährt.

Darüber hinaus: interdisziplinäre Teams bilden (gerne auch ohne inhaltlichen Bezug), Vorsicht vor zu vielen Details oder Stereotypen, sprechende Namen verwenden (keine echten Namen), Fokus auf das Ziel, ›eigenen Senf‹/eigene Bedürfnisse raushalten, einfaches Bastelmaterial nutzen wie Poster und Buntstifte, Mut zu Freestyle-Personas – ganz nach Ihrem Gefühl.

Und üben Sie, halten Sie inne und reflektieren Sie – beispielsweise mit der Vorlage aus Punkt 6.5 in Ihrem Workbook.

3.1.3 Toolbox: Auftragsklärung, Rollenklärung und DoR/DoD – was wir von Scrum lernen können

Hintergrund und Grundgedanke

Marie Freifrau von Ebner-Eschenbach prägte die Worte:

> »Nur die allergescheitesten Leute benutzen ihren Scharfsinn zur Beurteilung nicht bloß anderer, sondern auch ihrer selbst.«

Ich habe über dieses Zitat lange nachgedacht und bin zu dem Schluss gekommen, dass es in meiner Verantwortung als QMB liegt, für eine angemessene Auftragsklärung zu sorgen. Es liegt in meiner **Holschuld**, mir die relevanten Informationen zu besorgen, um meinen Job als QMB ideal ausfüllen zu können. Die größten Herausforderungen in Projekten sind mangelnde Kommunikation und unklare Rollen, wie die in Abb. 16 ersichtliche Umfrage in einem Workshop exemplarisch verdeutlicht.

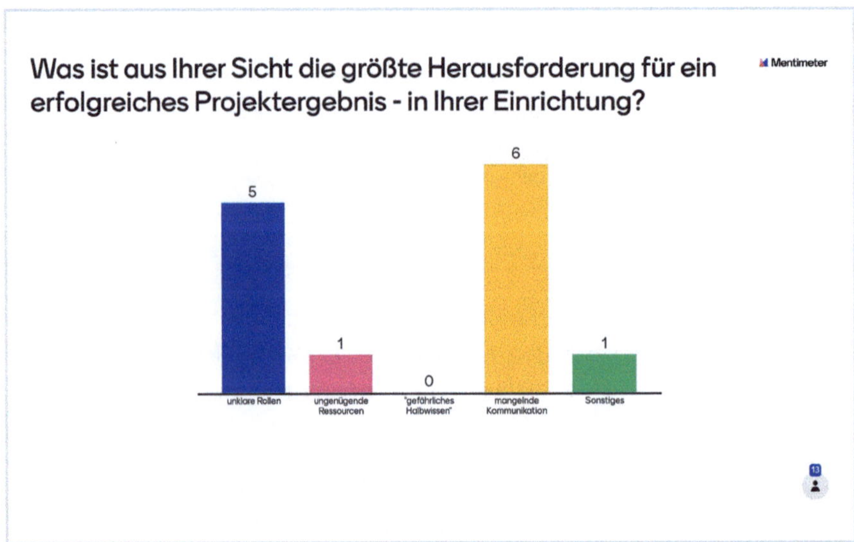

Abb. 16: Die größten Herausforderungen im Projekt laut Befragung in einem Workshop (Quelle: Ulrike Margit Wahl)

Beides – sowohl ein guter Kommunikationsplan als auch die Rollenklärung mit Verantwortlichkeiten und Aufgabenverteilung – gehört in die **Auftragsklärung**. Gleichzeitig ist die Auftragsklärung eine der Königsdisziplinen in der Zusammenarbeit zwischen Führungskräften und Mitarbeitenden. Noch anspruchsvoller wird es in hierarchisch organisierten Organisationen. Denn Hierarchie kann mit Komplexität nicht umgehen.

Auf einen Blick: Komplexität und Hierarchie
Hierarchie kann mit Komplexität nicht umgehen.

Umso mehr lohnt es sich, *vor* Beginn Ihrer Tätigkeit die Rollen und den Auftrag zu klären. Und wenn Sie das dann noch mit den beiden Definitionen verbinden – DoR (»Ah, we got it«) und DoD (Wie soll das Ergebnis sein, dass Ihr Auftraggeber sagt: »Genau so habe ich mir das Ergebnis vorgestellt«?) –, dann erhöhen Sie die Wahrscheinlichkeit für ›leuchtende Augen‹ bei den Ergebnissen aus Ihrem Qualitätsbereich.

Expertentipps zur Anwendung

Hier kann aus meiner Sicht ein Blick in die Welt des agilen Projektmanagements helfen, um uns von Scrum inspirieren zu lassen. Scrum ist ein agiles Framework und wird auch synonym für agiles Projektmanagement verwendet (vgl. Kapitel 1.3.3). Denn Scrum ist klar – in der Auftragsklärung und in der Rollenklärung.

Ich darf Ihren Blick erneut auf die **drei Rollen** lenken, die das Scrum-Team bilden:

- Product-Owner = die Person steuert und lenkt das Projekt
- Development-Team = diese Personen arbeiten die Aufgabenpakete ab, z. B. Tasks
- Scrum-Master = diese Person unterstützt, z. B. bei Reflexionsmeetings, bei der Auftragsklärung, bei Hindernissen

Im beruflichen Alltag gehen wir oft davon aus, dass wir *wissen*, worum es geht. Die Praxis zeigt allerdings, dass wir oft zu wenig Zeit darauf verwenden, wirklich zu *verstehen*, worum es geht. Gerade in kollegial geführten Unternehmen ist nicht immer offensichtlich, wer welchen Auftrag und welche Verantwortung übernommen hat (Oestereich/Schröder 2017, S. 233). Scrum kann uns daran erinnern.

Ein:e QMB kann stellvertretend für den Product-Owner stehen. Hier liegt die Verantwortung für die Auftragsklärung. Erst, wenn das gemeinsame Bild zwischen Auftraggeber (einer der Stakeholder) und QMB (also Product-Owner) klar ist, kann die Arbeit beginnen.

Folgende Fragen können klärend unterstützen (Oestereich/Schröder 2017, S. 233):

- Liegt ein konkreter Auftrag vor?
- Von wem kommt der Auftrag?
- Wer ist mein Ansprechpartner? Wer kann mir bei der Vorbereitung helfen?
- Welche Personen gehören dazu, welche nicht?

3

Ergänzend empfehle ich die beiden vorherigen Kapitel 3.1.1 und 3.1.2.

Auf einen Blick: Scrum und ›Start with WHY‹

Scrum orientiert sich an der Logik von ›Start with WHY‹:

WHY?	WHAT?	HOW?

Inspirationen von Scrum rund um ...

a) **Aufgaben- und Rollenklärung**

Die drei Rollen haben **konkrete Aufgaben**, die im ›Scrum Guide‹ (Schwaber/Sutherland 2020) definiert sind. Es gibt keine Teilteams und keine Hierarchien. Das Team ist eine geschlossene Einheit von Fachleuten, die sich auf das Ziel konzentrieren. Das Team ist interdisziplinär, managt sich selbst und umfasst zehn oder weniger Personen. Das Scrum-Team ist umsetzungsverantwortlich und ergebnisverantwortlich – so fasst es der ›Scrum Guide‹ auf Seite 5 zusammen. In Kapitel 1.3.3 wurden die Rollen ausführlich vorgestellt.

Auf einen Blick: Scrum und Rollenklärung

- erst klare Rollenverteilung – dann loslegen
- erst klare Aufgabenverteilung – dann loslegen
- Auftragsklärung liegt bei einer Person und ist eine Holschuld

b) **Rollenklärung und Werte**

Ich darf an das ›Agile Manifest‹ erinnern: »Wertvolle Teams sind tatsächlich auch wertvoll, im Sinne von erfolgreich. Deshalb sollten Sie für Ihre agilen Teams eine Umgebung schaffen, in der Werte gelebt und erlebbar sind« (Dräther/Koschek/Sahling 2019, S. 23).

Im aktuellen ›Scrum Guide‹ beschreiben die Autoren Mike Beedle und Ken Schwaber die fünf Werte als das Fundament, auf welchem Scrum beruht.

Auf einen Blick: Die fünf Werte im Scrum

Das andere Denken beginnt bei den Werten:

Selbstverpflichtung, Fokus, Offenheit, Respekt und Mut.

Die erfolgreiche Anwendung von Scrum hängt davon ab, dass die Menschen immer besser in der Lage sind, fünf Werte zu leben.

Die Rollenverteilung ist der erste Schritt. Das Leben nach den fünf definierten Werten Selbstverpflichtung, Fokus, Offenheit, Respekt und Mut knüpft direkt daran an.

c) **DoR und DoD**

Scrum ist auch klar rund um die Definition of Ready und die Definition of Done. Werfen wir also noch einen letzten Blick auf den Scrum-Prozess – auf DoR und DoD. Beides haben wir schon im Kapitel 1.3.3 über Scrum gestreift, und die DoD ist uns auf dem Weg hierher z. B. bei der User-Story begegnet (Kapitel 3.1.2.3).

Im ›Scrum Guide‹ ist die DoD definiert als »eine formale Beschreibung des Zustands des Increments, wenn es die für das Produkt erforderlichen Qualitätsmaßnahmen erfüllt« (Schwaber/Sutherland 2020, S. 13). Sie »schafft Transparenz, indem sie allen ein gemeinsames Verständnis darüber vermittelt, welche Arbeiten als Teil des Increments abgeschlossen wurden« (ebd.).
An dieser Stelle neu und zu klären ist die DoR. Prägend war diesbezüglich die von Jeff Sutherland in einem Kurs von Scrum-Events rund um **DoR** getätigte Aussage: »Ready is when the team says: ›Ah, we got it‹« (Scrum-Events o. J). Das beschreibt sehr treffend den Reifegrad, den eine Idee, eine Aufgabe haben muss, bevor wir beginnen.

Aus meiner Berufspraxis

Ich erinnere mich an ein umfangreiches Hochschulpakt-Projekt, das ich damals als Product-Owner leitete. Wir haben für einen internationalen Großkonzern gemeinsam mit der Hochschule einen Lerntest entwickelt. Alle Beteiligten hatten so etwas noch nie gemacht. Wir haben anfangs sehr viel Zeit darauf verwendet, zu einem gemeinsamen Verständnis von den Beteiligten (z. B. IT-Team, wissenschaftlicher Beirat, Ministerium als Mittelgeber, Präsident und Geschäftsführerin als Auftraggeber, aufgeteilt in zwei Teilprojekte, zwei Teilprojektleitungen, eine Projektleitung) zu kommen.

Was ist ein Lerntest? Was bedeutet Lernen für Angestellte, was bedeutet Lernen für Studierende? Was ist unser starkes WARUM? Dazu haben wir immer wieder Ideen visualisiert, Mock-ups[16] skizziert und über Fragen den Fokus geschärft.

Das starke WARUM (›Start with WHY‹) der Hochschule war, dass die Abbrecherquote nach dem ersten Semester gesenkt werden sollte. Hier musste beispielsweise auch geklärt werden, für welche Studiengänge welches Ziel erreicht werden sollte.

Das starke WARUM für den internationalen Konzern war, dass sie zwar ein professionelles Lernzentrum hatten, dieses jedoch nur von einem Bruchteil der zahlreichen Mitarbeitenden genutzt wurde. Das Ziel war, mehr Mitarbeitende zu aktivieren und zu motivieren, sich weiterzubilden und lebenslang zu lernen.

Die **DoD** verteilte sich unterschiedlich auf die insgesamt fünf Jahre Projektlaufzeit. Nach dem ersten Jahr lautete eine DoD: Nach einem Jahr Projektlaufzeit muss in mindestens einem Studiengang der erste Prototyp des Lerntests an echten Nutzer:innen ausprobiert worden sein. Hier waren wir frei, ob wir den ersten Prototyp an der Hochschule oder im Konzern ausprobieren. Und wir waren frei, wie viele Personen den ersten Prototyp ausprobiert haben sollen.

16 Der Begriff Mock-up stammt aus der Softwareentwicklung und bedeutet Skizze, Attrappe.

3

Ihre Vorteile & Praxistipps

Wer im Qualitätsmanagement aktiv ist, weiß, wie zeitintensiv verschiedene Tätigkeiten und Aufgaben sein können. Umso wichtiger ist, dass wir unsere wertvolle Arbeitszeit so nutzen, dass Ergebnisse herauskommen, die einen echten Mehrwert bringen.

Hierfür brauchen Sie nach meiner tiefsten Überzeugung die Klärung dieser vier Punkte:

- eindeutige Auftragsklärung – mit Blick auf Zwischen- und Endergebnis
- eindeutige Rollenklärung, inklusive Entscheidungskompetenz und Entscheidungsverantwortung
- Klarheit rund um die DoR
- Klarheit rund um die DoD

Versetzen Sie sich in die Rolle Ihrer Vorgesetzten. Was braucht Ihr Gegenüber von Ihnen, damit Sie seine Antwort zu den vier Punkten bekommen, die Sie brauchen, um einen richtig guten Job zu machen?

Beschäftigen Sie sich mit Fragetechniken und den **Chef-Typen** von Torbert und Rooke. Welcher Typ Chef ist Ihr Gegenüber? Ist er der Opportunist, der Diplomat, der Experte, der Macher, der Individualist, der Stratege oder der Alchemist? Welche Art von Information und Kommunikation braucht Ihr Vorgesetzter von Ihnen, um mit einem guten Gefühl Entscheidungen treffen zu können? Für einen Überblick empfehle ich den Artikel *›Die Sprachen der Chefs. So überzeugen Sie Ihren Vorgesetzten mit individuellen Argumenten‹* meiner geschätzten Kollegin Silke Krischke (2019).

Klären Sie die oben erwähnten vier Punkte vor **Beginn ab. Das erspart viel Zeit und wertvolle Ressourcen.**

Binden Sie Kolleginnen und Kollegen ein. Holen Sie sich eine zweite Meinung. Gerade rund um Rollenklärung, Auftragsklärung, DoR und DoD ist das direkte Feedback sehr wertvoll – gerade von Personen, die nicht im Qualitätsbereich tätig sind.

Zwischenfazit

Die ersten drei Kapitel auf dem Weg zum Kunden- und Geschäftsfokus liegen hinter Ihnen. Ein guter Zeitpunkt, um kurz innezuhalten und zu reflektieren, was Sie bereits ausprobiert haben.

Wir haben mit einem starken Warum begonnen, das sich mit dem wiederholten und vertieften Fragen nach dem Warum kombinieren lässt. Zudem haben wir den Wert in den Fokus gerückt und mit der Value-Proposition-Canvas ein wirksames Werkzeug kennengelernt. In der Toolbox ›Wahre Bedürfnisse verstehen‹ haben wir Use-Cases, User-Storys, Epics und Tasks beleuchtet, um uns anschließend von Scrum rund um Auftragsklärung, Rollenklärung sowie DoR und DoD inspirieren zu lassen.

Im besten Fall haben Sie die ersten Übungen im Workbook für sich ausprobiert und mit einer Kollegin oder einem Kollegen reflektiert. Oft genügen wenige Minuten, in denen ich laut ausspreche, was ich ausprobiert habe, und jemand mir zuhört. Die Klarheit kommt über das Aussprechen der Gedanken und die konkreten Nachfragen meines Gegenübers. Das kann sehr wertvolle Anregungen für Ihren Arbeitsalltag im Qualitätsmanagement mit sich bringen. Probieren Sie es aus.

In den nun folgenden Kapiteln werden wir uns mit der Vision, starken Zielen und einem Praxisbeispiel beschäftigen. Ich lade Sie sehr herzlich dazu ein, neugierig zu bleiben.

3.1.4 Toolbox: Vision und WOZU – Für Mehrwert oder gelöste Probleme

Hintergrund und Grundgedanke

Ich persönlich bin ein großer Fan von Visionen und Zukunftsbildern. Ein Mentor sagte einmal zu mir, dass das ›Hin zu‹ immer leichter sei als das ›Weg von‹. Genauso sehe ich das auch. Eine starke Vision wirkt wie ein Magnet mit einer sehr starken Anziehungskraft. Da will ich unbedingt hin mit meinem Team.

> »Die Unternehmensvision stellt das übergeordnete und langfristige Ziel einer Organisation dar. Sie gibt die Richtung vor, in [die] sich das Unternehmen in Zukunft entwickeln soll[,] und steckt den Rahmen für die untergeordneten Teilziele des Unternehmens ab.«
>
> (BWL-Lexikon.de: Unternehmensvision[17])

Abb. 17: Von der dreifachen Vizeweltmeisterin zur zweifachen Weltmeisterin im Kunstradfahren – Lena Bringsken (Quelle: Christina Laube)

17 Abrufdatum: 31.01.2023

Als ich vor einigen Jahren die damalige Vizeweltmeisterin im Kunstradfahren Lena Bringsken als Onlinecoach auf ihrem Weg zur Weltmeisterin begleiten durfte, erlebte ich zum ersten Mal live, welche Kraft Visionen, das WOZU und starke Bilder haben. Und wenn wir mit Visionen, dem WOZU und starken Bildern sogar Weltmeister werden können, warum dann nicht auch weltbeste Qualität mit unseren Produkten und Dienstleistungen erreichen?

Expertentipps zur Anwendung

In Kapitel 3.1.1 sind wir dem Ansatz ›Start with WHY‹ nachgegangen. Das Warum ist tendenziell auf die Vergangenheit ausgerichtet. Das WOZU richtet den Blick tendenziell nach vorn. Es geht nicht darum, das eine Tool gegen das andere auszuspielen; vielmehr geht es darum, ein gutes Gefühl für die situativ passende Methode zu entwickeln.

Für den Einstieg können die folgenden beiden Fragen hilfreich sein:

- *Welches Problem möchte ich als QMB lösen?*
- *Welchen Mehrwert möchte ich als QMB schaffen?*

Die beiden Fragen wirken auf den ersten Blick einfach; sobald wir uns jedoch für eine Antwort entscheiden müssen, sieht es schnell ganz anders aus. Die beiden nachfolgenden Beispiele verdeutlichen die beschriebene Herausforderung. In beiden Fällen lautete die Antwort auf die Frage nach dem Problem beziehungsweise nach dem Mehrwert: *»Wir wollen unsere Prozesse optimieren.«* Welche Antworten bei genauerem Nachfragen zum Vorschein kamen, können Sie Tabelle 6 entnehmen.

Antwort	Beispiel 1: Forschungsinstitut	Beispiel 2: Logistikunternehmen
1.	Einführung einer Campusmanagement-software für unser gesamtes Institut	Daten bereinigen/Datenhygiene, z. B. tagesaktuelle Kapazitäten pro Regal
2.	gemeinsames Verständnis im Team schaffen, gerade für neue Mitarbeitende	Lagerkapazitäten optimieren für ideal ausgelastete Lkw-Ladungen
3.	Teilautomatisierung von Prozessen, z. B. Beschaffung	zeitliche Puffer für Lagerarbeitende schaffen/Krankenstände reduzieren

Tab. 6: Die Bedeutung des WOZU und der Reihenfolge der Aufgabenpakete

Ohne das WOZU und eine Vision bieten die oben genannten Antworten viel Interpretationsspielraum. Erst **in Kombination mit dem WOZU und der Vision** wird das Bild des definierten Endergebnisses klarer und greifbarer. Wichtig ist zudem eine Priorisierung, worauf wir in Kapitel 3.2.3 näher eingehen werden. Besonders wichtig ist die Priorisierung der Antworten dann, wenn Ziele sich widersprechen. So kann eine Auslastung der Lagerkapazitäten im Widerspruch zum zeitlichen Puffer der Lagerarbeitenden stehen. Hier hilft nur ein klares Verständnis und eine Priorisierung – beides ist Teil der Auftragsklärung (siehe Kapitel 3.1.3).

Für das Beispiel des Forschungsinstituts könnte die Vision lauten: »Was wäre, wenn wir mit der Einführung der Bewerbermanagementsoftware alle offenen Stellen innerhalb von maximal drei Monaten besetzen und so alle unsere gesteckten Unternehmensziele erreichen könnten?«

Das hätte zur Folge, dass die erste Antwort oberste Priorität hat. Im Praxisalltag höre ich oft die Nachfrage: »Ja, aber sind die anderen Aussagen nicht wichtig?« Nun, es ist alles eine Frage der Priorisierung. Wir können auch nicht auf zwei Bergen gleichzeitig stehen. Was ist wichtiger und dringender?

Womit fangen wir an? Das ist die zentrale Frage.

Ihre Vorteile & Praxistipps

Visionen haben eine starke magnetische Kraft. Idealerweise wollen alle Beteiligten unbedingt mitwirken, weil sie verstanden haben, welches große Ziel und welcher wichtige Zweck dahinterstecken.

Das WOZU ist nicht zu unterschätzen – es ist einer der wichtigsten Schlüsselfaktoren rund um Motivation im Team.

So kommen Sie zu einer starken Vision und zu einem klaren WOZU?

- Formulieren Sie kurze Sätze.
- Holen Sie sich Feedback von anderen Personen, z. B. zu der Frage, ob der Satz leicht verständlich und nachvollziehbar ist.
- Idealerweise erzeugen Ihr WOZU und Ihre Vision ein angenehmes Gänsehautgefühl: »Wow, an dieser Aufgabe darf ich mitwirken.«
- Seien Sie mutig! Besinnen Sie sich auf den Wert *Mut* à la Scrum oder die *›wilden Ideen‹* à la Design-Thinking. Sie wollen Lösungen schaffen, die die Konkurrenz nicht hat. Dazu ist es nötig, aus der Komfortzone herauszukommen.
- Nutzen Sie die Kraft von Bildern (siehe dazu das nachfolgende Kapitel 3.1.5).

Ich möchte Sie herzlich einladen, für ein Beispiel aus Ihrem Arbeitsumfeld Ihre Vision zu definieren. Nutzen Sie dazu gerne die Vorlage aus Punkt 6.6 in Ihrem Workbook.

3.1.5 Toolbox: Starke Ziele, OKR und Zielcollagen

Hintergrund und Grundgedanke

> »Das Berufsleben und das eines Leistungssportlers sind sich ähnlicher als so manche denken […] und für mich steht fest: Zu einem entscheidenden Teil hat die klare Definition des Ziels und mein Symbolbild [zu meinem Weltmeistertitel] beigetragen.«
>
> Lena Bringsken (2020)

Diese beiden Aussagen rahmen den Blogbeitrag der zweifachen Weltmeisterin Lena Bringsken. Sie verdeutlichen die Wichtigkeit und die Kraft einer klaren Zieldefinition in Kombination mit einem Bild.

Ziele spielen bei unserer Auswahl, wie wir unsere kostbare Lebenszeit verbringen wollen, eine entscheidende Rolle. Darum lohnt sich ein genauer Blick auf Ziele und Zielformulierungen:

Auf einen Blick: Was sind Ziele?

»Ein Ziel beschreibt einen in der Zukunft liegenden Zustand, der sich vom gegenwärtigen Zustand unterscheidet und erstrebenswert ist. Es bietet Orientierung für Individuen und Organisationen, für die Gesellschaft, die Politik, die Wissenschaft, die Forschung oder die Betriebs- und Volkswirtschaft.«[18]

Oder andersherum:

»Eine Gemeinschaft, die kein gemeinsames Anliegen verfolgt, bleibt ein zusammengewürfelter Haufen.« (Gerald Hüther)

Mit Zielen kann ich sowohl mich als auch mein Team oder Kollegen motivieren. Ziele formulieren wir vor dem Hintergrund eines oder mehrerer persönlicher Motive. Hinter den Motiven stehen Erwartungen, Vorstellungen, Bilder und Wünsche.

- Ein formuliertes Ziel bietet eine starke Orientierung.
- Je klarer ein Ziel formuliert ist, desto einfacher ist die Umsetzung.
- Ziele motivieren.
- Optimale Zeitplanung führt erfolgreichem Handeln.

Die Langstreckenschwimmerin Florence Chadwick, die im Jahr 1952 als erste Frau die Strecke zwischen der Insel Catalina und Kalifornien bewältigen wollte und ihr Ziel (dieses Mal) nur knapp verfehlte, bringt es auf den Punkt: **»Es war der Nebel. Wenn ich das Land hätte sehen können, dann hätte ich es geschafft«** (Knoblauch et al. 2015, S. 10).

Ähnlich geht es vielen Menschen in ihrem täglichen Berufs- und Privatleben. Sie verlieren ihr Ziel aus den Augen. Aber erst wenn sie ein klares Ziel haben, können sie herausragende Leistungen und Ergebnisse erzielen, was wir im Qualitätsmanagement ebenfalls erreichen wollen.

Ziele motivieren und helfen uns, Wichtiges von Dringendem zu unterscheiden. Ohne Ziele besteht die Gefahr des Kreislaufs der Ziellosigkeit. Mit Zielen arbeiten wir effektiver und produktiver und können trotz beruflichen Drucks ein ausgeglichenes Leben führen.

18 t2informatik.de/wissen-kompakt: Ziel; Abrufdatum: 31.03.2023

Wenn wir ein Ziel haben, dann können wir **Pläne** machen. Mit einem konkreten Plan haben wir **Erfolgserlebnisse** und fühlen uns gebraucht und wertgeschätzt. Fühlen wir uns gebraucht und wertgeschätzt, dann steigt unser **Selbstwertgefühl**. Mit einem starken Selbstwertgefühl steigt unsere **Motivation**, wir sind voller Elan. Unsere Arbeit macht **Spaß** und motiviert uns zu **Höchstleistungen**.

> »Für die Metaanalyse ›Does Coaching Work?‹ wertete Coaching-Forscher Tim Theeboom von der Universität Amsterdam 18 von insgesamt 107 gesichteten Studien aus, die – so die drei Auswahlkriterien – (1) quantitative Daten in Bezug auf die Wirksamkeit von Coaching enthalten und für die (2) von qualifizierten Coaches durchgeführte Coaching-Prozesse mit (3) psychisch gesunden Klienten untersucht wurden. Das Ergebnis ist eindeutig: Im organisationalen Kontext stattfindendes Coaching hat signifikante positive Effekte auf alle im Rahmen der Analyse untersuchten Wirksamkeits-Kategorien. […]
> Die größte Effektstärke konnte Theeboom in Bezug auf die Kategorie ›**Zielerreichung**‹ (Goal-attainment) messen. Es folgen:
>
> - Leistungskraft (Performance/Skills)
> - Arbeitseinstellung (Work/Career attitudes)
> - Wohlbefinden (Well-being)
> - Entwickeln von Strategien zur (Problem-)Bewältigung (Coping)«
>
> (Rauen Group o. J.)

Abb. 18: Zielbild (Quelle: Christina Laube)

Lena Bringsken wählte für sich das **Zielbild** eines Riesenrads, dessen Foto sie in ihrer Sporttasche aufbewahrte. Sie schaute also nahezu täglich auf ihr Ziel. Dieses Bild haben wir im Coaching mit dem Zielzustand verknüpft. Begleitendes Coaching kann auch im Qualitätsmanagement die Zielerreichung beschleunigen.

Das Riesenrad hatte für Lena Bringsken die Bedeutung, dass sie als Sportlerin nie genau wusste, wann sie wirklich oben angekommen war, und dass ein Scheitern oder Verlieren auch dazugehört. Für Sportler gehören Fehler und das Scheitern zu ihrer täglichen Arbeit dazu. Ohne Scheitern kein Siegen. Ohne Fehler kein Lernen.

Die **Zielcollage** in Abb. 19 zeigt ein Beispiel aus der Lagerlogistik. Das rechte Bild symbolisiert den Ist-Zustand, das linke Bild den Soll-Zustand. Sie können diese Bilder zu einer Collage zusammenfügen und dann mit Schlagworten ergänzen. Hier eignen sich Bilder, die den Ist-Zustand übertreiben. Das lässt uns kreativ werden – in der Art unserer Beschreibung und in unserer Wortwahl. Sobald wir Bilder in unsere Beschreibungen integrieren, verwenden wir andere Wörter und machen es unserem Gegenüber leichter, unsere Gedanken nachzuvollziehen.

Abb. 19: Zielcollage *Soll* (Quelle: Levelord, Pixabay) und *Ist* (Quelle: Tham Yuan Yuan, Pixabay)

Expertentipps zur Anwendung

Es geht nicht um entweder PowerPoint/Bericht oder Bild. Vielmehr ist die Empfehlung, Bilder in die Dokumentation und in die Arbeit im Qualitätsmanagement zu integrieren – für Ihr weltbestes Qualitätsmanagement, für Ihr Ziel, das Sie im Bereich Qualitätsmanagement erreichen wollen.

Techniken zur Zielformulierung

Oft wird von Zielen gesprochen, allerdings sind die meisten formulierten Ziele im Arbeitsalltag eher Aussagen oder Wünsche. Die folgenden Techniken sind weit verbreitet und bieten Orientierung. Probieren Sie sie aus. Werden Sie konkret und seien Sie mutig.

1. **SMARTe Ziele**

Spezifisch	=	Das Ziel muss eindeutig und stimmig sein.
Messbar	=	Das Ziel muss messbar sein, z. B. mit einer Kennzahl, oder beobachtbar.
Attraktiv	=	Das Ziel muss von der Person als attraktiv, als aktiv beeinflussbar akzeptiert sein.
Realistisch	=	Das Ziel muss erreichbar und relevant sein.
Terminiert	=	Das Ziel muss eine klare Terminvorgabe einhalten.

   Beispiel: Am 31.10.2023 geht unser virtuelles Sportprogramm an den Start, und nach 100 Tagen haben wir mindestens 100 Anmeldungen, davon mindestens 10 % mit internationalem Hintergrund.

2. **ZIEL-Schema**

   Das ZIEL-Schema (vgl. Tab. 7) ist eine weitere Methode zur Formulierung von starken Zielen.

	Bedeutung	Beispiel
Zweck	• Zu welchem Zweck machen wir das? • Was haben wir davon?	ungestörtes Arbeiten zu gewissen Blockzeiten ermöglichen
Inhalt	• Was brauche ich dazu? • Welche Methoden, Vorgehensweisen, Personen, Ressourcen, Voraussetzungen brauche ich?	Telefonumleitung von 12 bis 14 Uhr plus ein genauer Tages- und Wochenplan
Ergebnis	• Wie ist das Ergebnis messbar? • Was sind die Erfolgskriterien?	Aufgaben, für die Konzentration nötig ist, können dann erledigt werden
Länge	• Wie lange dauert es? • Welchen Zeitrahmen muss ich einplanen?	ab 01.07.2023 ohne Endzeitpunkt

Tab. 7: Beispiel einer Zielformulierung mit dem ZIEL-Schema

3. **Zielformulierung mit den acht Regeln des Neuro-Linguistischen Programmierens (NLP)**
   - Formulieren Sie Ihre Ziele positiv. Vermeiden Sie »nicht« oder »keine«; z. B. »Ich lerne täglich mindestens drei Fachbegriffe und übe zehn Minuten.«
   - Formulieren Sie Ihr Ziel prägnant und in der Gegenwart, kein »Ich würde« oder »Ich möchte«; z. B. »Ich besuche einmal pro Woche den Spanischkurs in der Volkshochschule.«
   - Arbeiten Sie ohne Vergleiche, vermeiden Sie »besser als«; z. B. »Meine Anschreiben an den englischen Kunden sind fehlerfrei.«
   - Ziele sollten sinnesspezifisch konkret sein, erleben Sie Ihr Ziel mit allen Sinnen; z. B. »Am Ende meines berufsbegleitenden Studiums halte ich meinen Masterabschluss in den Händen.«
   - Legen Sie Kriterien fest, an denen Sie die Zielerreichung überprüfbar und messbar machen; z. B. »Bis zum 31.10. halte ich meinen Meisterbrief in den Händen.«
   - Überprüfen Sie die Auswirkungen Ihrer Ziele; z. B. »Mein berufsbegleitendes Duales Studium kostet etwa 3000 Euro. Das bedeutet, dass ich nur einmal pro Woche zum Training gehen kann und Urlaube nicht mehr als 500 Euro pro Semester kosten dürfen.«
   - Legen Sie Ihre persönlichen Ziele so fest, dass deren Erreichbarkeit in Ihrer eigenen Kontrolle liegt; z. B. »Ich schreibe die Anschreiben an meine englischen Kunden persönlich.«
   - Formulieren Sie Ziele, die für Sie persönlich attraktiv und interessant sind; z. B. »Ich schaffe mein berufsbegleitendes Studium in der geplanten Zeit.«

3

4. OKR – Objectives and Key Results

Objectives and Key Results (OKR)

Vorbemerkung: In diesem Kapitel konzentrieren wir uns auf die **Formulierung eines OKR-Sets als Zielformulierung**. Der gesamte Prozess beinhaltet acht Stufen und ist verzahnt mit dem Leitbild des Unternehmens. Das Leitbild beinhaltet Purpose, Vision, Mission, Strategie und Werte.

Der komplette Prozess ist nicht Gegenstand dieses Buches. Für mehr Informationen rund um den gesamten Prozess empfehle ich das Buch ›*OKR – Objectives & Key Results*‹ von Erno Obogeanu-Hempel und André Daiyû Steiner oder den Artikel ›*So formulieren Sie wirkungsvolle Objectives für OKR*‹ von Georg Angermeier im ›projektmagazin‹.

Ich persönlich bin im Rahmen meiner Recherche erst im Sommer 2022 auf die Objectives and Key Results (OKR) aufmerksam geworden – und seitdem ein großer Fan davon, weil die OKR aus meiner Sicht eine wichtige Brücke zwischen der Vision, den Zielen einer Organisation und dem täglichen Doing in einer Abteilung, in einem Projekt oder in einem Team bilden. Ich habe die OKR seitdem in zahlreichen Projekten und Workshops getestet und immer wieder bestätigende Rückmeldungen bekommen wie »spannende Gedankenübung zum Präzisieren« oder »wertvolles Tool«. Zudem ist es in Reflexions- oder Transferworkshops mit Abstand die am häufigsten genutzte Technik, wenn es darum geht, was Ihnen in Ihrem Arbeitsalltag am meisten geholfen hat. Das ist der Grund, warum diesem Kapitel anteilig mehr Raum gewidmet wird.

Beginnen wir mit drei Zitaten, die einerseits auf den Ursprung dieser Technik eingehen und andererseits den Bezug zum Goldenen Kreis und dem ›starken Warum‹ von Simon Sinek herstellen. Hier darf ich ergänzend an Kapitel 3.1.1 erinnern.

> »OKR – Objectives and Key Results – ist eine geniale Zielmanagementmethode aus dem Silicon Valley.«
>
> (Obogeanu-Hempel/Steiner 2021, S. 6)

> »Andy Grove entwickelte den Ansatz 1971 bei Intel, John Doerr führte die OKR-Methode mit umwerfendem Erfolg 1999 bei Google ein. OKR ist eine symbiotische Weiterentwicklung, ein ›Best-of‹ verschiedener Zielsetzungsmethoden, wie Management by Objectives, SMART, Balanced Scorecard und Hoshin Kanri.«
>
> (ebd., S. 14)

> »Im Grunde sind Objectives nichts anderes als das WAS aus Simon Sineks Goldenem Kreis (siehe Kapitel 3.1.1): WAS man erreichen will, das sagen die Objectives, um das WARUM zu verwirklichen. Die Key Results wiederum beschreiben das WIE – wie das WAS erreicht werden kann.«
>
> (ebd., S. 28)

Unternehmen und Organisationen sind von der Schnelligkeit und Veränderung innerhalb der VUCA-Welt (siehe Kapitel 1.2) direkt betroffen. Um konkurrenzfähig zu bleiben, sind andere Tools und Methoden nötig als in früheren stabilen Märkten. Eine dieser wirkungsvollen Techniken sind OKR, die sehr effektiv und effizient mit Disruptionen umgehen können und dabei ermöglichen, »eine Vision durch Fokus, Klarheit, Transparenz sowie Motivation, Leidenschaft und Ehrgeiz umzusetzen« (Obogeanu-Hempel/Steiner 2021, S. 11).

OKR steckt in der adaptierten Form von VUCA (wir erinnern uns an Kapitel 1.2 und 3.1.1). Folgendermaßen lässt sich VUCA mit dem OKR-Prozess verbinden (ebd., S. 12):

- **Vision** – Der OKR-Prozess bezieht Vision, Mission und Purpose des Unternehmens als Grundlage ein.
- **Understanding** – Der OKR-Prozess setzt verständliche Ziele für das Unternehmen und seine Abteilungen.
- **Clarity** – Der OKR-Prozess schafft Klarheit und Transparenz.
- **Agility** – Der OKR-Prozess lässt durch die kurzen Zyklen von beispielsweise drei Monaten und wöchentlichen Besprechungen vollständige Agilität zu.

OKR können uns beim Erreichen unserer Qualitätsziele unterstützen, dem »Grad, in dem ein Satz inhärenter Merkmale eines Objekts Anforderungen erfüllt.«[19] (Zur Erinnerung: Das ist die Definition von Qualität nach ISO-Norm 9000:2015; siehe auch Kapitel 2.1.1.) In einer Zeit, in der Anpassungen und Nachjustierungen im Arbeitsalltag dazugehören, kann die Bedeutung und Wirksamkeit der OKR nicht genug unterstrichen werden:

> »OKRs bilden im Gegensatz zu traditionellen, meist starren Zielsystemen einen agilen Rahmen, der es erlaubt und geradezu fordert, jederzeit überarbeitet und neu justiert zu werden. Mit OKRs bringt sich jedes Team und jeder Mitarbeiter selbst dazu, fokussiert an den richtigen Themen zu arbeiten, und gleichzeitig zu erkennen, welche Aufgaben folgerichtig zum jetzigen Zeitpunkt nicht erledigt werden müssen. OKRs schaffen Transparenz, verbessern die Vernetzung und die Kommunikation und sorgen für eine hohe intrinsische Motivation der Teams und Mitarbeiter. Diese erkennen und verstehen das Big Picture einer Organisation und richten Ihr Handeln danach aus.«
>
> (Bachmann/Kastner 2020, S. 77)

Was genau sind nun OKR? Die folgende Übersicht zeigt das Wichtigste rund um OKR auf einen Blick für Sie zusammengefasst.

19 Wikipedia.de: Qualität; Abrufdatum: 31.01.2023

Auf einen Blick: OKR

O = Objective

Ein Objective ist ein Ziel – und beschreibt *qualitativ*, WAS es zu erreichen gilt.

KR = KEY RESULT

Ein Key Result ist ein *quantitatives* Schlüsselergebnis und beschreibt, WIE wir zum Ziel kommen, also ein Objective erreichen.

Beispiel:

Objective: Die Teilnehmenden des Lernvideos ›Hybrides Projektmanagement. BASIC‹ in unserer Hochschule nutzen die ergänzenden Short Videos als Nachschlagewerk und zur Auffrischung des erworbenen Wissens.

Key Result I: 30 % der Teilnehmenden nutzen die Short Videos.

Key Result II: Mindestens 50 % der Teilnehmenden, die unsere Short Videos genutzt haben, finden diese gut und bewerten sie entsprechend positiv.

Das folgende Praxisbeispiel gibt Ihnen einen Überblick über die Einsatzbereiche von OKR und verknüpft diese mit den Tasks, die in Kapitel 3.1.2 vorgestellt wurden.

PRAXISBEISPIEL

Unser Musterunternehmen heißt ›Die Beutelerfrischer GmbH‹.

Was macht das Musterunternehmen? Das Musterunternehmen stellt Einkaufstaschen für regionale Einzelhändler her.

Wie ist die aktuelle Situation in diesem Musterunternehmen? In letzter Zeit kamen verstärkt Nachfragen zur Nachhaltigkeit und Wiederverwertbarkeit der verwendeten Rohstoffe. Zudem steigt die Nachfrage nach langlebigen und ökologischen Produkten. Die Neukundengewinnung stagniert.

Das OKR-Set hilft bei der Einschätzung der Lage:

- **Objective** (WAS soll erreicht werden? Unser *Ziel*):
  - *Objective 1:* Wir haben einen enormen Zulauf an Neukunden durch unsere transparenten und ökologischen Lieferwege.
  - *Objective 2:* Wir haben durch eine gezielte Kundenbefragung wertvolle Erkenntnisse gewonnen.
  - *Objective 3:* Wir sind in unserer Region führend mit unseren langlebigen und wiederverwertbaren Produkten.
- **Key Results** (WIE kommen wir zum Ziel? Unsere *Schlüsselergebnisse*) am Beispiel von *Objective 1*:
  - *Key Result 1:* Reduktion unserer Lieferanten von zehn auf drei, die nachweislich die relevanten Gütesiegel vollumfänglich erfüllen
  - *Key Result 2:* Erhöhung unserer Neukunden um 20 % innerhalb von zwölf Monaten

- *Key Result 3:* Erhöhung der Gewinnmarge um 10 % durch transparente und nachweisbare Lieferwege
- **Tasks** (Tasks führen zum *Fortschritt* der Key Results) am Beispiel von *Key Result 1*:
  - *Task 1:* Definition von transparenten und ökologischen Lieferwegen
  - *Task 2:* Persona für ›idealen Lieferanten‹ gestalten (siehe Kapitel 3.1.2)
  - *Task 3:* Kriterien zur Bewertung von Lieferanten definieren (siehe Kapitel 3.5.1)
  - *Task 4:* Top-3-Lieferanten anhand der definierten Bewertungskriterien auswählen
  - *Task 5:* langfristige Lieferverträge *auf Basis der definierten Kriterien inklusive Gütesiegel vereinbaren*

Die Tasks können im Kanban-Board als konkrete To-dos oder als konkrete Arbeitsschritte visualisiert werden. Hier verweise ich gerne auf das Kapitel 3.3.1.

Lassen Sie sich abschließend von den Vorteilen und Praxistipps inspirieren und probieren Sie unter Punkt 6.7 im Workbook direkt Ihre eigenen Zielformulierungen aus.

Die folgende Übersicht legt den Fokus auf die OKR. Aus meiner Sicht lohnt sich ein genauerer Blick auf die OKR, wie im letzten Abschnitt beschrieben. Wenn Sie sich vertrauter oder wohler mit den anderen drei vorgestellten Techniken wie SMART, ZIEL-Schema und Zielformulierung mit NLP fühlen, dann möchte ich Ihnen gerne den Rücken stärken, Ihrem Gefühl zu vertrauen. Die jeweils ausgewählte Technik soll zu Ihnen passen. Das ist aus meiner Sicht nicht nur im Qualitätsmanagement sehr wichtig.

Ihre Vorteile & Praxistipps

- Objectives sind Quartalsziele und dienen der Umsetzung der Strategie (wichtig: Dazu sind Jahresziele nötig, um Objectives abzuleiten).
- Key Results beschreiben, woran ich merke, dass das Objective erreicht wurde; in der Praxis haben sich durchschnittlich zwei bis drei Key Results bewährt.
- Das ›Big Picture‹ einer Organisation wird sichtbar.
- OKR fördern Transparenz, Kommunikation und Vernetzung.
- Sie motivieren Individuen, Abteilungen und Teams.
- Sie schärfen den Fokus und helfen, die richtigen Dinge richtig zu tun.
- OKR sind anspornend, klar verständlich und sollen zu durchschnittlich 70 % erreichbar sein. Für einen guten Überblick empfehle ich den Artikel meines geschätzten Kollegen André Claaßen ›Strategiearbeit, die Spaß macht – OKR in der Verwaltung‹ (https://agile-verwaltung.org/2023/03/13/strategiearbeit-die-spas-macht-okr-in-der-verwaltung/)
- 3 x 3, das heißt maximal 3 Objectives pro Quartal mit je 3 Key Results

3.1.6 Praxisbeispiel zur Einführung agiler Tools

3

Hintergrund und Grundgedanke

Für die Einführung agiler Tools in Organisationen hat sich das Erleben und Ausprobieren bewährt, wie hier **am Beispiel eines Sommerfestes** mit der Vorgehensweise nach Scrum – mit Vision, Ziel, User-Story, DoR. Das Ausprobieren ist live, online oder in hybrider Form möglich, z. B. im Rahmen einer Praxiswerkstatt.

Expertentipps zur Anwendung

Im Folgenden sehen Sie ein Beispiel aus der Praxis – denn etwas zu erleben, ist immer wirkungsvoller, als nur davon zu hören. Im Workbook unter Punkt 6.8 finden Sie eine Übung für Ihre mögliche Musterlösung.

PRAXISBEISPIEL

Thema: Wir wollen ein Sommerfest für alle Mitarbeiter:innen veranstalten

1. Wir definieren die **Rollen** – Product-Owner, Scrum-Master, Development-Team.
   Musterlösung – Ihre **Rollenverteilung**:
   - Product-Owner: Frau Schmidt
   - Scrum-Master: Herr Westermann
   - Development-Team: Herr Bayer, Frau Müller, Herr Ortmann, Frau Ziller
2. Der Product-Owner formuliert die **Vision**, z. B. Wir veranstalten ein Sommerfest, um … (Zweck). Bei diesem Fest soll … (was passieren).
   Musterlösung – Ihre **Vision**:
   »Unsere **Vision** ist die Durchführung eines unvergesslichen Sommerfestes im familiären Rahmen auf unserem Betriebsgelände. Wir wollen ein Dankeschön aussprechen an die Mitarbeitenden und deren Familien und gleichzeitig einen interessanten und erlebnisreichen Einblick in das Thema und die Arbeiten rund um unser Aufgabengebiet [z. B. Windenergie] bieten.«
3. Das Development-Team unterstützt und formuliert **SMARTe Ziele** (*Praxistipp:* ›Start with WHY‹. Der Scrum-Master unterstützt.)
   Musterlösung – Ihre **Ziele**:
   - ›Start with WHY‹ – WARUM machen wir das? Weil nach zwei Jahren Abstand und ausgefallenem Sommerfest die Mitarbeiterbindung gestärkt werden soll. Neue Mitarbeitende sollen gut integriert und der Nachwuchs für unser Unternehmen begeistert werden.
   - Am 31.07.2023 findet eine Homecoming-Veranstaltung in Bremen auf unserem Betriebsgelände mit einer Teilnehmerquote von mindestens 65 % der Mitarbeitenden und mindestens 30 % der Angehörigen statt.
   - Das Ziel ist ein geselliges Beisammensein in gemütlicher Runde und bei internationalem Essen von unterschiedlichen Food-Inseln.

- Bei der Veranstaltung gibt es Familienführungen und Vorstellungen unserer Arbeitsbereiche. Infotresen und 3D-Präsentationen runden die Veranstaltung ab.
- Zur Unterhaltung der Kinder wird von 9 bis 17 Uhr ein Aktivitäts- und Erlebnisprogramm organisiert.
- Am 04.07. wird ein Feedbackbogen verschickt; 14 Tage später wird eine Rücklaufquote von 60 % erreicht sein.

4. Erstellen Sie Ihr erstes **Backlog**. Wer kommt zum Sommerfest? Welche Rollen gibt es? Was machen diese Personen? Warum kommen sie?
   Musterlösung – Ihr **erstes Backlog**:
   Vorbemerkung: Ein Backlog ist eine geordnete Liste der Anforderungen an das Produkt, das zu erzielende Ergebnis.
   - z. B. Geschäftsführerin: ist Partygast, begrüßt die Gäste
   - z. B. Moderator: führt durch die Party
   - z. B. Partygast: nimmt an der Party teil, isst, trinkt, tanzt und möchte eine sorgenfreie und gute Zeit haben
5. **Welche Rolle ist die wichtigste?** Formulieren Sie die passenden **User-Storys**, z. B. Als … (wichtigste Rolle) tanze ich alleine oder mit anderen (was mache ich), um mich zu amüsieren (wozu?).
   Musterlösung – Ihre **User-Storys**:
   - z. B. Als Partygast (Mitarbeiter) tanze ich etwas, um gute Laune zu haben.
   - z. B. Als Partygast (Kind von 6 bis 12) nutze ich die Hüpfburg und erkunde den Windpark, um mehr darüber zu erfahren, was meine Eltern machen.
   - z. B. Als Partygast (Partner von Mitarbeiterin) unterhalte ich mich mit anderen Gästen, um mehr über die Vielfalt in diesem Unternehmen zu erfahren.
   - z. B. Als Partygast (alle) esse und trinke ich Spezialitäten der Mitarbeitenden, um neugierig zu werden auf die internationale Vielfalt der Beschäftigten in diesem Unternehmen.
6. Erstes **Backlog-Refinement/DoR** – Wie gut sind die User-Storys? (Anmerkung: Auch für die anderen Rollen werden User-Storys beschrieben.)
   Musterlösung – **DoR**:
   - z. B. Als Geschäftsführerin lade ich alle Mitarbeitenden persönlich mit einer Videobotschaft ein, damit mindestens 60 % der Beschäftigten mit ihren Familien kommen.
   - z. B. Als Geschäftsführerin begrüße ich alle Gäste, um dem Fest einen würdigen und wertschätzenden Rahmen zu geben.
   - z. B. Als Partygast melde ich mich innerhalb der Frist für das Sommerfest an, damit genug Speisen und Getränke für alle vorhanden sind.
   - z. B. Als Musikverantwortlicher sorge ich für passende Musik, damit viele Partygäste tanzen können.

3

7. Akzeptanzkriterien definieren – **DoD**
   Musterlösung – **DoD**:
   - z. B. Als Geschäftsführerin lade ich alle Mitarbeitenden mit ihren Familien ein, damit möglichst viele Leute kommen.
     Akzeptanzkriterien/DoD: Die Einladung enthält Ort, Zeit, Option für Regen, Anmeldelink.
   - z. B. Als Partygast melde ich mich beim Sommerfest an, damit genügend internationale Speisen und Getränke für alle vorhanden sind.
     Akzeptanzkriterien/DoD: Name und Mailadresse kommen beim Umsetzungsteam an, Partygast kann besondere Wünsche zum Essen angeben (z. B Allergien/vegan), es gibt vier Wochen vor dem Sommerfest eine Liste mit allen Partygästen und den Zusatzinformationen
8. **Backlog priorisieren**
   Musterlösung – **Backlog priorisieren**
   Praxistipp: Kanban-Board nutzen, siehe Kapitel 3.3.1
   - Anforderungen, bei denen externe Lieferanten oder externe Personen beauftragt werden müssen, werden vorgezogen (z. B. zehn Zelte bestellen, für 50 bis 200 Personen).
   - Aufgaben, die einen großen Abstimmungsaufwand brauchen, werden vorgezogen (z. B. internationale Speisen).
   - Dinge, die Grundvoraussetzungen für weitere Aufgabenpakete schaffen, werden vorgezogen (z. B. Standort verbindlich festlegen, für Sonnen-/Regen-/Unwettervariante).
9. Die Planung des **ersten Sprints** – welches Inkrement soll am Ende des Sprints entstehen? Was soll angesehen werden können für Feedback? Was ist das Ziel des ersten Sprints?
   Musterlösung – für Ihren **ersten Sprint**:
   Vorbemerkung: Product-Owner und Umsetzungsteam legen fest, dass sie jeden Dienstag von 9 bis 10 Uhr ihren nächsten Sprint abstimmen. Sie reflektieren jeweils, was ihr eigentliches Inkrement ist, d. h., was ihr vorzeigbares Zwischenergebnis nach jedem Sprint ist. Das Umsetzungsteam trifft sich täglich um 9 Uhr für ein Daily zur Abstimmung.
   - Product-Owner und Umsetzungsteam legen als erstes Sprint-Ziel fest: *»Die Einladung an alle Mitarbeitenden ist versandbereit.«*
   - Dazu sind folgende Aufgabenschritte nötig – im Sprint-Backlog (*Anmerkung:* damit arbeitet das Umsetzungsteam eigenständig; *Praxistipp:* eigenes Kanban-Board für das Umsetzungsteam):
     - Liste mit max. drei Locations erstellen
     - Angebote und Termine einholen
     - zwei unterschiedliche Entwürfe für die Einladungen erstellen
     - Remindertext erstellen

10. **Inspect & Adapt** – mit Review und Retrospektive
    Musterlösung – für **Inspect & Adapt** mit Review & Retrospektive:
    Ab hier spielt das Feedback des Auftraggebers (=Geschäftsführerin) eine zentrale Rolle sowie die Reflexion im Team.
    - z. B. fällt der Geschäftsführerin im **Review** ein, dass der Betriebsrat sie darauf aufmerksam gemacht hat, dass es sehbehinderte Mitarbeitende gibt, die bunte Grafiken nicht erkennen können
    - z. B. bestätigt die Geschäftsführerin im **Review** einen der beiden Entwürfe für die Einladungen
    - z. B. hat sich das Umsetzungsteam in der **Retrospektive** darüber ausgetauscht, welche Erwartungen es an den Product-Owner hat, um einen guten Job machen zu können; der Product-Owner weiß, wie viel Zeit und welche Fähigkeiten jedes Teammitglied wöchentlich einbringen kann

Abb. 20: Die wahrgewordene Vision eines unvergesslichen Sommerfests für die Mitarbeitenden (Quelle: Pete Linforth, Pixabay)

Was hat das nun mit Qualitätsmanagement zu tun? Nun, im Qualitätsmanagement arbeiten wir regelmäßig mit Teams zusammen. Aufgabenklärung, Rollenklärung, Vision, Ziel, User-Story, DoR und DoD sind in der Zusammenarbeit mit verschiedenen Personen in unterschiedlichen Rollen von zentraler Bedeutung.

Orientieren Sie sich an den zehn Schritten – nutzen Sie jene Schritte, die Sie für sinnvoll erachten, und lassen Sie jene weg, die gerade nicht passen.

Ihre Vorteile & Praxistipps

- Probieren Sie neue Betrachtungsmöglichkeiten aus.
- Ändern Sie Ihre Perspektive.
- Lassen Sie die Reaktionen Ihres Gegenübers bewusst auf sich wirken.
- Vermeiden Sie eine sofortige Bewertung.

Das Ausprobieren und Erleben hat zahlreiche positive Nebeneffekte: Das Team nimmt sich in verschiedenen Rollen wahr, die Menschen treffen zahlreiche Entscheidungen in ihrer jeweiligen Rolle, und das Team erlebt die agile Vorgehensweise und probiert diese konkret aus.

Anschließend hat es sich in der Praxis bewährt, das Erlebte zu reflektieren. Das kann durch eine externe und neutrale Moderation geschehen mit Fragen wie z. B. »Was fühlte sich wie an?«, »Was können wir in unserer Organisation ausprobieren?«

Ein anderes starkes Praxisbeispiel ist ›Das ideale Meeting‹ oder ›Die ideale Gremiensitzung‹. Beide eignen sich ebenfalls für das Ausprobieren und Erleben mit den zehn Schritten.

Diese Musterlösung lässt sich wie eine Schablone in verschiedene Situationen in Ihrem Arbeitsalltag integrieren – von der Idee zum Projekt oder bei schwer zu greifenden Arbeitspaketen. Probieren Sie es aus!

Zwischenfazit

Wow, Sie dürfen stolz auf sich sein. Sie haben die ersten beiden Teile dieses Buches durchgearbeitet und dazu das erste Kapitel rund um Kunden- und Geschäftsfokus.

Zeit, innezuhalten. Zeit, zu reflektieren, was Sie bislang inspiriert hat und was Sie künftig sein lassen wollen. Machen Sie sich gerne einige Notizen an dieser Stelle, denn Schriftlichkeit schafft Klarheit.

I do – Das nehme ich für mich mit, das will ich ausprobieren:

____

____

I stop – Das lasse ich künftig sein:

____

____

Nun darf ich Sie herzlich einladen zu Kapitel 3.2: ›Verantwortung und Engagement leben‹, in dem wir uns beispielsweise mit Werten, Fehlerkultur, Begeisterung und Fokus beschäftigen und Sie erfahren, warum es hilfreich sein kann, die Perspektive mit der Kopfstand-Methode zu wechseln. Seien Sie gespannt auf weitere wertvolle Methoden und Tools für mehr Begeisterung in Ihrem Arbeitsalltag im Qualitätsmanagement.

3.2 Verantwortung und Engagement leben

»Traditionell ist der Blick bei den Mitarbeitern sowie in der Organisation von QM eher defizitär, doch ich bin davon überzeugt, dass es sich im QM lohnt, den Fokus auf die Stärken meines Gegenübers zu legen«, so Frau Haake-Schäfer, Führungskraft in der Carl

Zeiss Vision GmbH. Persönliche Verantwortung beginnt immer bei mir selbst. Und Führungskräfte haben aufgrund ihrer Vorbildrolle eine besonders wichtige Funktion.

In der Case-Study III erfahren Sie mehr darüber, warum es sich gerade im Qualitätsmanagement lohnt, den Blick auf die Stärken meines Gegenübers zu legen. Denn: »Persönliche Verantwortung und Engagement sind unabdingbare Voraussetzungen für ein gelebtes QM« (Sommerhoff/Wolter 2019, S. 24), und das hat viel mit dem Führungsstil und dem Schaffen von passenden Voraussetzungen zu tun. Wo findet die Entscheidungsverantwortung statt? Wer trägt wofür die Verantwortung? Bleiben Abstimmungswege konstant? Oder werden Verantwortungen und Entscheidungskompetenzen auf einzelne Personen im Team verteilt?

In diesem Kapitel beleuchten wir zunächst **Werte** und **Fehlerkultur** näher und werfen einen Blick auf die **Selbstwirksamkeit** und die **Kraft von Worten**. Denn da, wo wir am stärksten wirken können, ist bei uns selbst. Schließlich werfen wir einen Blick auf **Meetings**, denn diese sind das verbindende Element in Organisationen und haben einen stärkeren Bezug zum Qualitätsmanagement, als uns vielleicht bewusst ist – geht es doch in vielerlei Hinsicht um wertvolle Ressourcen in Meetings. Und der bewusste Umgang mit Ressourcen, auch in Meetings, hat zahlreiche Schnittmengen mit **Fokus, Priorisierung** und **Timeboxing**.

Ich lade Sie herzlich ein zu diesem Kapitel rund um gelebte Verantwortung und gelebtes Engagement mit einer gut gefüllten Toolbox für mehr Menschlichkeit im Qualitätsmanagement.

3.2.1 Toolbox: Werte und Fehlerkultur – durch Kopfstand und »Ja, und …«

Hintergrund und Grundgedanke

Werte sind uns in Kapitel 1.3.3 zum Thema Scrum bereits begegnet. Fokus, Offenheit, Respekt, Mut und Selbstverpflichtung sind jene Werte, die die Autoren des ›Scrum Guides‹ als notwendig erachten, um Scrum (agiles Projektmanagement) erfolgreich anzuwenden.

Auf einen Blick: Werte

»Werte bündeln unausgesprochene Erwartungen an ein bestimmtes Handeln, gekoppelt mit qualitativen Bewertungen (gut, schlecht etc.) und deutlichen Emotionen. Unsere Werte bilden wir während unserer Sozialisation in sozialen Systemen wie Herkunftsfamilie, Schulen […] und jeweiligen Kulturkreisen. Gerald Hüther führt in diesem Zusammenhang den Begriff des sozialen Gehirns ein. Werte beeinflussen meistens unbewusst unsere Entscheidungen und unser situatives Verhalten.

Werte beziehen sich auf Vergangenes und dienen in der Gegenwart als unbewusster Ratgeber für zukünftiges Verhalten.«

(Oestereich/Schröder 2017, S. 234).

In den vergangenen Jahren war die Antwort auf Werte häufig ein **Leitbild**, in dem meist versucht wurde, die Vision und Werte abzubilden. Solcherlei Versuche sind nur selten geglückt. Hilfreicher aus meiner Sicht ist das reflektierte Auseinandersetzen mit Werten, wobei folgende Fragen hilfreich sein können:

- Was bedeutet für mich Diversity im Bereich QM?
- Was bedeutet es für mich nicht? Wo ist die Abgrenzung für mich?
- Was ist ein typisches Beispiel in unserer Organisation, wo Mut gelebt und honoriert wurde?
- Was ist ein Negativbeispiel, bei dem uns das nicht geglückt ist?

Expertentipps zur Anwendung

Menschen spüren gelebte Werte, wie das folgende Praxisbeispiel aus einem internationalen Automobilkonzern zeigt.

Praxisbeispiel

Hier kam der Bereich Qualitätsmanagement mit der Anfrage auf mich zu, was wir tun können, um Führungskräfte rund um Fehlerkultur und gelebte Werte zu sensibilisieren.

Im ersten Schritt stand die **Auftragsklärung** – von der Ausgangslage zur DoD:

Zunächst analysierten wir die **Ausgangslage** für die Notwendigkeit des Workshops:

- Das Unternehmen hat eine Menge an Erfahrungen mit agilen Arbeitsweisen gesammelt.
- ›Agil‹ wurde in einigen Abteilungen zum ›Buzzword‹. Führungskräfte nutzen dieses Wort in verschiedenen Kontexten. Das Mindset rund um agiles Arbeiten und agiles Führen variiert.
- Die verschiedenen Rollen blieben trotz Agilisierung unverändert, z. B. Vorstand, Hauptabteilungsleiter, Abteilungsleiter, Fachabteilungsleiter, Agile Coaches.
- Die Führungskräfte als Teil des Managementsystems haben Formalismen etabliert, die teilweise an Grenzen stoßen. Sie schaffen damit ein Spannungsfeld, z. B. im Umgang mit Fehlern.
- Das Unternehmen bewegt sich in dem Spannungsfeld zwischen Verbindlichkeit/stabilen Prozessen (z. B. Drei-Jahres-Zyklen in der Fahrzeugentwicklung) und iterativem Vorgehen/agilem Arbeiten.
- Der Umgang mit der eigenen Fehlerkultur und dem gelebten Umgang mit Werten kommt zu kurz.

Fazit: »Wir brauchen eine andere Fehlerkultur und eine andere Wertekultur.«

Das war das **Ziel** des Workshops:

- Die Führungskräfte sind sensibilisiert rund um verschiedene Fehlerarten und Fehlerkultur.
- Die Führungskräfte haben ihr individuelles Mindset reflektiert.

- Die Führungskräfte haben ihre Grundhaltung im Umgang mit Fehlern erlebt und reflektiert (z. B. bei Sanktionen und rund um Motivation/Demotivation).
- Die Führungskräfte haben eine Vorstellung davon, welche Rahmenbedingungen unbedingt notwendig sind, um professionell agil und iterativ zu agieren – besonders im Umgang mit Fehlern.
- Die Führungskräfte haben jeweils eine konkrete Idee, was sie als Einzelperson tun können und an welcher Stelle sie von ihren Vorgesetzten Unterstützung brauchen.

So sind wir vorgegangen: Wir luden zu einem Führungskräfte-Workshop. Auch wenn ich persönlich gemischte Teams bevorzuge, wissen die Beteiligten vor Ort immer besser, welche Konstellation zu welchem Zeitpunkt sinnvoll ist. Hier einigten wir uns auf einen Workshop, an dem allein Führungskräfte teilnehmen sollten.

Im ersten Schritt warfen wir einen Blick auf das bestehende Qualitätsmanagementsystem. Hier nutzten wir die **Kopfstand-Methode**, die die Frage umdreht: »Was würde passieren, wenn es kein QM-System bei Ihnen mehr geben würde?«

Auf einen Blick: Die Kopfstand-Methode

Warum lohnt sich die Umkehrung mit der Kopfstand-Methode?

Unser Gehirn mag Umkehrungen oder Irritationen. Das aktiviert die Gruppe und schafft eine positive Stimmung im Raum.

Mögliche Fragen sind:

- Wer würde zuerst merken, dass es keine:n QMB mehr gibt?
- Was würde passieren, wenn wir unser QM-System abschaffen?

Die Antworten waren sehr vielfältig und reichten von fehlenden Ansprechpartnern über Angst vor Strukturverlust bis zu Prozessunsicherheiten. Spannend war hier die vielgestaltige Wahrnehmung, was Qualitätsmanagement alles bewirkt. Über 30 verschiedene Antworten zeigen die Vielfalt und auch die Bedeutsamkeit von wirksamem Qualitätsmanagement, wie in Abb. 21 ersichtlich.

Abb. 21: Praxisbeispiel mit Führungskräften: Woran würden Sie merken, dass es kein QM-System mehr gibt? (Quelle: Ulrike Margit Wahl)

3

Anschließend näherten wir uns dem Thema Fehler und fragten beispielsweise: »Was verbinden Sie mit Fehlern?« Die Antworten lauteten »auszugsweise lernen«, »verbessern«, »menschlich«, »verstehen«, »lessons learned«, »passieren halt« oder »Abweichungen« (siehe auch Abb. 6 in Kapitel 2.2.2 unter der Rolle des Changemanagers).

Verschiedene Studien und Definitionen von Fehlern inspirierten und irritierten – à la Design-Thinking und ›wilde Ideen‹, so z. B.:

- »Fehler sind alltägliche Ereignisse und eine der Hauptquellen des Lernens. Kleinkinder erlernen grundlegende Prozesse aus Fehlern und tätigkeitsintrinsischen Rückmeldungen, z. B. das Umfallen beim Lernen. [...] Fehler haben auch zwei positive Funktionen: das Lernen zu beschleunigen und Systemschwächen aufzudecken« (Trimpop o. J.).
- »Aus neurobiologischer Sicht ist das menschliche Gehirn nicht zum Abarbeiten von Routinen, sondern für kreatives Problemlösen optimiert« (Hüther o. J.).
- Die Fehler-Studie der University of Chicago kam zu folgenden Ergebnissen (Hauzenberger 2020):
  - *»Fehler verursachen negative Gefühle.«*
  - *Teilnehmer mit negativem Feedback lernten weniger aus ihren Fehlern als Teilnehmer mit positivem Feedback.*
  - *Die Feedbackkultur ist entscheidend (positiv und konstruktiv). »Dazu müssen wir begreifen, dass Fehler bisweilen nötig und förderlich sind.«*

Schließlich warfen wir einen Blick auf die **elf verschiedenen Fehlertypen**, um den Umgang mit Fehlern zu differenzieren:

- Auswahlfehler (z. B. die Wahl des verkehrten Menüs im Restaurant)
- Automationsfehler (z. B. sich versprechen, stolpern)
- Denkfehler (z. B. Fehleinschätzung der potenziell tödlichen Bedeutung einer überbrückten elektrischen Sicherung)
- Erkennungsfehler (z. B. das Trinken verdorbener Milch)
- Gewohnheitsfehler (z. B. das morgendliche Fahren auf dem gewohnten Weg zur Arbeit, obwohl man diesmal die Kollegin woanders abholen sollte)
- Merk- und Vergessensfehler (z. B. Vergessen der Informationsweitergabe nach einer Ablenkung)
- Prognosefehler (z. B. Zeiteinschätzung für eine Projektarbeit)
- Urteilsfehler (z. B. Attribution von Verhaltensfehlern auf Persönlichkeitsmerkmale)
- Unterlassensfehler (z. B. rechtzeitiges Tanken, bevor der Wagen liegenbleibt)
- Zielsetzungsfehler (z. B. Überforderung)
- Zuordnungsfehler (z. B. Entscheidungsprozesse auf Vorurteils- und Informationsmangelbasis)

Die am häufigsten genannten Fehler waren in diesem Unternehmen: erstens Urteilsfehler und zweitens Gewohnheitsfehler.

Nun war der Grundstein gelegt; wir konnten in die Rollenspiele einsteigen.

Zu diesem Zweck bildeten wir zwei Teams mit dem gleichen typischen Setting. Hierzu hatten wir im Vorgespräch, bei der Auftragsklärung, eine typische Situation im Führungsalltag als Story beschrieben – kurz zusammengefasst: Eine Projektmitarbeiterin hat einen innovativen Vorschlag und wendet sich an die Führungskraft. Die Führungskraft hat Einwände und verweist auf verschiedene Meetings/Gremien, die erst durchlaufen werden müssen. Die Projektmitarbeiterin weist auf die zeitliche Verzögerung und den zeitlichen Aufwand hin; die Führungskraft nimmt dies zur Kenntnis, allerdings ohne aktive Reaktion. Das frustriert, demotiviert und hindert Innovationskraft.

Beide Teams hatten jeweils die Rolle der Führungskraft und die Rolle der Projektmitarbeiterin. Die Rolle der Projektmitarbeiterin blieb konstant; die Aufgabe für die beiden Führungskräfte war unterschiedlich: Die Führungskraft von Team 1 sollte ihre Sätze mit **»Ja, aber …«** beginnen, um auf die Ideen zu antworten. Die Führungskraft von Team 2 begann ihre Sätze mit **»Ja, und …«**.

So lauteten Antworten z. B. entweder »Ja, aber das kann ich leider nicht entscheiden. Da müssen Sie sich erst an das Team von Herrn Bayerlein wenden« oder »Ja, und dann sollten wir gleich gemeinsam zum Team von Herrn Bayerlein gehen und gemeinsam Ihre Idee vorstellen. Sie haben meine volle Unterstützung«.

Die anderen Teilnehmenden waren in der Rolle der Beobachter. In Tabelle 8 finden Sie die Zusammenfassung der Beobachtungen.

Team 1 – »Ja, aber …«	Team 2 – »Ja, und …«
• sofort defensive Haltung • Kaltstellmodus/Rechtfertigungsmodus • wurde kleingehalten, Resignation, Lust an Idee stirbt ab • sofortige Rechtfertigung und Schutzreaktion	• deutlich positiver • war aufbauend • werde ernst genommen • kann mitgestalten
• je länger das Gespräch ging, desto schneller Tunnel • Motivation ging runter, spürte das ganz deutlich	• war wertschätzend • Betonung ist entscheidend • fühle mich motiviert

Tab. 8: Beobachtungen im Führungskräfte-Workshop mit »Ja, aber« und »Ja, und«

Wie geht es weiter?

Die Führungskräfte waren rund um verschiedene Fehlerarten und Fehlerkultur sensibilisiert und haben ihr individuelles Mindset reflektiert. Ergänzend werden die Führungskräfte über ein Führungskräfte-Coaching einmal pro Monat begleitet, um regelmäßig ihre Erfahrungen in ihren Teams zu reflektieren und Anregungen aus der Praxis zu erhalten. Team-Workshops einmal pro Quartal runden die Veränderung rund um Fehlerkultur und Werte ab. Bei den Team-Workshops gibt es jeweils ein abgestimmtes Schwerpunktthema, z. B. »Wie gehen wir mit Offenheit um?« oder »Was bedeutet Mut für uns als Teil des Teams beziehungsweise als Team?«

Bei gelebten Werten orientiere ich mich gerne an Bernd Oestereich und Claudia Schröder (2017) in Anlehnung an den Begründer der Organisationsentwicklung Edgar Schein und den Philosophen Ludwig Wittgenstein. Sie argumentieren: »Laut Ludwig Wittgenstein kann man eigentlich nicht über Werte sprechen«, denn »Werte würden durch das Beobachten und Beschreiben quasi ihre Eigenschaft ändern. Sie würden unbeweglich und starr in dem Kontext und in der Lebenssituation werden, in der sie sich gebildet haben.« Und:

> »Solche Verankerungen (Edgar Schein nennt so die öffentlich propagierte[n] Werte) finden wir in den Unternehmen in Form von Wertepostern in Besprechungsräumen, Fluren [...]. Auffällig und gemeinsam ist allen, dass sich die darin beschriebenen substantivierten Werte meist im alltäglichen Handeln der Mitarbeiter nicht wiederfinden, was die These Wittgensteins stützen könnte.«
> (Oestereich/Schröder 2017, S. 234)

Diese Aussage unterstütze ich, wie das folgende Beispiel aus meinem Praxisalltag zeigt:

Aus meiner Berufspraxis

Im Leitbild einer öffentlichen Einrichtung ist nachzulesen: »Wir arbeiten respektvoll und kollegial zusammen.« Während des Mediationsverfahrens erfahre ich im Interview mit den Beteiligten, dass der Geschäftsführer einen neuen Mitarbeiter zu einem persönlichen Krisengespräch eingeladen hat, weil dieser eine E-Mail mit der Anrede »Sehr geehrte Damen und Herren« statt »Liebe Kolleginnen und Kollegen« begonnen hat.

Werte erleben wir. Und wir spüren deutlich, wie Werte sich anfühlen.

Ein anderes Beispiel erlebte ich persönlich an meinem ersten Arbeitstag – damals noch in angestellter Rolle. Meine damalige Vorgesetzte empfing mich und erzählte mir, dass sie bereits mit ihrem Mann beim gemeinsamen Frühstück herzhaft gelacht habe. Auf meine Nachfrage, was denn der Grund sei, antwortete sie mir: »Nun, wegen Ihres Kürzels. Wir haben in unserer Organisation die Regel, dass Kürzel für die interne Kommunikation mit den ersten beiden Buchstaben des Nachnamens und dem ersten Buchstaben des Vornamens gebildet werden.« Mein Kürzel war demnach WAU.

Nicht die Regel, sondern der Umgang mit der Regel wurde hier mehr als deutlich. Wenn meine Vorgesetzte, die parallel die Personalleiterin der Organisation war, so mit der

Interpretation von Regeln umgeht, sagt das sehr viel über gelebte Werte in einer Organisation aus.

Rückblick auf WM-Lena und Fehlerkultur

Erinnern Sie sich an ›WM-Lena‹. Fehler und Niederlagen gehören zum Leben dazu – egal ob im Sport oder im Arbeitsleben. Seien Sie nicht so streng zu sich und zu Ihrem Team. Viel wichtiger ist: »Egal, was passiert, lerne daraus« (Edgar Schein).

Veränderungen brauchen Zeit und Geduld. Lieber regelmäßig und systematisch reflektieren als einmal pro Jahr intensiv und dann nicht mehr.

Werte zu identifizieren, ist grundsätzlich sinnvoll, mit den Werten inhaltlich zu arbeiten, ist noch sinnvoller, z. B. mit Wortfeldern oder Bildern. Was verbinden Sie beispielsweise mit ›Offenheit‹ oder ›dienender Führung‹? Die Kraft von Bildern kann hier stark unterstützen (siehe auch Kapitel 3.1.5).

Ihre Vorteile & Praxistipps

- »Ja, und …« ist eine kostengünstige und schnell anzuwendende Methode.
- Definieren Sie gemeinsam mit Ihrem Team Spielregeln, z. B. pro Meeting ein Joker für »Ja, aber …«.
- Delegieren Sie Verantwortung. Wer zeigt z. B. die ›gelbe Karte‹, wenn der Joker verbraucht ist und erneut mit »Ja, aber …« auf einen Vorschlag im Team reagiert wurde?
- Beides kann gut funktionieren – alle im Team haben jeweils eine ›gelbe Karte‹ und zeigen diese hoch, *oder* eine Person ist z. B. ›Hüterin der Sprache‹.
- Nutzen Sie Wortfelder, Storytelling und die Kraft von Bildern.
- Loben und Mut machen ist wirkungsvoller als ›strafen‹; lieber mit einem Lächeln loben als streng auf die Regeln hinweisen.

Und »wenn nix mehr hilft, hilft der Humor« (siehe Kapitel 3.6.2).

Zwischenfazit

Man kann nicht über Werte sprechen, man kann diese nur leben und erleben. Für den Einstieg empfehle ich die beiden Übungen 6.9 und 6.10 in Ihrem Workbook. Der erste Schritt ist stets, sich bewusst zu werden, wofür stehe ich und wofür nicht, und was bedeutet dies jeweils für mich?

Beginnen Sie öfter mal mit der Kopfstand-Methode, indem Sie die eigentliche Frage umdrehen und so zu überraschenden Ideen und Antworten gelangen. Auch der bewusste Umgang mit Fehlerarten und Fehlerkultur spielt im agilen Qualitätsmanagement eine zentrale Rolle. Und achten Sie schließlich auf Ihre Sprache. Ein »Ja, und …« mag sich anfangs ungewohnt anfühlen, es baut jedoch auf den Ideen Ihres Gegenübers auf und gibt Ihrem Gegenüber ein gutes und wertschätzendes Gefühl. Und davon brauchen wir im Bereich Qualitätsmanagement ganz viel – ein gutes Gefühl bei dem, was wir tun.

3

3.2.2 Toolbox: Selbstwirksamkeit, Begeisterung und die Kraft von Worten

Hintergrund und Grundgedanke

»Wer sich beschwert hat Ressourcen! Wer (angeblich) ganz schlimm leidet, dabei aber die Zeit findet, jedem davon zu berichten, der ist nicht mit seinem Leid oder irgendeiner Lösung beschäftigt, sondern damit sich als Opfer zu präsentieren und erhofft sich Freiheiten, die ihm/ihr freiwillig nie gewährt würden«, so die Profilerin Suzanne in ihrem Newsletter vom 11.08.2022.

Auch wenn ich den Satz etwas milder formulieren würde, so stimme ich im Grundsatz doch zu. Wir bestimmen – ob bewusst oder unbewusst –, wie wir unsere Zeit und unsere Gedanken nutzen. Nutzen wir unsere Zeit beispielsweise für Gedankenhygiene? Setzen wir bewusste Pausen zwischen wichtigen Meetings? Nehmen wir uns täglich mindestens zehn Minuten Zeit nur für uns? Gönnen wir uns gedankliche Auszeiten durch Meditation oder Yoga? Schreiben wir vielleicht ein Dankbarkeitstagebuch oder ein Erfolgstagebuch, um unsere Gedanken positiv zu beeinflussen?

Gedanken, Worte, Selbstwirksamkeit und die Kraft von Worten

Wir sollten die Kraft unserer Gedanken nicht unterschätzen, da diese zu unseren Worten werden. Sind wir davon überzeugt, dass wir eine Handlung erfolgreich ausführen können, dann beginnen wir eher eine Handlung, als wenn uns diese tiefe Überzeugung fehlt. Im Folgenden erfahren Sie mehr über die Kraft unserer Gedanken und was dies mit unserer Selbstwirksamkeit zu tun hat.

Auf einen Blick: Vom Gedanken zur Begeisterung

Die Kraft der Gedanken – was wir von einem chinesischen Sprichwort lernen können:

- Achte auf deine Gedanken, denn sie werden Worte!
- Achte auf deine Worte, denn sie werden Handlungen!
- Achte auf deine Handlungen, denn sie werden Gewohnheiten!
- Achte auf deine Gewohnheiten, denn sie werden dein Charakter!
- Achte auf deinen Charakter, denn er bestimmt dein Schicksal!

Selbstwirksamkeit

Achten wir auf uns.

Und gehen wir bewusst mit unserer Wirksamkeit um.

Dann sind wir selbstwirksam.

Begeisterung

»Begeisterung ist der Dünger für unser Gehirn.« (Gerald Hüther)

Sie sind im Flow, wenn die an Sie gestellten Arbeitsanforderungen und Ihre Kenntnisse und Fähigkeiten in einer guten Balance sind.

Fazit: Achten wir auf unsere **Gedanken**, damit diese zu passenden **Worten** und dann zu passenden **Handlungen** und **Taten** werden. Diese beeinflussen unsere **Selbstwirksamkeit** und tragen zur **Begeisterung** im QM bei.

Die Liste der dazu passenden Zitate ist lang. Die folgenden drei geben einen kurzen Eindruck:

- »Wer den Tag mit einem Lächeln beginnt, dem wird das Meiste gelingen.« (Dalai Lama)
- »Time is what we want most, but what we use worst.« (William Penn) (»Zeit ist, was wir am dringendsten wollen, womit wir jedoch am schlechtesten umgehen.«)
- »Jeder ist seines Glückes Schmied.«

Welche Zitate begleiten Sie? Sind diese Zitate nur Begleiter oder feste Bestandteile Ihres Handelns? Sind sie vielleicht Glaubenssätze, die Ihr Handeln steuern und lenken? »Glaubenssätze sind Überzeugungen, die wir tief in unserem Inneren und unbewusst als Wahrheit abgespeichert haben« (NLP.at o. J.).

Glaubenssätze haben eine enorme Kraft und Dynamik. Es gibt förderliche Glaubenssätze, die uns bei unserer Zielerreichung unterstützen. Und es gibt limitierende Glaubenssätze, die uns stark hemmen können – auf unserem Weg zur Erreichung unserer Ziele. Ein hemmender Glaubenssatz ist z. B. *»Was Hänschen nicht lernt, lernt Hans nimmermehr.«* Ein unterstützender Glaubenssatz wäre hingegen *»Ich mach mir die Welt, wie sie mir gefällt.«* Je bewusster wir uns unserer Glaubenssätze sind, desto gezielter können wir sie bewusst einsetzen.

Glaubenssätze beeinflussen unser Verhalten und somit auch unsere Selbstwirksamkeit. Und wir wollen doch wirken im Qualitätsmanagement, richtig?

> »Unter **Selbstwirksamkeit** (self-efficacy beliefs) versteht die kognitive Psychologie die Überzeugung einer Person, auch schwierige Situationen und Herausforderungen aus eigener Kraft erfolgreich bewältigen zu können. Geprägt wurde der Begriff von dem amerikanischen Psychologen Albert Bandura. [...] Eine wesentliche Erkenntnis Banduras war, dass Menschen meistens nur dann eine Handlung beginnen, wenn sie davon überzeugt sind, dass sie diese Handlung auch tatsächlich erfolgreich ausführen können.«
>
> (Psychomeda.de/lexikon: Selbstwirksamkeit[20])

Expertentipps zur Anwendung

Kennen Sie die Anekdote von den zwei Förstern? Der eine verbringt den ganzen Tag im Wald und versucht, mit einer stumpfen Säge einen Baum zu fällen. Da kommt ein weiterer Förster vorbei und fragt ihn, warum er nicht seine Säge schärfen wolle. Darauf der erste Förster: »Dafür habe ich keine Zeit.«

---

20 Abrufdatum: 31.01.2023

3

Um von meiner Handlungsfähigkeit überzeugt zu sein, sollte ich mich gut kennen. Wie gut kennen Sie sich? Wie oft schärfen Sie im Jahr Ihre ›persönliche Säge‹? Wie oft beschäftigen Sie sich mit sich?

Ich lasse mich seit vielen Jahren immer wieder begleiten und inspirieren. Noch in angestellter Position hatte ich eine Supervisorin, die mir in schwierigen Situationen mit passenden Fragen und wertvollen Anregungen zu Seite stand.

Später habe ich eine Mediations- und Coachingausbildung durchlaufen und in dieser Zeit sehr viel über mich gelernt. Und dieses Lernen blieb bis heute. Immer wieder habe ich einen Coach oder eine Mentorin an meiner Seite, die mein Verhalten spiegelt, mich bei Zielformulierungen unterstützt oder mir wertvolle Anregungen gibt, damit meine ›persönliche Säge‹ scharf bleibt.

Dazu gehört die ›individuelle Inventur‹ – ob mit wertvoller Literatur oder Selbsttests im Internet. Hier empfehle ich beispielsweise das Buch ›*Selbstcoaching*‹ von Stefanie Demann oder den Selbsttest auf https://highwaytohappiness.de/ von Dr. Aaron Bruckner. Dieser Selbsttest gibt eine gute Standortbestimmung, wie gut Sie beispielsweise Ihr persönliches Potenzial bereits nutzen. Und schließlich empfehle ich den von mir sehr verehrten Gehirnforscher Professor Gerald Hüther mit seinen zahlreichen Publikationen, bei denen es immer wieder um unsere Potenzialentfaltung und die Wirkungsweise unseres Gehirns geht. Mehr dazu auf seiner Homepage: https://www.gerald-huether.de/.

Warum ist es im Bereich Qualitätsmanagement so wichtig, sich selbst gut zu kennen?

Der Tagesablauf im Bereich Qualitätsmanagement ist nicht immer einfach. Sie haben mit vielen verschiedenen Persönlichkeiten zu tun und immer wieder auch mit Konflikten oder dem wiederholten Umgang mit Defiziten.

An dieser Stelle empfehle ich bereits die Case-Study einer Führungskraft aus Kapitel 4.3. Dort schreibt die Autorin, selbst Führungskraft im Bereich Qualitätsmanagement: »Je nach Reifegrad der Produkte kann sich als eine der Folgen und unerwünschten Nebenwirkungen ein stark defizitorientierter Blick bei den Mitarbeitenden einstellen, im Sinne von ›alle Produkte sind schlecht‹.« Dies birgt das Risiko in sich, dass sich »alles schlecht« in dieser Organisation anfühlt.

Je besser Sie sich und Ihre **Stärken** und Ihr **Potenzial** kennen, desto gezielter können Sie auf konkrete Situationen reagieren, und Sie sind weniger anfällig für negative Grundhaltungen.

Vielleicht wird Ihnen bewusst, dass Ihnen manchmal die passende Antwort fehlt, wenn Sie mit Totschlagargumenten wie »Das haben wir schon immer so gemacht« oder »Das funktioniert bei uns sowieso nicht« konfrontiert werden. Dann kann die gezielte Vorbereitung mit Killerphrasen helfen, um in der nächsten vergleichbaren Situation die passende Antwort parat zu haben. Hier kann ich das Buch ›*Killerphrasen … und wie Sie gekonnt kontern*‹ von Meike Müller empfehlen.

Darüber hinaus hat Qualitätsmanagement aus meiner Sicht ganz viel mit Begeisterung zu tun. Und weil Begeisterung ansteckend ist, ist Begeisterung aus meiner Sicht eine der stärksten Quellen im Qualitätsmanagement. Und wie Gerald Hüther sagt: »Begeisterung ist der Dünger für unser Gehirn.« Also lohnt es sich aus meiner Sicht, sich als Qualitätsmanagerin oder Qualitätsmanager mit dem Phänomen der **Begeisterung** auseinanderzusetzen. Hier empfehle ich für den Einstieg ›*Begeisterung. Erwecke den Inneren Helden*‹ von Sebastiaan Kodden, der zu diesem Thema promoviert hat. Die Niederlande gelten ja als Vorreiter in der Begeisterungsforschung. Vielleicht verbinden sich perspektivisch Qualitätsmanagement und Begeisterung als Studienfach? Aus meiner Sicht wäre diese Symbiose ideal.

Eine der Besonderheiten der Begeisterung ist die Kombination aus Arbeitsanforderungen und meinen erlernten Fähigkeiten:

- **Flow** – Stehen diese in einem ausgewogenen Verhältnis zueinander, dann befinden wir uns im Flow, d. h., dann geht uns die Arbeit leicht von der Hand.
- **Burnout** – Sind die an uns gestellten Anforderungen höher als unsere vorhandenen Kenntnisse, dann neigen wir zum Burnout.
- **Boreout** – Werden unsere Kenntnisse und Fähigkeiten bei unserer täglichen Arbeit/ bei den an uns gestellten Anforderungen nur unzureichend genutzt, dann tendieren wir zur inneren Kündigung oder zum Boreout.

Abb. 22 zeigt diese Balance, die idealerweise täglich eine Rolle im Arbeitsalltag von Qualitätsmanager:innen spielt, damit die Augen aller Beteiligten öfter leuchten.

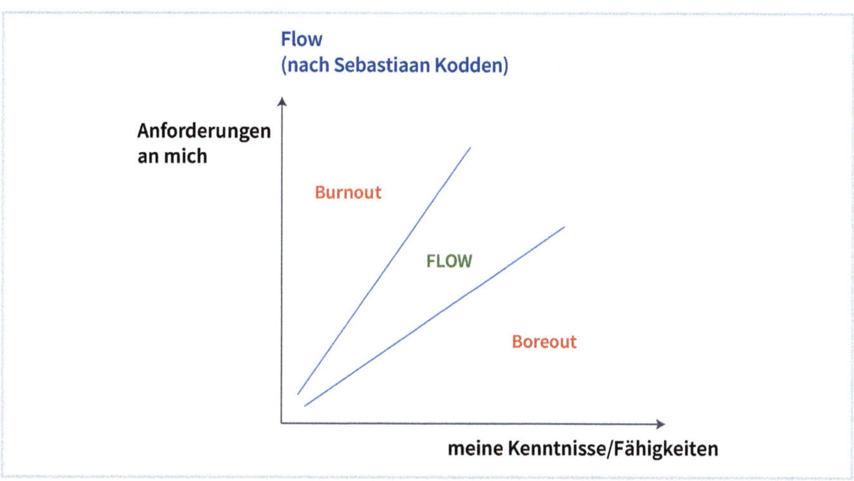

Abb. 22: Balance zwischen Arbeitsanforderungen und Kenntnissen – für den Flow (Quelle: Ulrike Margit Wahl)

3

Erneut zitiere ich Frau Haake-Schäfer aus der Case-Study III (Kapitel 4.3): *»Wenn sich jeder Mitarbeiter seiner eigenen Stärken bewusst ist, wird der Blick auf die tägliche Arbeit verändert. Es werden neue Potenziale entdeckt und in das Team eingebracht.«*

Die Aufgaben im Q-Team werden reflektiert, neu gedacht und in Anlehnung an die Stärken der Individuen neu arrangiert. Energieräuber werden identifiziert und beseitigt. Es entsteht **mehr Flow** im Qualitätsmanagement sowie eine höhere Mitarbeitermotivation und **weniger Fluktuation**.

In Kapitel 3.6.1 erhalten Sie Praxistipps für relevante Kompetenzen im Qualitätsteam. Dort lernen Sie den idealen QMB Friedl kennen, der die Kompetenzen für wirksames Qualitätsmanagement in einem idealen Mix in sich vereinigt. Hier sei schon verraten, dass die Kommunikationsfähigkeit eine sehr wichtige Schlüsselkompetenz ist.

Folgende Fragen können bei der Selbstreflexion hilfreich sein:

- Wie gut kann ich mit Sprache umgehen?
- Kenne ich die Grundlagen der gewaltfreien Kommunikation nach Rosenberg?
- Höre ich aktiv zu (aktives Zuhören ist ebenfalls eine Methode)?
- Nutze ich bewusst Methoden wie Spiegeln mit Sätzen wie »Lassen Sie mich kurz zusammenfassen, was ich verstanden habe …«, »Habe ich Sie richtig verstanden?«
- Wie bewusst unterscheide ich zwischen mündlicher und schriftlicher Sprache?
- Wie genau gehe ich auf mein Gegenüber ein, z. B. auditiver, visueller Lerntyp?
- Wie bewusst wähle ich das jeweils passende Kommunikationsset?
- Behandele ich mein Gegenüber so, wie ich auch behandelt werden möchte?
- Wie gut kenne ich Feedbackregeln, z. B. die Sandwichregel (Lob – Kritik – Lob)?
- Bringe ich immer nur Probleme oder auch Lösungen ein?

Hier erinnere ich mich an das Beispiel eines Teams, das von seinem Vorgesetzten berichtete, der auf NIPSILD bestand: **N**icht **i**n **P**roblemen, **s**ondern **i**n **L**ösungen **d**enken. Vielleicht probieren Sie NIPSILD als Motto für Ihr nächstes Q-Treffen aus?

Ihre Vorteile & Praxistipps

- Achten Sie auf Ihre Gedankenhygiene.
- Bedenken Sie: Was Sie denken, werden Sie sagen; was Sie sagen, werden Sie tun; was Sie tun, wird von Ihrem Gegenüber wahrgenommen.
- Lassen Sie sich unterstützen – durch Supervisoren, Coaches oder Mentoren.
- Beschäftigen Sie sich bewusst mit Kommunikation, z. B. durch eine Ausbildung zum Mediator oder zur Moderatorin.
- Schärfen Sie regelmäßig Ihre ›persönliche Säge‹.
- Vergessen Sie nie: »Sie haben immer eine Wahl. Treffen Sie Ihre beste Wahl.«

Zwischenfazit

Vielleicht bemerken Sie es schon: Agiles Qualitätsmanagement hat viel mit Ihrer persönlichen Grundhaltung zu tun. Einerseits erlernen Sie mit dieser Toolbox zahlreiche Techniken, andererseits spielt Ihre persönliche Grundhaltung, Ihr Mindset, eine ganz entscheidende Rolle. Sie bestimmen mit Ihren Gedanken und Ihrem Wertegerüst, ob Sie agile Techniken einfach nur anwenden wollen oder ob Sie wirklich agil sein wollen. Hier darf ich an Kapitel 1.2 erinnern, in dem der agile Trichter vorgestellt wurde.

Aus meiner Erfahrung lohnt es sich, eine **agile Grundhaltung** einzunehmen, weil die Chancen für mehr Begeisterung und Flow im Qualitätsmanagement spürbar steigen. Was denken Sie? Verschaffen Sie sich unter Punkt 6.11 in Ihrem Workbook einen ersten Überblick und lassen Sie Ihre Ergebnisse auf sich wirken.

Nachdem wir die innere Haltung und die Kraft von Worten näher beleuchtet haben, kommen wir nun zur Priorisierung, dem Fokus und dem bewussten Umgang mit Zeit und Meetings. Denn Lebenszeit ist zu kostbar, um sie in unnützen Meetings zu verbringen.

3.2.3 Toolbox: Priorisierung, Fokus und Timeboxing – die Kraft von sinnvollen und effektiven Meetings

Hintergrund und Grundgedanke

»Was macht Unternehmen besonders langsam und wenig produktiv? Es sind zu viele, redundante und somit unsinnige Arbeitstreffen, die gerade in Wissensjobs unglaublich viel Arbeitszeit verschlingen« – so schrieb Tina Groll bereits 2016 auf Zeit Online. Die Arbeitsbedingungen während der Corona-Pandemie haben diesen »Langfristtrend einer stetig wachsenden Zahl von Meetings« in vielen Unternehmen noch verschärft, so die Deutsche Presse-Agentur (dpa) im April 2022. Nale Lehmann-Willenbrock, Professorin für Arbeits- und Organisationspsychologie an der Universität Hamburg, sagt dazu: »Die Frequenz von Meetings hat in den letzten Jahren stetig zugenommen, auch als Folge der zunehmenden organisationalen Komplexität« (dpa 2022). Dabei sind die wenigsten Meetings wirklich effektiv und sinnvoll.

Die häufigsten Störungen in Meetings sind mangelnde Entscheidungskompetenz der Teilnehmer, Informationsdefizite, Konkurrenz und gegenseitige Kontrolle, sachfremde Redebeiträge und das Abschieben von Verantwortung (vgl. Hans-Böckler-Stiftung 2008).

Starten wir mit WHY – warum gibt es Meetings?

Darüber kann uns folgende Definition einen ersten Aufschluss geben:

»Ein Meeting, auch als Sitzung, Besprechung oder Konferenz bezeichnet, ist ein Treffen von zwei oder mehr Personen aus einem bestimmten Grund. Meetings werden aus unterschiedlichen Gründen einberufen, darunter Planung, Entscheidungsfindung, Problemlösung, Kommunikation und Informationsaustausch.«

(Onpulson.de/lexikon: Meeting[21])

Auf einen Blick: Meetingarten

- Informationsmeetings – zum Informationsaustausch
- Entscheidungsmeetings – um eine Entscheidung zu treffen
- Kommunikationsmeetings – für Diskussionen/Austausch von Kommunikation
- soziale Meetings – um das Team zusammenzuhalten/Networking

Aus meiner Berufspraxis

Häufig sind Meetings historisch gewachsen. Ich habe bislang erst eine Organisation erlebt und begleiten dürfen, die den Mut zu folgenden zwei Schritten hatte:

1. Erfassung von Zeit und monetärem Wert pro Person und Meeting – transparent für alle Mitarbeitenden in einer Übersicht
2. Wir beginnen mit einem weißen Blatt. Welche Meetings brauchen wir regelmäßig und welche nach Bedarf? Und welche Spielregeln brauchen wir für effektive Meetings?

Der Zeitaufwand für diesen Weg war überschaubar (ca. drei Monate); der wirtschaftliche Mehrwert enorm. Bei einem Team von etwa 60 Personen entsprach die zeitliche Einsparung den personellen Ressourcen von drei Projektstellen. Hinzu kamen die deutlich motivierteren Mitarbeitenden.

Fachkräftemangel und knappe Ressourcen?

Ein wichtiger Baustein können effektive Meetings sein. Nutzen Sie das Potenzial für den sinnvollen Einsatz unserer wertvollsten Ressourcen: Mensch *und* Zeit.

Beginnen Sie auf einem weißen Blatt mit der Frage: »*Welche Meetings müssen unbedingt regelmäßig stattfinden, damit unsere Organisation erfolgreich wirken kann?*« Hierzu empfehle ich für Ihren ersten Check die Vorlage aus Punkt 6.12 in Ihrem Workbook.

21 Abrufdatum: 31.01.2023

Mehr über Meetings und Pausen können Sie hier erfahren:

- Anitra Eggler (2020): *Home Office. Survival Guide. Effektiv, erfolgreich und entspannt zu Hause arbeiten. Die besten Tipps für Zeit- und Selbstmanagement, Produktivität, Motivation und digitale Kommunikation.* (zwölf Kapitel mit zahlreichen praktischen Tipps – von Deep Work bis Kids im Homeoffice)
- Gunter Frank, Henning Fritz und Daniel Strigel (2020): *Powern und Pausieren. Überleben in der Leistungsgesellschaft mit Konzepten aus dem Spitzensport.* (medizinwissenschaftlicher Hintergrund, sieben Grundprinzipien und zahlreiche praktische Tipps für den Arbeitsalltag, denn »Profis können Pause – nur Amateure arbeiten durch«)

Inspiration für effektive Meetings kann uns zudem **Scrum** liefern. Wir erinnern uns an Priorisierung, Fokus und Timeboxing (Kapitel 1.3):
- **Priorisierung** – womit fangen wir an? Was hat welchen Reifegrad, z. B. DoR?
- **Fokus** – einer der fünf Werte; der primäre Team-Fokus liegt auf der Arbeit des Sprints (= Zeit zwischen den Planungsmeetings), um den bestmöglichen Fortschritt in Richtung der Ziele (Achtung: echte Ziele, keine Aussagen, siehe Kapitel 3.1.5) zu bewirken.
- **Timeboxing** – Timeboxing bezeichnet ein festes und definiertes Zeitfenster, das eingehalten werden muss. Im Scrum gibt es Timeboxing für das Daily, das Review oder die Retrospektive.

Tabelle 9 beschreibt die verschiedenen Funktionen von Meetings. Scrum kann uns auch bei der Meeting-Gestaltung inspirieren. Besonders wirksam sind sie im Projektmanagement.

Das in der Tabelle 9 beschriebene Daily wird in **zwei Case-Studies** erwähnt – mal als funktionierendes und mal als nicht funktionierendes und wieder abgeschafftes Beispiel. Stand-ups sind eine mögliche Anpassung an das Daily, wie in Kapitel 4.2 gezeigt werden wird.

Musterlösung für Meetings nach Scrum in Projekten				
	Daily	**Sprint-Planning**	**Review**	**Retrospektive**
Dauer	15 Minuten	8 Stunden	4 Stunden	3 Stunden
Häufigkeit	täglich	einmal pro Monat	einmal pro Monat	einmal pro Monat
Wer nimmt teil?	Development-Team, bei Bedarf Scrum-Master	Product-Owner Development-Team Scrum-Master	Product-Owner Development-Team Scrum-Master Stakeholder	Product-Owner Development-Team Scrum-Master

Musterlösung für Meetings nach Scrum in Projekten				
Ziel	Fortschritt überprüfen, Hindernisse erkennen, gegenseitiger Austausch	Planungsmeeting, Fokus auf drei Fragen: Warum ist dieser Sprint wertvoll? Was kann in diesem Sprint abgeschlossen werden? Wie wird die Arbeit erledigt?	Arbeitsmeeting, Zwischenergebnisse aus Sprint überprüfen, Fokus auf Fortschritte, Abgleich mit Meilensteinen, Projektziel, DoD, Inspect & Adapt	Teammeeting, Fokus auf Teamzusammenarbeit und Teamentwicklung (Individuen, Interaktionen, Prozesse, Werkzeuge, DoD), Qualität und Effizienz planen und anpassen
Praxistipp	wird häufig angepasst als Weekly; wichtig ist Regelmäßigkeit (einmal pro Woche 1 Std., gleicher Tag, gleiche Zeit)	wird in der Praxis meist unterschätzt – ein ganzer Tag; lohnt sich jedoch; ist sinnvoll investierte Zeit	Review und Retrospektive werden oft kombiniert; wichtig ist die inhaltliche Trennung	

Tab. 9: Inspirationen von Scrum für effektive Meetings – mit Fokus, Priorisierung und Timeboxing (Quelle: Ulrike Margit Wahl nach Schwaber/Sutherland 2020)

Expertentipps zur Anwendung

Für effektive und sinnvolle Meetings können folgende Fragen hilfreich sein, mit denen Sie Ihre ›QM-Säge‹ regelmäßig schärfen sollten:

- Kennen wir unsere Priorisierung? Was hat oberste Priorität 1, was Prio 2, was Prio 3 und so weiter?
- Wie ist unser Fokus? Wie viel unserer Zeit investieren wir auf unseren Fokus und unsere priorisierten Themen? Haben wir unsere Nutzer:innen im Fokus?
- Wie bewusst gehen wir mit unserer Zeit und der Zeit der involvierten Personen um? Fragen wir regelmäßig nach, ob der Mehrwert spürbar ist?
- Wie viel Zeit verbringen wir in welchen Meetings? Welche Meetings dienen einem kurzen Informationsaustausch (z. B. Daily)? Welche Meetings dienen der Planung (vgl. Sprint-Planning)? Und welche Meetings nutzen wir für die systematische und regelmäßige Reflexion? Unterscheiden wir bewusst zwischen Zwischenergebnis (siehe Review) und Teamzusammenarbeit (Retrospektive)? Haben alle genannten Themenschwerpunkte genügend Raum?

Aus dem Qualitätsmanagement könnte die Anregung in Ihre Unternehmung gehen, dass Meetings nur stattfinden, wenn folgende Rahmenbedingungen erfüllt sind: Jede Einladung zu einem Meeting definiert die Meetingart und ein starkes WARUM es sich lohnt, sich live zu treffen. Dies kann ruhig kurz und knackig gehalten werden:

Entscheidungsmeeting – *WARUM: Um darüber zu entscheiden, ob wir den Drittmittelantrag stellen oder nicht.*

(Bei Meetings mit klaren Zielen empfehle ich Kapitel 3.1.5 und 3.2.2.)

Eine andere Möglichkeit ist die **Meetingmatrix**, die Sie im angefügten Workbook unter Punkt 6.13 finden. Reflektieren Sie regelmäßig, welche Meetings wirklich gebraucht werden und welche nicht. Jedes *Nein* zu einem Meeting ist ein *Ja* zu jener Zeit, die für Sie in Ihrer Rolle wirklich wichtig und relevant ist.

Unterziehen Sie Meetings einer regelmäßigen Evaluation. Hiermit meine ich nicht umfangreiche Befragungen, sondern lieber öfter mal nachfragen: »Was hat Ihnen gut gefallen?« (*I like*) und »Was sind Ihre Wünsche und Anregungen?« (*I wish*). Das schafft echten Mehrwert, einen Dialog auf Augenhöhe und Vertrauen und im besten Fall einen ›Quick Win‹. (Für mehr wertvolle Praxistipps für eine wirksame Feedbackkultur darf ich auf Kapitel 3.4.3 hinweisen.)

Für einen ersten Überblick möchte ich Ihnen die folgenden **Praxistipps** ans Herz legen:
- Erstellen Sie Ihre persönliche Ist-Analyse. Ein Flipchart oder ein Blatt Papier genügen. Schriftlichkeit schafft Klarheit.
- Gibt es einen Aha-Effekt bei der Betrachtung der Ist-Situation mit den verschiedenen Meeting-Arten?
- Wie fühlt es sich an? Haben Sie Ihren persönlichen idealen Meeting-Mix?
- Falls ja: herzlichen Glückwunsch und weiter so!
- Falls nein: Was soll bleiben? Was soll sich ändern? Was oder wen brauchen Sie dazu, um die Ist-Situation zu ändern? Wie sieht die ideale Soll-Situation aus?

Aus meiner Berufspraxis

In Tabelle 10 sehen Sie ein Beispiel aus einem Workshop in einer Hochschule. Die Übersicht ist ein Auszug, steht exemplarisch für die zahlreichen Meetings in Organisationen und Unternehmen und erhebt keinen Anspruch auf Vollständigkeit. Die Frage lautete: »In welchen Meetings sind Sie involviert, entweder leitend oder teilnehmend?«

leitende Rolle im Meeting	teilnehmende Rolle im Meeting
wöchentliche Teambesprechungen	wöchentliche Rektoratsbesprechung
wöchentliche 1:1-Treffen, z. B. mit Doktoranden	Senatssitzung
wöchentliche Projektbesprechungen	wöchentliche Telefonkonferenzen
jährliches Personalplanungsgespräch	Jour fixe mit Vorgesetzten, inkl. Statusbericht
14-tägige Teambesprechung	wöchentliche Sachgebietsleiterrunde
NRW-Koordinationstreffen	Teilnehmer in Konferenzen
vorbereitende Senatssitzung	Geschäftsführertreffen
Interview für Projekte (Kunde verstehen, User-Story)	Forschungsratssitzungen
jährliche Konferenzen in Deutschland und Europa	Vorstandssitzungen
Kick-off mit vielen Teilnehmenden (einmalig)	wissenschaftlicher Beirat
Sachbearbeitungskommission (inklusive leitender Direktorin)	Geschäftsstellenleiter-Erfahrungsaustausch
Projekttreffen für Forschung	Baubesprechungen
Treffen mit Übungsleitern (bis zu 60 Teilnehmende)	Abteilungsleiterrunden
Arbeitsgruppentreffen	›Feuerwehr‹/Ad-hoc-Meetings
rotierender Leitungsrat, inklusive Protokollführung	virtuelle Meetings
Mitarbeitergespräche	Lenkungskreis

Tab. 10: Übersicht über Meeting-Arten in einer Hochschule

Was sagt uns diese Übersicht? Ist jedes dieser Meetings wirklich regelmäßig notwendig? Werden die Meetings professionell moderiert? Haben wir in unserer jeweiligen Rolle das Gefühl, besser könnte dieses Meeting gar nicht ablaufen? Empfinden wir diese Meetings für uns als wertvoll und produktiv?

Es lohnt sich, darauf zu schauen, wie viel Zeit in Meetings in Ihrer Unternehmung verschwendet wird. Nach Tina Groll beträgt die durchschnittliche wöchentliche Zeit in unproduktiven Meetings (Groll 2016):

- **4,5 Stunden pro Woche** verbringen Beschäftigte durchschnittlich in unproduktiven Meetings, Konferenzen, Besprechungen.
- **9,1 Stunden pro Woche** verschwenden Teamleiter/Führungskräfte durchschnittlich in unproduktiven Meetings, inklusive Vor- und Nachbereitung.

Seit der Corona-Pandemie zeigt sich: »Es gibt **Führungskräfte**, die verbringen **80 bis 90 Prozent** ihrer Arbeitszeit in Meetings«, so Philipp Kolo, Personalexperte bei der Unternehmensberatung Boston Consulting Group (dpa 2022). Das ist besonders bei Videokonferenzen zu beobachten; nur selten sind die Meetings professionell moderiert und strukturiert.

Diese Beobachtungen kann ich bestätigen. Mit unseren Lernvideos rund um ›Geniales Zeit- und Selbstmanagement‹ begleiten wir Organisationen auf ihrem Weg zu einem effektiveren Umgang mit ihrer Zeit. Denn der am häufigsten genannte Zeitfresser sind **zu viele ineffektive Meetings**. In Kapitel 3.6 gehen wir auf diesen Punkt näher ein. Einer der wirksamsten Hebel aus meiner Erfahrung ist: **Moderationskompetenz aufbauen**.

Die Anwesenheit unserer wertvollsten Ressource – des **Menschen** – in unproduktiven Meetings ist positiv formuliert ein Luxus. Wir könnten auch meinen: Sie ist Verschwendung. Können und wollen wir uns das wirklich leisten?

Ein möglicher erster Schritt wäre, mit einem Schadensrechner den wirtschaftlichen Schaden ineffektiver Meetings zu errechnen und intern zu reflektieren. Das Internet bietet gratis nutzbare **Schadensrechner** an (suchen Sie nach den Schlagworten ›Schadensrechner‹ und ›Meetings‹). Hier können und sollten QM-Manager:innen aktiv unterstützen, schließlich geht es um den sinnvollen Einsatz von Ressourcen.

Erinnern wir uns an **Kaizen** und **Lean Management** in Kapitel 2.3. *Lean* steht für ›schlank‹ und hat folgende zwei Perspektiven im Blick:

- die Sicht des Kunden und dessen Wünsche
- die Sicht des Unternehmens und sein Bestreben nach Profitabilität

Das schaffen wir nur, wenn wir Verschwendung vermeiden (erinnern Sie sich an die acht Arten der Verschwendung, unter anderem *nicht genutzte Kreativität der Mitarbeitenden* oder *Wartezeiten*).

Was sind die Folgen von überflüssigen Arbeitstreffen?

- Verschwendung von Arbeitszeit und Ressourcen (auch finanziell)
- Demotivation von Mitarbeitenden
- negative Stimmung und so Verschlechterung des Betriebsklimas
- erhöhter Stresslevel → weniger exzellente Ergebnisse
- Belastung des Teamzusammenhalts

Ihre Vorteile & Praxistipps

Aus meiner Sicht haben Sie mit wirksamen Meetings einen der stärksten Hebel in der Hand. Hier können Sie punkten, wenn es Ihnen gelingt, dass die Beteiligten von der Zeitersparnis profitieren. Nutzen Sie Ihr Wissen und schaffen Sie einen zeitlichen Vorteil für die Beteiligten. Zur sofortigen Anwendung in Ihrem Arbeitsalltag empfehle ich Ihnen:

- Evaluieren Sie Meetings mindestens einmal pro Jahr. Welche Meetingarten brauchen Sie wirklich regelmäßig, welche nicht?
- Nutzen Sie bewusst Pausen zwischen den Meetings (aktive/passive Erholung).
- Less Meeting, more *Doing*.
- Machen Sie Zeit sichtbar, z. B. mit dem Countdown eines Timers oder mit dem Schadensrechner.
- Achten Sie auf Pausen zwischen den Meetings. Lassen Sie sich von Weltmeistern inspirieren: »Nur Amateure arbeiten durch, Profils machen Pause.«
- Kaffee und Kekse öfter mal weglassen; lieber kurze Stand-up-Meetings als Meetings in bequemen Konferenzstühlen.
- Beginnen und beschließen Sie das Meeting pünktlich und belohnen Sie jene, die pünktlich sind (Timeboxing).
- Qualität steht über Hierarchieebene. Richten Sie den Fokus auf Aussagen von Personen, die etwas zu sagen haben.
- Unterscheiden Sie zwischen Meetingarten und seien Sie konkret in der Einladung (z. B. starkes WARUM, OKR, SMARTe Ziele).
- Tipp vom Amazon-Chef: ›Zwei-Pizza-Regel‹ – das Meeting dauert so lange, wie es dauert, zwei Pizzen zu essen (beeinflusst die Anzahl der Eingeladenen und die Dauer des Meetings).
- Meetings mit mehr als zehn Personen sind weniger effektiv und wenig produktiv.
- Lassen Sie Handys und Laptops aus (Fokus).
- Erhöhen Sie die Moderationskompetenz in Ihrer Organisation – perspektivisch könnten nur ausgebildete Personen Meetings leiten.
- Öfter mal nachfragen – *I like/I wish*, z. B. »Was gefällt euch an unserem Meeting?«, »Was geht noch besser?«
- Nutzen Sie die Kopfstand-Methode: »Was können wir tun, damit unsere Meetings gar nicht effektiv sind?« Sammeln Sie anschließend ›wilde Ideen‹, wie Sie das vermeiden können.

Und machen Sie die Übungen 6.12 und 6.13 in Ihrem Workbook.

Zwischenfazit

Lebenszeit ist zu kostbar, um diese in ineffektiven Meetings zu vergeuden. Hier kommen Menschen zusammen, die gestalten und gebraucht werden wollen. Nutzen Sie Ihre Rolle und inspirieren Sie Ihre Kolleginnen und Kollegen, achtsamer mit ihrer und der Zeit der anderen umzugehen. Idealerweise fühlen Sie sich nach dem Meeting besser als davor. Und darum sollten Sie aus meiner Sicht unbedingt Ihren idealen Meeting-Mix mitgestalten – für Ihre beruflichen Highlights der Woche und weltmeisterlichen Erfolg mit ›leuchtenden Augen‹.

Sie haben das zweite Unterkapitel auf dem Weg zum agilen Qualitätsmanagement erfolgreich gemeistert. Im nun folgenden Kapitel 3.3 beleuchten wir das vernetzte Arbeiten und werden uns intensiver mit Visualisierung, der Kraft von Bildern, dem iterativen

Vorgehen und ›wilden Ideen‹ auseinandersetzen. Praxisbewährte Vorlagen wie die Kommunikationsmatrix oder die Entscheidungsmatrix runden dieses Kapitel ab.

3.3 Vernetzt arbeiten

Reines Abteilungsdenken ist ein Auslaufmodell. Im agilen Qualitätsmanagement geht es um vernetztes Arbeiten. Nur so ist das Schaffen von echtem *Value* in einer guten Aufwand-Nutzen-Relation möglich (siehe auch Kapitel 2.3). Im Fokus steht Teamarbeit und wie Führungskräfte sie unterstützen können.

Beim vernetzten Arbeiten geht es (laut Sommerhoff/Wolter 2019, S. 30) um:

- bessere und schnellere Kommunikation
- schnelle Entscheidungen mit Kundenfokus
- größeres Ideen- und Lösungsspektrum mit hohem Leistungsniveau
- weniger Reibung durch Wegfall der Abteilungsegoismen
- weniger Wartezeiten in der Zusammenarbeit
- weniger Dokumentationsaufwand
- wachsendes Verständnis anderer Fachgebiete und interdisziplinärer Zusammenhänge
- hohe Motivation durch höhere Autonomie

In diesem Kapitel werden verschiedene Tools vorgestellt, die das vernetzte Arbeiten aktiv unterstützen. Dazu gehören die **Visualisierung**, die in unseren Gehirnen fest verankerte **Bildsprache** (die deutlich älter als die Wortsprache ist), die **Kraft von Bildern** und das weit verbreitete **Kanban-Board**. Im Fokus stehen dabei Transparenz und der Anspruch, es meinem Gegenüber so leicht wie möglich zu machen, meine Gedanken und Ziele nachzuvollziehen.

Ergänzend erhalten Sie Praxistipps, wie Sie und Ihre gemischten Teams **iterativ** vorgehen können, und erfahren, warum es so wichtig ist, **Erfolge zu feiern**.

Die Passagen rund um ›**wilde Ideen**‹ und **frühes Scheitern** sowie die beiden praxisbewährten Matrizen **Entscheidungsmatrix** und **Kommunikationsmatrix** runden dieses Kapitel ab. Hier erfahren Sie beispielsweise den Unterschied zwischen Zuständigkeiten und Entscheidungsverantwortung.

Eine wertvolle Ergänzung bietet Kapitel 3.6.2, weil es näher auf relevante Rahmenbedingungen für wirksames vernetztes Arbeiten eingeht.

Lassen Sie sich inspirieren rund um vernetztes Arbeiten – mit zahlreichen Ideen und Vorschlägen, wie Sie Ihre Toolbox weiter füllen können auf dem Weg zu mehr Agilität im Qualitätsmanagement.

3.3.1 Toolbox: Visualisierung, Kanban-Board und relatives Schätzen

3.3.1.1 Visualisierung und die Kraft von Bildern

Hintergrund und Grundgedanke

Erinnern Sie sich an Kapitel 3.1.5 mit der Zielcollage und dem Beispiel der Weltmeisterin Lena Bringsken? Wenn wir mit Bildern sogar Weltmeister werden können, dann sollten wir dieses Potenzial unbedingt auch im Qualitätsmanagement nutzen. Schließlich wollen wir doch auch die Weltbesten sein in dem, was wir tun. Und dabei helfen uns Bilder und die Visualisierung. Beginnen wir mit der Visualisierung und der Kraft von Bildern.

Auf einen Blick: Bilder
Ein Bild sagt mehr als 1.000 Worte.
Die Bildsprache ist deutlich älter als die Wortsprache.

Expertentipps zur Anwendung

So begannen wir beispielsweise einen Workshop rund um wirksames agiles Qualitätsmanagement mit verschiedenen Teams, die jeweils beschreiben sollten, wie sie ihre Unternehmung gerade wahrnehmen.

Abb. 23 steht exemplarisch für eine der Gruppen aus einem Workshop. Das Team beschrieb die Organisation wie ein Ruderboot ohne Steuermann. Alle Beteiligten rudern so vor sich hin. Niemand sieht, wohin es geht. Wenn ich mich mal umdrehe, kommt das Boot ins Schaukeln. Manchmal rudern wir synchron, manchmal nicht. Wir wären so viel effektiver und stärker, wenn wir einen Steuermann hätten, der uns sagt, wo es langgeht.

Abb. 23: Beispiel aus Workshop: Wie nehmen Sie QM gerade in Ihrer Organisation wahr? (Quelle: Bernd Hildebrandt, Pixabay)

Sobald wir Bilder integrieren, verwenden wir andere Wörter und machen es unserem Gegenüber leichter, unsere Gedanken nachzuvollziehen. Wir sprechen hier verschiedene Sinne an, was einer PowerPoint-Präsentation nur ganz selten gelingt. Ich werbe an dieser Stelle nicht für den absoluten Austausch von bisherigen Kommunikationswerkzeugen, sondern eher für die sinnvolle Ergänzung. Nutzen Sie die Kraft von Bildern in vernetzten Teams.

Eine andere Möglichkeit sind verschiedene Abfragemöglichkeiten, wie hier mit Mentimeter. Wir haben im Team nachgefragt, wer alles merken würde, wenn es kein extra Team rund um das Qualitätsmanagement mehr gäbe. Die Antworten (vgl. Abb. 24) deuten auf eine hohe Akzeptanz in der Organisation hin. Die Mehrheit glaubte, für »mindestens 50 %« würden merken, dass es kein formales Qualitätsmanagement mehr gibt.

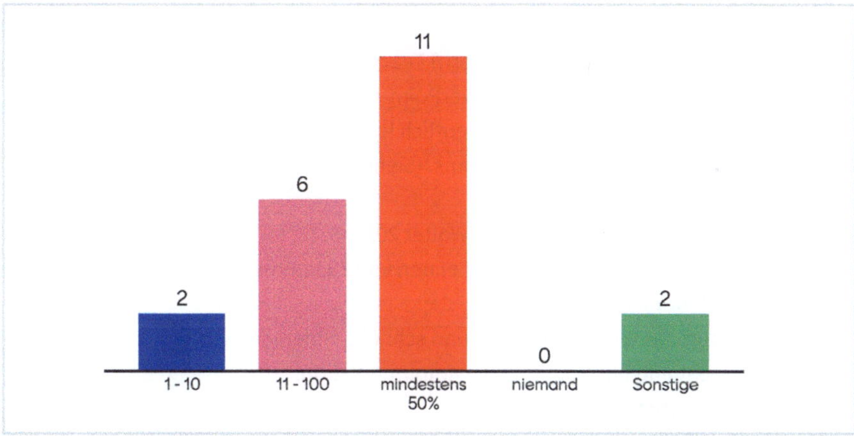

Abb. 24: Wie viele Menschen würden in Ihrer Organisation merken, dass es kein formales QM mehr gibt? (Quelle: Ulrike Margit Wahl)

Diese Basis lässt sich wieder mit weiteren Fragen kombinieren, wie in Abb. 21 in Kapitel 3.2.1 rund um Fehlerkultur zusammengefasst. Zur Erinnerung: Neben etwa 30 weiteren Antworten wurden unter anderem folgende Punkte genannt, die vermisst werden würden: fehlende Ansprechpartner, Angst vor Strukturverlust, Prozessunsicherheiten.

Schließlich sind Darstellungen zum aktuellen Stand in Form einer Ampel schneller erfassbar als umfangreiche Dokumente. Grün kann ›alles im grünen Bereich‹ bedeuten, Gelb ›Achtung, Risikobetrachtung, z. B. zeitlicher Verzug‹, und Rot kann bedeuten ›dringende Abhilfe nötig; Kostenexplosion ist möglich‹.

> »Wirft man einen Blick auf die QM-Sprache, ist diese für Produktionsleiter und Geschäftsführer oft zu trocken und umständlich. [...] Der Qualitätsmanager einer unserer Kunden ist ein Freund der Archäologie. Er beschreibt alte und neue Prozesse in Unternehmen oft mit dem aktuellen Stand von Ausgrabungen in verschiedenen Städten. Bei einem Strategie-Meeting stellte er seinen Bereich

vor, indem er sich in einen großen Ohrensessel setzte und verkündete, er sei das Orakel von Delphi. Dann ließ er die Kollegen Projektbezeichnungen sortieren und sie durften dem Orakel Fragen stellen. In einfachen Worten und Bildern erklärte er dann umständliche QM-Instrumente in verständlicher Produktionssprache. Alle blieben gespannt bei der Sache und schenkten ihm ihre volle Aufmerksamkeit.«

(Hansmeier/Ullmann 2020, S. 64 f.)

Ihre Vorteile & Praxistipps

Unterschätzen Sie nie die **Kraft von Humor und starken Bildern**. Unser Gehirn erinnert sich an merkwürdige und irritierende Bilder besonders dann, wenn wir diese Erfahrung mit Emotionen begleiten.

Was ist der Vorteil beim Nutzen von Bildern? Teams kommen sehr viel schneller ins Tun, als wenn nur diskutiert oder einer PowerPoint-Präsentation gelauscht wird. Das gemeinsame Bild wird für die Beteiligten deutlich leichter nachvollziehbar; das Verstehen ist so viel leichter für die gemischten Teams. (Siehe auch Kapitel 3.1.2.)

Visualisierung bringt (laut Sommerhoff/Wolter 2019, S. 76) folgenden Mehrwert:

- Sie verbessert das Verstehen und Erkennen von Zusammenhängen.
- Sie schafft Identifikation.
- Sie begünstigt das Wiedererkennen und schnelle Hineindenken.
- Sie vereinfacht und beschleunigt die Kommunikation.
- Sie fördert die Entscheidungsfindung.
- Sie schafft Aufmerksamkeit, reduziert Aufwand und macht Spaß.

3.3.1.2 Kanban-Board

Hintergrund und Grundgedanke

Die Schnittstelle zwischen Verstehen, Wertschöpfung und Value sowie Ins-Tun-Kommen kann das Kanban-Board herstellen. In Kapitel 1.3.2 sind wir bereits auf die Besonderheiten im Kanban eingegangen. Daran möchten wir mit folgenden Praxistipps, wie Sie das Kanban-Board (und darauf folgend das relative Schätzen) nutzen können, anknüpfen.

Expertentipps zur Anwendung

Um mit dem Kanban-Board gute Resultate zu erzielen, ist bei seinem Einsatz vor allem Folgendes zu beachten:

- Das Kanban-Board kann in Besprechungen oder in Projekt-Meetings genutzt werden.
- Für den Einstieg hat es sich bewährt, dass nur eine Person Schreibrecht hat, z. B. die Abteilungsleiterin oder jene Person, die das Meeting leitet.

- Die Pflege des Kanban-Boards ist sehr wichtig, z. B. dass es keine ›geparkten Karten‹ gibt, sondern die Karten in einem gleichmäßigen Fluss bewegt werden.
- Erfahrene Teams können parallel und mit geteilten Schreib- und Leserechten mit einem Kanban-Board arbeiten. Entscheidend ist immer das Feedback der beteiligten Personen.

Das Kanban-Board kann mit der User-Story-Card kombiniert werden, z. B. für Meilensteine (siehe Vorlage 6.4 im Workbook: Wer braucht was wozu? Das WOZU beinhaltet den Wert des geplanten Ergebnisses).

- Das Kanban-Board kann auch für die individuelle Arbeitsorganisation genutzt werden, z. B. für die Planung einer Hochzeit.
- Die Anbieter von virtuellen Kanban-Boards variieren. Die Rahmenbedingungen ändern sich teilweise schnell (Serverstandort oder Versionierbarkeit). Ich empfehle den klassischen Screenshot und das Abspeichern auf Ihrem Datenlaufwerk. So sind Sie auf der sicheren Seite.
- Die verlässliche Dokumentation des Verlaufs hält auch Audit-Verfahren stand.

Abb. 25 zeigt den Aufbau eines Kanban-Boards, das grundsätzlich über drei Spalten verfügt: *to do/in Arbeit/erledigt*. Die zusätzliche linke Spalte ist vergleichbar mit einem Themenspeicher, dem Backlog.

Kanban-Board im Qualitätsmanagement

Thema: QM-Toolbox für Mitarbeitende entwickeln
Warum: QM wird oft als Belastung empfunden. Wir möchten sofort nutzbare Werkzeuge an die Hand geben für mehr Freude im QM.

Backlog	to do	in Arbeit	erledigt
1. Prototyp erstellen (3. Quartal 2023)	15.07.2023 Vorschlag für Themen für Toolbox erarbeiten (UW) 10h	15.05.2023 Kommunikationsplan erstellen (JS) 5h	31.01.2023 Meilensteine definieren (UW) 4h
Feedback von Nutzern einholen für Prototyp	30.07.2023 Anbieter recherchieren für Toolbox (RO) 10h	31.05.2023 Recherche zu Tools durchführen (KL) 20h	15.01.2023 Interviewpartner und Termine festlegen (MB) 4h
2. Prototyp erstellen (4. Quartal 2023)		30.06.2023 Interviews durchführen (JS) 15h	10.01.2023 Stakeholder informieren und Fragen klären (UW) 10h
Toolbox in mind. 10 Abteilungen testen			20.12.2022 Auftrag mit Geschäftsführer klären (UW) 2h
15.01.2024 finale Toolbox allen Mitarbeitenden anbieten			
Marketing für Toolbox			

Abb. 25: Beispiel für ein Kanban-Board (Quelle: Ulrike Margit Wahl)

Ihre Vorteile & Praxistipps

So nutzen Sie Ihr Kanban-Board:

- Jedes Kanban-Board hat eine eigene Überschrift. Mischen Sie nicht verschiedene Themen in einem Kanban-Board. Eine Überschrift könnte z. B. ›Projekt Lerntest‹ oder ›wichtige Aufgabenpakete von September bis Dezember 2023‹ lauten.
- Eine Person hat Schreibrecht; alle beteiligten Personen haben Leserechte – zugunsten der Transparenz. (Gerade bei der Einführung hat es sich bewährt, dass nur eine Person Schreibrecht hat; erfahrene Teams können diese Regel für sich anpassen.)

- Wir nutzen das Board von links nach rechts (vgl. Falschfahrer).
- Die Stunden in der Spalte ›in Arbeit‹ sind limitiert. Fragen Sie also: »Wie viele Stunden kann Ihr Projektteam pro Sprint für Ihr Projekt zur Verfügung stehen?« Diese Angabe brauchen wir für eine seriöse Projektplanung.
- Im Kanban nennen wir diese Limitierung WIP-Limit (= Work-In-Progress-Limit). Es gibt verschiedene Vorgehensweisen, z. B. mit Planning-Poker-Karten. Für den Anfang vermeiden wir jede Komplexität.
- Einzig im Backlog stehen Aufgaben mit verschiedenen Reifegraden (mit/ohne Deadline, als Schlagworte u. Ä.). Sobald es konkret wird, stehen diese Aufgaben ganz oben und sind bereit, in die Spalte ›to do‹ zu wandern.
- Wir priorisieren jede Spalte. Was oben steht, hat eine höhere Priorität als die Karte darunter.
- Die Projektleitung entscheidet vor dem nächsten Planungsmeeting (Sprint), welche Aufgaben als Nächstes anstehen. Diese Aufgaben wandern vom Backlog in die Spalte ›to do‹. Das ist die Ausgangssituation zur Teambesprechung.
- Mit dem Projektteam wird anschließend besprochen, welche Aufgaben bis zum nächsten Sprint abgearbeitet werden können. Diese Aufgaben wandern von ›to do‹ zu ›in Arbeit‹.
- Jede Aufgabe bekommt einen Zeitwert und eine Deadline, z. B. vier Stunden und 24.11.2022. Als Orientierung haben sich mindestens halbe Tage bewährt, um Kleinteiligkeit zu vermeiden.
- Jede Aufgabe hat eine feste Person, die sich um die Aufgabe kümmert. Die Kürzel werden transparent dokumentiert (z. B. UW = Ulrike Wahl).
- Wir reflektieren regelmäßig unsere Soll-Planung mit unserer Ist-Planung; idealerweise mindestens einmal pro Monat. Bei starken Abweichungen gehen wir der Ursache auf den Grund und beseitigen Hindernisse. Mit jedem Planungsmeeting lernen wir dazu und werden genauer mit unseren Schätzwerten.
- Der Engpass eines Systems bestimmt den Durchsatz. Spätestens dort bleibt der Arbeitsfluss stecken. Kanban macht Knackpunkte und Schwächen sichtbar. Die Stärke liegt in der Visualisierung.
- Die Person mit Schreibrecht achtet auf einen Fluss. Als Faustregel gilt: Karten, die innerhalb von drei Monaten nicht bewegt wurden, sind weder dringend noch wichtig und werden entfernt. Was wichtig ist, kommt wieder.

Im folgenden Kasten sind die wichtigsten Vorteile eines Kanban-Boards in Ihrem QM-Alltag für Sie noch einmal auf einen Blick zusammengefasst:

Auf einen Blick: Vorteile des Kanban-Boards

- Der Zeitaufwand für Protokolle wird stark reduziert.
- Kanban-Boards halten auch Audit-Verfahren stand. Wichtig ist, dass Sie sauber und transparent dokumentieren und Fortschritte sichtbar machen (z. B. von ›to do‹ zu ›erledigt‹) oder dokumentieren, warum es zu Verzögerungen kam und welche Maßnahmen Sie umgesetzt haben.

- Das gemeinsame Bild wird für das Team schneller sichtbar.
- Ein Kanban-Board und Bilder sind transparent.
- Bilder erleichtern das Verstehen von Zusammenhängen und Besonderheiten und sind leicht zugänglich (z. B. Coaching-Karten, Fotos, Pixabay).
- Die Kombination von relativem und absolutem Schätzen führt zum bewussteren Umgang mit Zeit. Wir werden zuverlässiger und professioneller im Umgang mit unserer Zeit und mit der Zeit der Kolleginnen und Kollegen.

Sie kennen nun den Grundaufbau eines Kanban-Boards. Wie in Abb. 25 zu sehen, sind im Backlog manchmal Zeitangaben enthalten und manchmal nicht. Hier sind wir frei, nur jene Informationen einzufügen, die bereits bekannt sind. Ab der Spalte ›to do‹ sollten Zeitangaben und die Kürzel jener Personen integriert sein, die diese Aufgabe umsetzen und abarbeiten werden. Das heißt, ab hier wird der Faktor Zeit relevant.

3.3.1.3 Relatives Schätzen

Hintergrund und Grundgedanke

Halten Sie kurz inne. Wie oft haben Sie in Ihrem Arbeitsalltag das Gefühl, der zeitliche Rahmen ist ideal auf die Aufgabenpakete abgestimmt? Oft, manchmal, selten oder nie? Wo verschätzen wir uns gerne im Qualitätsmanagement? Richtig, beim Abschätzen von Aufwänden. Hier kann uns die folgende Methode helfen:

Expertentipps zur Anwendung

Im Kanban (Kapitel 1.3.2) und Scrum (Kapitel 1.3.3) schätzen wir Aufwände. Das lässt sich auch auf den Arbeitsalltag übertragen. Ob Promotionen oder Arbeitspakete im Qualitätsmanagement – das Schätzen des Aufwands spielt in der täglichen Arbeit eine zentrale Rolle. Boris Gloger, einer der bekanntesten Scrum-Berater Deutschlands, bringt die Bedeutung des relativen Schätzens mit seiner Antwort auf die Frage »Warum ist das Schätzen von Funktionalitäten so problematisch?« auf den Punkt:

> »Weil die klassische Idee des Schätzens das Falsche schätzt, nämlich den Aufwand. Beim Schätzen eines Projekts muss man zwei Aspekte voneinander unterscheiden:
> - Schätzung des Aufwands
> - Schätzung der Größe (Anzahl der neuen Funktionalitäten)
>
> Sehr häufig wird die Schätzung von Funktionalitäten mit der Schätzung des Aufwands verwechselt [...]. Es ist zwar nachvollziehbar [...]. Aber wenn Schätzungen auf dem Aufwand basieren, dann bedeutet das auch, dass die Projektpläne auf der Schätzung der Aktivitäten aufgebaut werden müssen.«
>
> (Gloger 2016, S. 139)

Oder anders ausgedrückt: »Absolutes Schätzen in Personentagen ist zwar die schlechteste, aber leider noch immer eine der verbreitetsten Schätzmethoden«, da die Dauer

3

von vielerlei Faktoren beeinflusst wird. »Was wir aber sehr gut und sehr einfach schätzen können, sind Relationen zueinander« (ebd.).

In Ihrem Workbook finden Sie hierzu zwei passende Vorlagen. Beginnen Sie mit der Vorlage in Übung 6.14 (Kanban-Board und relatives Schätzen). Probieren Sie anschließend die Kombination mit Übung 6.15 (Planning-Poker – Ihr Kartenset nach Fibonacci), womit Sie Aufwände schätzen können.

Ihre Vorteile & Praxistipps

- Achten Sie darauf, dass die Einheiten, die Sie verwenden, einheitlich sind. In der Praxis haben sich halbe beziehungsweise ganze Tage bewährt oder die Angabe in Stunden.
- Wichtig: Schätzen Sie erst die Größe der Funktionalität und dann den Aufwand.
- Bei der Übertragung auf Projekte brauchen wir noch eine Skala. Hier hat sich die Fibonacci-Folge bewährt, die auch im Planning-Poker verwendet wird.
- Die Fibonacci-Folge, bekannt nach Leonardo Fibonacci, ist die unendliche Folge natürlicher Zahlen, die mit zwei Einsen beginnt und sich dann mit der jeweiligen Summe der beiden vorangegangenen Zahlen fortsetzt:[22] 1 – 1 – 2 – 3 – 5 – 8 – 13 – 21 – 34 – 55 – 89 – 144 …
- Fibonacci beschrieb mit dieser Folge im Jahr 1202 das Wachstum einer Kaninchenpopulation. Nachfolgende Untersuchungen zeigten, dass es sich um Wachstumsmuster aus der Natur zu handeln scheint.

Auf einen Blick: Relatives Schätzen im QM-Alltag

Warum lohnt es sich, das relative Schätzen in Ihren QM-Alltag zu integrieren?

Zum Qualitätsmanagement gehört auch der bewusste und professionelle Umgang mit unserer Zeit. Der zunehmend bewusste Umgang mit Zeit ist sowohl in der Wirtschaft als auch im öffentlichen Dienst zu beobachten. Das reicht von Promotionen und Forschungsprojekten über die Umsetzung von EU-Recht auf nationale Verordnungen bis hin zu technischen Entwicklungen.

Sie werden so zuverlässiger im Abschätzen und Einhalten von zeitlichen Aussagen. Wartezeiten verkürzen sich. Vertrauen wächst.

Zusammenfassend lässt sich festhalten: Schätzen Sie zunächst die Komplexität, nicht die Dauer. Die Aufgabe wird in Relation zu anderen Aufgabenpaketen betrachtet. Nutzen Sie so das Erfahrungswissen der Gruppe aus der Vergangenheit. In der Praxis hat sich dieses Vorgehen bei Projektanträgen und bei neuen Aufgaben im Arbeitsleben bewährt. So werden Kenntnisse und Erfahrungswissen der Gruppe sichtbar; die Technik geht vergleichsweise schnell und gibt Rückendeckung.

---

22 Wikipedia.de: Fibonacci-Folge; Abrufdatum: 31.01.2023

Abweichungen zwischen Ist- und Soll-Zustand sind anfänglich ganz normal. Wichtig ist, Schritt für Schritt herauszufinden, was der Grund für die Abweichung ist. Haben wir die passenden Leute mit dem entsprechenden Thema betraut? Haben wir für ein ausreichendes gemeinsames Verständnis im Team gesorgt? War wirklich bekannt, wie die DoD lautet und wer unsere User sind?

Beispiele für Abweichungen sind hohe Fluktuation im Team, parallele Projekte mit unklarer Priorisierung, fehlende Abstimmungsmeetings sowie fehlende systematische Reflexionen. Wenn wir ernsthaft die Hintergründe und Gründe analysieren, dann werden wir ein lernendes Team und werden zuverlässiger in unserer Zeit- und Aufwandsplanung.

In Abb. 26 finden Sie ein Beispiel aus einem Workshop, in dem wir Ist und Soll verglichen haben. Die am häufigsten genannten Gründe für die Abweichung waren Wartezeiten und Abhängigkeiten. Hier darf ich an Kapitel 2.3.3 erinnern, in welchem wir die acht Verschwendungsarten beleuchtet haben. Zudem kann uns der gedankliche Ansatz von Kaizen in Kapitel 2.3.1 helfen, diese Hürden zu beseitigen und zu überwinden.

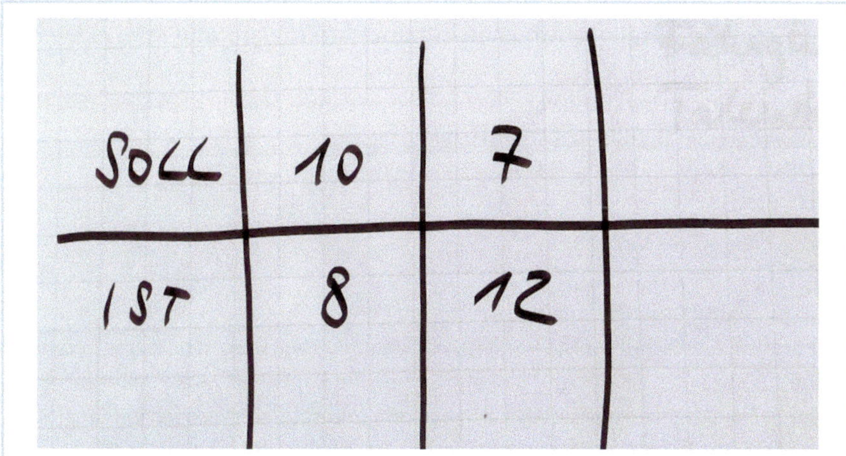

Abb. 26: Beispiel für das Schätzen des Arbeitsaufwands in Stunden – der Unterschied zwischen *Ist* und *Soll* (Quelle: Ulrike Margit Wahl)

Die Kombination aus relativem und absolutem Schätzen von Stunden sowie die systematische Reflexion der Abweichungen von Ist und Soll können eine deutliche Zeitersparnis mit sich bringen. Dabei wird in drei Schritten vorgegangen:

- Der **erste Schritt** ist der bewusste Umgang mit Zeit und zeitlichen Ressourcen.
- Der **zweite Schritt** ist die systematische Reflexion der Abweichungen.
- Und der **dritte Schritt** ist das konsequente Beseitigen von Hürden und Hindernissen und das Schaffen von idealen Rahmenbedingungen, damit Ist und Soll dichter zusammenkommen.

3

Das beschreibt dann ein lernendes Team mit einer dienenden Führung, wie es im agilen Qualitätsmanagement vorgestellt wird.

Zwischenfazit

Wichtige Grundvoraussetzungen für vernetztes und interdisziplinäres Arbeiten sind Transparenz und Nachvollziehbarkeit. Starke Bilder und Visualisierungen machen es meinem Gegenüber leichter, meine Gedanken und Entscheidungen nachzuvollziehen. Das Kanban-Board unterstützt die Visualisierung und ist dabei intuitiv erlernbar und nutzbar. Die jeweiligen Schritte sind nachvollziehbar, Deadlines sowie der bewusste Umgang mit Zeit und Arbeitsaufwand schaffen verlässlichere Ergebnisse und reduzieren Wartezeiten. Der Dokumentationsaufwand wird minimiert, das Team ist motivierter, weil Erfolge in der Spalte ›erledigt‹ sichtbar werden.

Im nun folgenden Kapitel 3.3.2 beschäftigen wir uns mit dem iterativen Vorgehen in gemischten Teams, und Sie erfahren, warum es auch im Qualitätsmanagement so wichtig ist, Erfolge zu feiern.

3.3.2 Toolbox: Iteratives Vorgehen in gemischten Teams und Erfolge feiern

Wir werden mit dem iterativen Vorgehen beginnen, dann einen Blick auf die gemischten Teams werfen, um abschließend die Erfolge zu feiern.

3.3.2.1 Iteratives Vorgehen

Hintergrund und Grundgedanke

Das iterative, also schrittweise, Vorgehen in kleinen Arbeitspaketen ist uns bereits in Kapitel 1.3 begegnet. Im Design-Thinking, Scrum und Kanban ist es ein fester Bestandteil der agilen Vorgehensweise. Abb. 27 zeigt den Unterschied zwischen einem großen Arbeitspaket und dem Aufsplitten in kleine, gut handhabbare Arbeitspakete.

Abb. 27: Iteratives Vorgehen – ein großes Arbeitspaket wird in viele kleine Arbeitspakete aufgeteilt; das Team geht schrittweise vor (Quelle: links OpenClipart-Vectors, Pixabay; rechts Gerhard, Pixabay)

Das iterative Vorgehen beinhaltet zwei Komponenten:

- **Das schrittweise Vorgehen:** Wir erinnern uns an Design-Thinking mit den sechs Phasen. Die ersten drei Phasen legen den Fokus auf das Verstehen des Themas – hier geht es darum, die passenden Fragen zu stellen, zu verstehen, zu beobachten, die Sichtweise unserer User zu verstehen. Sobald wir in einer Phase merken, dass wir noch nicht alle Informationen zusammenhaben oder irritiert sind, können wir zu jeder beliebigen Phase zurückkehren. Wichtig ist, dass sich diese für uns stimmig und passend anfühlt.
- **Das Abarbeiten in kleinen Aufgabenpaketen:** Besonders in Projekten unterteilen wir große Aufgaben in kleine Aufgabenpakete. Das ermöglicht das schnelle Nachjustieren und das Berücksichtigen des direkten Feedbacks unserer Nutzer:innen. Die Iteration ist ein Zeitabschnitt, in dem ein Inkrement (also ein Teil des Ganzen) entwickelt wird. Im Scrum (=agiles Projektmanagement) wird dieser Zeitabschnitt Sprint genannt.

Expertentipps zur Anwendung

- Planen Sie ausreichend Zeit für das Verstehen ein (zur Erinnerung: Über welchen ›Baum‹ sprechen wir gerade?).
- Haben Sie den Mut, einen oder mehrere Schritte zurückzugehen. Es geht nicht immer um die nach vorn gerichtete Verbesserung, manchmal ist ein weißes Blatt oder eine weiße Tafel hilfreicher, um echten Mehrwert zu schaffen.
- Nutzen Sie das Kanban-Board, um den iterativen Prozess sichtbar zu machen.
- Lassen Sie Originalfeedback von echten Usern einfließen und berücksichtigen Sie es in der weiteren Planung entsprechend.

Ihre Vorteile & Praxistipps

Haben Sie Mut für neue Wege! Ob Konsent oder Stehtisch – gehen Sie lieber iterativ vor, als in festgefahrenen Strukturen zu verharren.

3.3.2.2 Gemischte Teams

Hintergrund und Grundgedanke

Gemischte Teams bringen verschiedene Perspektiven und frische Ideen ein. Gerade in hierarchisch geprägten Organisationen können gemischte, interdisziplinäre Teams dazu beitragen, dass Blickwinkel sich ändern. Ulrich Weinberg, Leiter der School of Design Thinking am Hasso-Plattner-Institut in Potsdam, bringt es auf den Punkt: »WeQ ist stärker als IQ.« Diese Formulierung orientiert sich am IQ, also dem Intelligenzquotienten, und erweitert diesen über das Individuum hinaus. Demnach gilt, um in dieser Sprache zu bleiben, der IQ einer Gruppe als wertvoller und größer als der IQ einer einzelnen Person – ein schönes Bild, wie ich finde.

3

Expertentipps zur Anwendung

- Gemischte Teams sind oft weniger eingefahren; schließlich arbeiten sie nicht täglich zusammen und sind nicht so routiniert untereinander.
- Gemischte Teams sind oft weniger voreingenommen; probieren Sie z. B. statische Moderationskarten oder ein Miro-Board (siehe auch Kapitel 3.6.2).
- Gemischte Teams sind tendenziell offener für neue Wege. Das reicht von neuen Methoden wie Stand-up-Meetings (Meetings am Stehtisch statt im Sitzen) bis zu neuen Entscheidungswegen – z. B. statt des verbreiteten Konsens-Verfahrens (mit vollständiger Übereinstimmung) Konsent-Entscheidungen (kein Widerstand vorhanden).

Abb. 28 beschreibt (mit freundlicher Genehmigung des Teams *Kollegiale Führung*) die Konsent-Methode, die im agilen Arbeiten zunehmend Beachtung findet. Die Konsent-Methode sollte von einer externen und erfahrenen Moderatorin durchgeführt werden. Die Spielregeln sollten klar kommuniziert werden, beispielsweise der Unterschied zwischen erlaubten Verständnisfragen und nicht erlaubten Diskussionen oder zu frühe Meinungsbekundungen. Auch sind die Rollen wichtig – so die Unterscheidung zwischen Initiator oder Initiatorin und inhaltlich neutraler Moderatorin. Zudem hat das Wort ›Runde‹ hier eine spezielle Bedeutung, nämlich dass alle Beteiligten im Kreis nacheinander einmal sprechen dürfen (ohne Diskussion und ohne Unterbrechungen).

Für mehr Informationen über die Konsent-Methode oder weitere Verfahren empfehle ich das Buch ›*Das kollegial geführte Unternehmen. Ideen und Praktiken für die agile Organisation von morgen*‹ von Bernd Oestereich und Claudia Schröder. Es beinhaltet eine wahre Schatzkammer an neuen Praktiken und Methoden und bietet dazu den Service, die enthaltenen Grafiken unter Nennung der Quelle nutzen zu dürfen – aus meiner Sicht ein riesiger Mehrwert für Ihre interne Kommunikation.

Ihre Vorteile & Praxistipps

- Gemischte Teams sind tendenziell offener für neue Ideen und können das Thema Innovation beflügeln.
- QM macht Spaß! Dazu können neue Ideen oder frische Methoden beitragen. Gemischte Teams unterstützen und beflügeln dies mit dem Blick über den Tellerrand hinaus.

3.3.2.3 Erfolge feiern

Hintergrund und Grundgedanke

Sie haben nun bereits eine Idee von der Bedeutung von iterativem Vorgehen und gemischten Teams. Werfen wir nun einen Blick auf die Relevanz von **gefeierten Erfolgen**. Erinnern wir uns an die Worte von Frau Haake-Schäfer, Führungskraft bei der Carl Zeiss Vision GmbH: »Traditionell ist der Blick bei den Mitarbeitern sowie in der Organisation

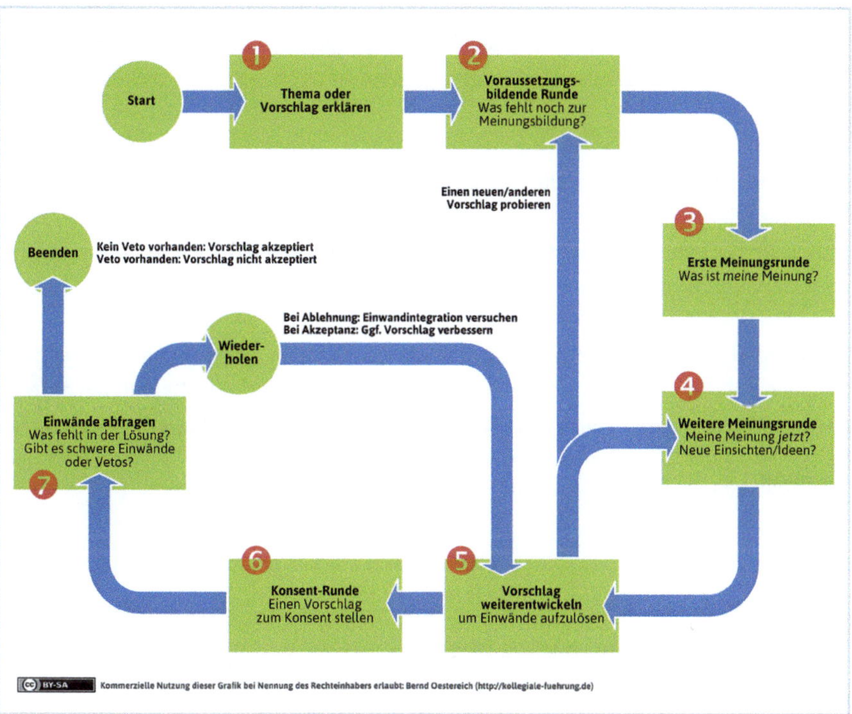

Abb. 28: Typischer Ablauf einer Konsent-Moderation (Quelle: Oestereich/Schröder o. J.; mit Lizenz: Attribution-ShareAlike 4.0 International (CC BY-SA 4.0))

von QM eher defizitär.« (Die ausführliche Case-Study finden Sie in Kapitel 4.3.) Gerade im Bereich Qualitätsmanagement ist es darum wichtig, Erfolge zu feiern. Eine Teilnehmerin meinte neulich: »Das sind die besonderen Momente, welche ein Team zusammenschweißen; die Moments of Champagne.«

Expertentipps zur Anwendung

- QM ist tendenziell mit Problemen beschäftigt; dann kann es sogar krank machen.
- Erfolge zu feiern tut dem Team und den Menschen darin gut.
- Es hilft, Zwischenergebnisse sichtbar zu machen, z. B. »Welches Problem haben wir gelöst?« oder »Welchen Mehrwert/Quick Win haben wir geschaffen?«, etwa mit der Qualifikationsmatrix wie in Kapitel 2.3.1 beschrieben.

Ihre Vorteile & Praxistipps

In einem Verlag, mit dem ich zusammenarbeite, gibt es das Ritual, dass Besprechungen immer mit den Erfolgen begonnen werden. Jeder im Team kann von seinen Erfolgen berichten. Die anderen im Team strecken dann ihre Hände in die Luft und wedeln mit den Fingern, als würde es Konfetti regnen. Dazu rufen alle im Chor: »Konfetti!«

Ähnliche Beispiele erlebe ich immer wieder, wenn beispielsweise nach der Akkreditierung (Anmerkung: vergleichbar mit einem Audit) an die involvierten Personen Lebku-

3

chenherzen für ›bayerische Herzlichkeit‹ verteilt werden. Ein anderes Beispiel ist, dass auch Personen in der zweiten Reihe den Abschlussbericht erhalten, z. B. aus der Beschaffung.

In der Popakademie Baden-Württemberg haben wir damals nach der erfolgreichen Erstakkreditierung Merci-Schokolade an alle Mitarbeitenden verschenkt. Mein Chef und ich sind zu jeder Person gegangen und haben uns persönlich für ihre Unterstützung bei der Erstellung der Dokumentationen bedankt.

Danke sagen und *Erfolge feiern* sollten feste Bestandteile im Alltag des agilen Qualitätsmanagements sein. Dies sind Zeichen der **Wertschätzung**, die allen Beteiligten guttun. Wertschätzung und das Feiern von Erfolgen verbinden Menschen. Das brauchen wir viel stärker im agilen Qualitätsmanagement, damit wir wieder merken: Begeisterung und Qualitätsmanagement gehören zusammen.

Sie wollen gerne erste Ideen ausprobieren? Dann empfehle ich Ihnen erneut Ihr Workbook mit Übung 6.16. Hier finden Sie erste Ideen und Inspirationen für mehr Wertschätzung und Sichtbarkeit von Erfolgen in Ihrem QM-Arbeitsalltag.

Zwischenfazit

Iteratives, also schrittweises, Vorgehen wird zunehmend wichtiger. Das erleichtert den Umgang mit Komplexität und sich schnell ändernden Rahmenbedingungen. Wir gehen sorgsamer mit unseren Ressourcen um und stärken unsere Reflexionsfähigkeit. Gemischte Teams bringen wertvolle neue Ideen und Perspektiven ein und helfen uns, unseren offenen Blick zu bewahren, beispielsweise für neue Abstimmungsformen wie die Konsent-Methode. Das Feiern von Erfolgen rundet das Ganze ab. Im nun folgenden Kapitel 3.3.3 erfahren Sie, warum ›wilde Ideen‹ und frühes Scheitern zu meinen Favoriten gehören.

3.3.3 Toolbox: ›Wilde Ideen‹ und frühes Scheitern

Hintergrund und Grundgedanke

Diese Toolbox ist einer meiner Favoriten im agilen Arbeiten. Als ich 2015 in Vorbereitung auf meine Selbstständigkeit in meinem Kollegen- und Verwandtenkreis nach meinen Stärken fragte, kamen Antworten wie »voller neuer Ideen«, »offen für Neues und Schönes« und »scharfer Verstand«. Diese Einschätzung spiegelte sich in einem Kurs mit dem wunderbaren David Gilmore wider, der neben einer spannenden Biographie unter anderem die Gabe hat, in seinen Clown-Seminaren die beiden Pole einer Person sehr pointiert herauszuarbeiten. Ich erinnere mich sehr lebhaft an dieses Schlüsselerlebnis, als ich am Abschlusstag auf der Bühne zu Musik von Pink tanzte, als gäbe es kein Morgen, und das im krassen Wechsel zum strukturierten Arbeiten am Flipchart.

Genau das bin ich – wild *und* strukturiert. Und genau das ist, im weiteren Sinn, nach meinem Verständnis agiles Qualitätsmanagement. Es geht darum, eingetretene Pfade zu verlassen; ›wilde Ideen‹ zuzulassen und Mut zum Scheitern zu haben. »Hey, sei nicht so hart mit dir selbst«, singt Andreas Bourani. Unzählige Male habe diesen Song in meinen ersten Jahren als selbstständige Beraterin gehört, und er hat mich immer daran erinnert, ›wilde Ideen‹ und frühes Scheitern zuzulassen.

›Wilde Ideen‹ und frühes Scheitern sind zwei der insgesamt zehn Regeln im Design-Thinking. Beide spielen im agilen Qualitätsmanagement eine wesentliche Rolle. Der damit verbundenen Fehlerkultur sind wir in Kapitel 3.2.1 bereits begegnet. Schauen wir, welche Anwendungsbereiche sich für diese beiden Regeln eignen.

Expertentipps zur Anwendung

Nachdem es uns gelungen ist, bei einem Thema den Knackpunkt herauszufinden, können wir ›wilde Ideen‹ entwickeln (zur Erinnerung: Vgl. in Kapitel 1.3.1 das Design-Thinking mit seinen sechs Phasen – Phase 1 bis 3 für passende Fragen; ab Phase 4 bis 6 passende Antworten finden). Aus dem klassischen Qualitätsmanagement kennen Sie wahrscheinlich das Brainstorming oder Mindmapping oder das Ishikawa-Diagramm. Was ist nun neu im agilen Qualitätsmanagement?

Beginnen wir mit ›wilden Ideen‹. Nehmen wir uns die Aufgabe vor: »Was können wir tun, damit unsere Q-Meetings das Highlight der Woche werden?«

Wir versuchen immer wieder, beide Gehirnhälften zu aktivieren und das volle Potenzial aller Beteiligten zu nutzen, z. B. der gemischten Teams. Dazu brauchen wir Bewegung und Kreativität. Der **Gorilla-Tanz** verbindet genau das.

ÜBUNG – GORILLA-TANZ

Dazu stellen sich Viererteams in Form einer Raute auf.

Die Person an der Kopfseite beginnt. Sie ist die aktive Person – nennen wir sie Jule. Die Person rechts von ihr stellt Fragen rund um Farben, z. B. »Welche Farbe hat dein Pullover?« oder »Welche Farbe hat die Zitrone?«

Die Person links von Jule stellt Jule Fragen rund um Mathematik. Mögliche Fragen sind: »Was ist die Wurzel von 81?« oder »Was ist 77 minus 11?«

Und die Person gegenüber von Jule macht sportliche Bewegungen, beispielsweise dreht sie sich im Kreis oder macht Kniebeugen.

Jule muss auf alle Fragen und Aufgaben parallel reagieren. Nach etwa einer Minute wird im Uhrzeigersinn gewechselt, bis alle Personen im Viererteam jede Rolle einmal eingenommen haben.

Anschließend sind beide Gehirnhälften voll aktiviert, und Sie werden auf andere ›wilde Ideen‹ kommen als ohne diese Intervention. Und wenn Sie nun noch als Team im Kreis um einen Tisch laufen und jeweils am Kopfende pro Person eine Idee auf ein großes Blatt Papier schreiben und die Ideen der anderen aufgreifen, indem Sie die Idee des Vorgängers laut vorlesen und mit »**Ja, und …**« auf dieser Idee aufbauen – spätestens dann sind Sie in der agilen Arbeitswelt angekommen. Diese Methode lässt sich mit der Kopfstand-Methode kombinieren, wie das Beispiel in Abb. 29 zeigt.

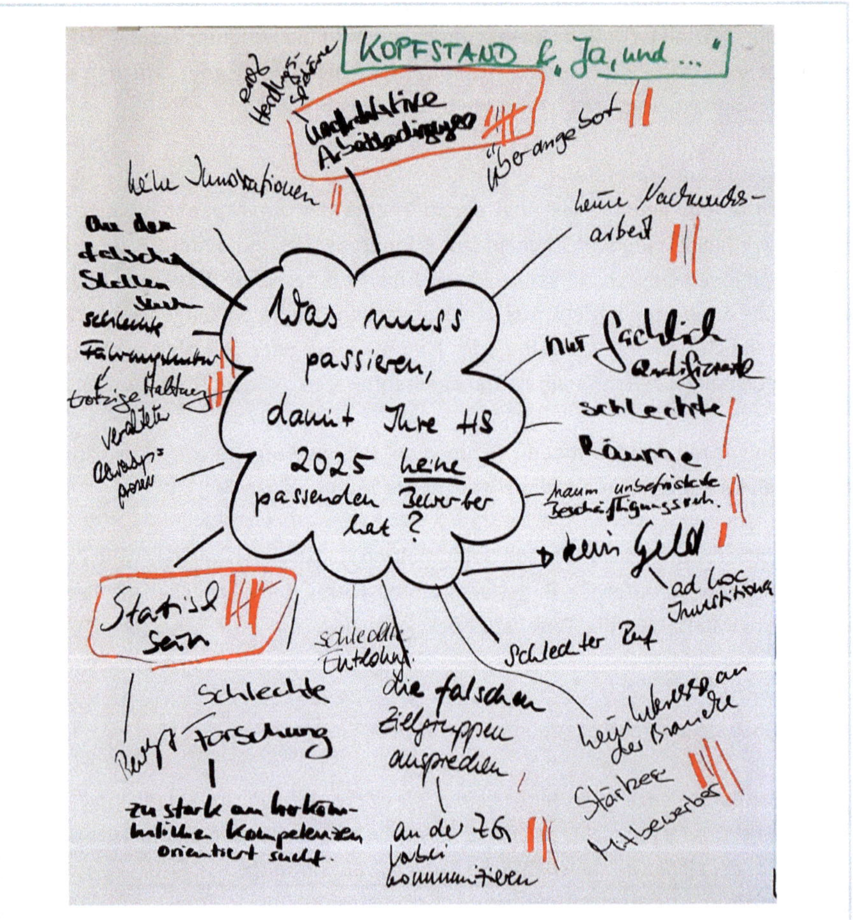

Abb. 29: ›Wilde Ideen‹ – erst Gorilla-Tanz, dann Kopfstand-Methode und »Ja, und …« (Quelle: Ulrike Margit Wahl)

Eine andere Möglichkeit, um die Perspektive zu ändern oder auf ›wilde Ideen‹ zu kommen, ist die **Disney-Methode**, eine Kreativitätstechnik, die auf Walt Disney zurückgeht. Hiervon gibt es verschiedene Varianten, von denen eine folgendermaßen geht:

- Es gibt drei Plätze mit drei Hüten.
- Erster Hut = Realist, zweiter Hut = Kritiker, dritter Hut = Träumer.

- Nun können eine oder mehrere Personen die Plätze besetzen, den jeweiligen Hut aufsetzen und in der entsprechenden Rolle ihre Ideen und Vorschläge mit dem Team teilen.
- Eine Person moderiert das Vorgehen und hält die Ideen schriftlich und gut sichtbar fest, z. B. mit statischen Notizzetteln.
- Nach dem Sammeln können die anwesenden Personen die Ideen bewerten.
- Hier kann eine weitere Methode aus dem Design-Thinking angewandt werden – das **Dark Horse**. Dark Horse beschreibt den unerwarteten Sieger, dem anfangs keine Siegeschance eingeräumt wurde. Dark Horse wird im Prototyping und in der kreativen Ideenfindung angewandt.
- Die Frage könnte à la Dark Horse lauten: »Welche Idee ist die absurdeste Idee?« oder »Welche Idee lässt sich nie realisieren?«
- Wir versuchen, ›out of the box‹ zu denken. Die Einschränkungen kommen früh genug. Bei der Ideenfindung geht es um ein offenes Mindset.

›**Wilde Ideen**‹ gehen oft mit **frühem Scheitern** einher. Lassen Sie uns mit zwei Zitaten beginnen:

> »Egal, was passiert. Lerne daraus.«
>
> Edgar Schein

> »Unsere größte Schwäche liegt im Aufgeben. Der sicherste Weg zum Erfolg ist immer, es doch noch einmal zu versuchen. Und was für Erfinder gilt, gilt auch für Sportler. Packen Sie es an – wieder und wieder. Versuchen Sie es noch einmal. So werden Glühbirnen erfunden – und Rekorde gebrochen.«
>
> Thomas Edison

Der Erfolg braucht das Scheitern, idealerweise das frühe Scheitern. Ich werbe für eine offene Grundhaltung rund um Fehler und Scheitern. Ohne das Scheitern gäbe es heute kein Penicillin und keine Post-its.

So frage ich beispielsweise immer nach, wenn ich mal einen Auftrag nicht bekommen habe: *I like* – »Was hat Ihnen an meinem Angebot gefallen?« *I wish* – »Welche Anregungen haben Sie für mich? Was hätten Sie sich noch gewünscht?«

Und aus jeder Erfahrung bin ich schlauer geworden und bin immer wieder überrascht über die wertschätzenden Rückmeldungen. Eine der Anregungen lautete: »Ich hätte mir Bilder im Angebot gewünscht, um mir Ihr Vorgehen besser vorstellen zu können.« Nun – das greife ich doch bei der nächsten Gelegenheit gerne auf.

Wo scheitern wir noch gerne rund ums Qualitätsmanagement? Hierzu empfehle ich die Übung 6.17 im Workbook.

3

Ihre Vorteile & Praxistipps

- ›Wilde Ideen‹ heben Ihre Organisation gegenüber Wettbewerbern hervor.
- Irritationen mobilisieren unsere beiden Gehirnhälften und führen tendenziell zu besseren Ergebnissen, da wir unsere eingetretenen Pfade verlassen und aus unserer Komfortzone herauskommen.
- Scheitern kann hilfreich sein – für ein lernendes Team sowie exzellente und innovative Ergebnisse.
- Antrag auf Drittmittelprojekt – Aufwand nach Fibonacci in Forschungsthemen abschätzen → Vorteil: Ein Team weiß tendenziell mehr als eine Person; die geschätzten Aufwände können beim Projektantrag berücksichtigt werden.
- Ressourcen werden bewusster geplant und eingesetzt.
- ›Wilde Ideen‹ machen Spaß. Und QM soll Spaß machen.
- Seien Sie mutig und kreativ. Es lohnt sich. Versprochen.

Zwischenfazit

Meine Sichtweise und Grundhaltung gegenüber ›wilden Ideen‹ und frühem Scheitern haben sich seit 2006, als ich die ersten Berührungspunkte mit Qualitätsmanagement hatte, grundlegend verändert. Ich halte diese beiden Facetten für sehr wichtig im agilen Qualitätsmanagement der heutigen Zeit. Natürlich ist der Mix entscheidend, aber wenn QM nur noch ganz selten wirklich Spaß macht, dann haben wir wesentliche Teilelemente übersehen. Qualität mitzugestalten ist etwas ganz Wunderbares. Und dazu sollten wir ›wilden Ideen‹ und auch dem Scheitern einen Raum geben, damit wir immer wieder zu den bestmöglichen Ergebnissen kommen – für ›leuchtende Augen‹ im QM.

Im nun folgenden Kapitel 3.3.4 stelle ich Ihnen zwei Vorlagen vor, die den Arbeitsalltag vieler Teilnehmenden aus meinen Workshops bereichert und erleichtert haben. Im hybriden Projektmanagement gehören diese in weiten Teilen bereits zum Minimalstandard.

3.3.4 Toolbox: Entscheidungsmatrix und Kommunikationsmatrix

Hintergrund und Grundgedanke

Lassen Sie uns mit einer kleinen Übung beginnen:

ÜBUNG

Bitte nehmen Sie sich ein Blatt Papier.

- *Notieren Sie sich nun auf der linken Seite die Schlagworte, die Sie mit* ***Zuständigkeiten*** *verbinden.*
- *Auf die rechte Seite schreiben Sie bitte die Schlagworte, die Sie mit* ***Entscheidungsverantwortung*** *verbinden.*
- *Bitte ergänzen Sie anschließend für jede Seite je ein Beispiel aus Ihrem Arbeitsalltag, von dem Sie der Meinung sind, das ist genau hier gut platziert.*
- *Was fällt Ihnen auf?*

Rückblickend fallen mir zahlreiche Diskussionen ein, bei denen über Zuständigkeiten gesprochen wurde. Viel zu selten habe ich Situationen erlebt, in denen über Entscheidungsverantwortung diskutiert wurde. Besonders auffallend ist diese fehlende Diskussion in streng hierarchisch geprägten Organisationen oder in einer sehr gremienbehafteten Organisation.

Formal betrachtet bedeutet **Zuständigkeit** »die Ermächtigung, einen Rechtsakt zu setzen. Verfahrensrechtlich unterscheidet man zwischen sachlicher, funktioneller und örtlicher Zuständigkeit.«[23] Warum steige ich hiermit ein? Und was hat das mit Qualitätsmanagement zu tun?

Vernetztes Arbeiten braucht einen sicheren Rahmen. Und Qualitätsmanagement ist Kommunikationsarbeit (siehe auch Kapitel 3.6.2). Wir erinnern uns: Es geht um unsere User und deren Bedürfnisse. Und es geht um den Menschen. Dabei ist Qualität »der Grad, in dem ein Satz inhärenter Merkmale eines Objekts Anforderungen erfüllt« (Definition ISO 9000).

Um die Merkmale und die Anforderungen definieren zu können und schließlich zu bewerten oder gar abzunehmen, brauchen wir Entscheidungen. Und wir brauchen Personen, die die Verantwortung für ihre getroffenen Entscheidungen übernehmen. Wie diese Personen zu ihrer Entscheidung kommen, ist sehr vielfältig, und diese Vielfalt ist ausdrücklich erwünscht. Ob ein Gremium unterstützt oder eine Stabsstelle oder individuelle Experten – wichtig ist, dass Personen Verantwortung für ihre Entscheidungen übernehmen.

Abb. 30 steht exemplarisch für die größte Herausforderung im Qualitätsmanagement – »unklare Rollen« und »mangelnde Kommunikation«. Beides hat mit Entscheidungswegen und Kommunikationswegen zu tun.

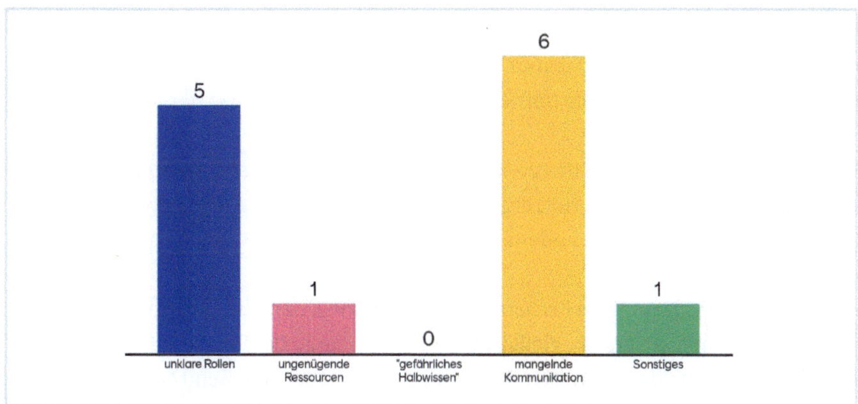

Abb. 30: Was sehen Sie als größte Herausforderung im Bereich Qualitätsmanagement? (Quelle: Ulrike Margit Wahl)

23 Oesterreich.gv.at/lexicon: Zuständigkeit; Abrufdatum: 31.01.2023

3

Expertentipps zur Anwendung

Die beiden Matrizen können Orientierung geben und dabei unterstützen, dass

- (bei der **Kommunikationsmatrix**) Kernaussagen dort ankommen, wo sie ankommen müssen, und
- (bei der **Entscheidungsmatrix**) die Verantwortung von Entscheidungen transparent und nachvollziehbar ist.
- (Ergänzend empfehle ich die **Delegationsmatrix**, die ich hier nur nenne, jedoch nicht weiter darauf eingehe. Für mehr Informationen oder eine kostenlose Vorlage empfehle ich das Buch ›*Das kollegial geführte Unternehmen. Ideen und Praktiken für die agile Organisation von morgen*‹ von Bernd Oestereich und Claudia Schröder.)

Beide Vorlagen finden Sie in Ihrem Workbook unter Punkt 6.18. Passen Sie sie gerne an Ihre Bedürfnisse an. Die folgende Übersicht kann Sie dabei unterstützen:

Weitere Kriterien/zu klärende Fragen für Ihre **Entscheidungsmatrix**:

- Wer entscheidet über die Teamzusammenstellung?
- Wer entscheidet, was zu tun ist, wenn das Team nicht zusammenpasst?
- Wer entscheidet über Budgetfragen?
- Wer entscheidet über die Auswahl von Auditoren/Akkreditierungsagenturen?
- Wer entscheidet über das Budget im Bereich Qualitätsmanagement?

Klären Sie alle für Sie relevanten Entscheidungswege.

Weitere Ideen für Ihre **Kommunikationsmatrix**/Kommunikationsformen:

- Newsletter/Rundmail
- Postkarte/Bierdeckel
- Audios/kurze Videobotschaften
- bedruckte Tassen mit Kernaussagen
- offene Sprechstunde mit fester Uhrzeit
- Unmut-Tag/Kummerbriefkasten
- große Versammlungen wie Betriebsrat/Personalrat

Seien Sie kreativ. Nutzen Sie das volle Potenzial Ihrer beiden Gehirnhälften. Und adressieren Sie die verschiedenen Nutzergruppen und Lerntypen. Manche brauchen Zahlen/Daten/Fakten, andere ein Bild oder eine Audio-Nachricht.

Wenn ich möchte, dass meine Kernaussagen ankommen, dann ist es meine Pflicht, mich in diese User hineinzudenken. Vielleicht nutzen Sie hierzu die Personas? Und vielleicht sind Sie überrascht über das wertvolle Feedback, das Sie anschließend erhalten werden?

Ihre Vorteile & Praxistipps

- Matrizen schaffen Transparenz.
- Klare Rollen und klare Kommunikationswege sparen Zeit und wertvolle Ressourcen.

- Gezielte Kommunikation trägt zum lebenslangen Lernen bei; hier sind Feedbackschleifen essenziell.
- Zur Kommunikation und Entscheidungsverantwortung gehört auch das Klären des starken Warums, des Purposes, der DoD und der Ziele wie beispielsweise OKR.
- Sagen Sie regelmäßig »Danke«. Wertschätzung gehört zum QM dazu.
- Halten Sie regelmäßig inne und schärfen Sie Ihre ›persönliche Säge‹ – das betrifft auch Entscheidungswege und Kommunikationswege.

Ergänzend empfehle ich die nachfolgenden Kapitel 3.1.1, 3.1.3 und 3.1.5. Schließlich ist es auch Ihre wertvolle Lebenszeit.

Zwischenfazit
Kommunikation und Entscheidungsverantwortung sind zwei große Themenfelder, die auch im Qualitätsmanagement eine wichtige Rolle spielen.

Wow – Sie haben das dritte von insgesamt sieben Kapiteln auf dem Weg zum agilen Qualitätsmanagement geschafft. Sie haben den Pfad vom Kunden- und Geschäftsfokus über gelebte Verantwortung und gelebtes Engagement beschritten und sich mit vernetztem Arbeiten auseinandergesetzt. Zahlreiche praktische Übungen liegen hinter Ihnen. Zeit für eine kurze Pause und einen ›Moment of Champagne‹. Gönnen Sie sich eine Belohnung – eine Tasse Ihres Lieblingstees, ein kurzes Workout oder eine Runde durch den Park bei Sonnenschein. Sie wissen am besten, was Ihnen guttut.

Sobald Sie zurück sind, wenden wir uns dem folgenden Kapitel zu.

3.4 Frühes Testen und schnelles Lernen

In der VUCA-Welt spielen Schnelligkeit und schnelles Lernen eine zentrale Rolle. Wie schaffen wir es nun, dass wir in kurzen Iterationen unsere Ideen schnell ausprobieren und in kurzen Entwicklungsschritten auf den Markt bringen? Welche Rollen spielt Feedback, und welche Praxistipps gibt es hierfür? Wie kann uns der Ansatz des Design-Thinkings inspirieren, um schnell ins Prototyping zu kommen?

In diesem Kapitel erfahren Sie nicht nur die Antworten auf die oben genannten Fragen, sondern erleben auch anhand eines Praxisbeispiels, wie es uns gelungen ist, innerhalb von drei Wochen einen fertigen Kurzfilm rund um effektives und menschliches Homeoffice zu produzieren – dank Prototyping, dem sich Kapitel 3.4.1 ausführlich und mit einem Praxisbeispiel widmet. Die Sichtweise der User und das bewusste Zurückhalten der eigenen Wünsche und Präferenzen werden in Kapitel 3.4.2 im Fokus stehen. Einer der Schlüssel war das regelmäßige und systematische direkte Feedback, worauf Kapitel 3.4.3 näher eingehen wird.

3.4.1 Toolbox: Prototyping – mit einfachen Mitteln schnell lernen

Hintergrund und Grundgedanke

Als ich vor einigen Jahren einen Lerntest als App mitentwickeln durfte, war ein Mock-up (ein digital gestalteter Entwurf dieser App) der zündende Funke. Ab diesem Zeitpunkt hatte ich eine Idee im Kopf, ein Bild vor Augen, wie unser späterer Lerntest aussehen könnte. Ein Mock-up ist eine Form des Prototypings.

Beim Prototyping geht es um die Visualisierung und das Greifbarmachen von Ideen. Es ist der agilen Arbeitswelt eine weit verbreitete Methode, um Ideen rasch nachvollziehbar zu machen, und dient in erster Linie dazu, ein schnelles Feedback von unseren Nutzergruppen zu erhalten. Verschiedene Prototypen können nebeneinander oder nacheinander eingesetzt werden.

Einfache Mittel wie Karton, Papier, Filz oder Bastelmais sind willkommene Materialien, um ein Zwischenergebnis auf die Schnelle physisch und haptisch darzustellen (vgl. Abb. 31).

Abb. 31: Typische Werkzeugecke beim Prototyping: Einfache Materialien liegen bereit (Quelle: Ulrike Margit Wahl)

Expertentipps zur Anwendung

Ausprobieren. Machen. Umsetzen. So lässt sich Prototyping zusammenfassen, wie folgendes Beispiel schrittweise verdeutlicht:

Wir befinden uns im Jahr 2020. Der zweite Lockdown steht kurz bevor. Erste Erfahrungen mit Homeoffice liegen hinter uns. Aus den Erfahrungen der ersten Runde sollte gelernt werden; die Hochschule wollte sich professionalisieren.

Der Vizepräsident kam mit der Frage auf mich zu, ob eine Videobotschaft oder ein Kurzfilm eine gute Idee wäre. Das Ziel war die Professionalisierung im Umgang mit effektivem und menschlichem Homeoffice. Wo braucht es beispielsweise Spielregeln rund um Erreichbarkeit, wo mehr Bewusstsein für wertige Arbeitszeit? Zu dem Zeitpunkt war ich in der Postproduktion nach meinem Dreh in einem Studio in Berlin, um zwei professionelle Lernvideos zu produzieren. Es gab also bereits erste Erfahrungswerte. Ein professionelles Produzententeam begleitete mich und diesen Prozess.

Die erste Ideenskizze zur Auftragsklärung lag vor. Das Video sollte die Kernbotschaft der Hochschulleitung an die Hochschulangehörigen transportieren. Nun konnten wir beginnen. Für den Kurzfilm rund um ›Effektives und menschliches Homeoffice‹ für diese Hochschule gingen wir folgendermaßen vor:

- Zunächst fand eine Auftragsklärung mit dem Vizepräsidenten nebst einem ergänzenden Gespräch mit ihm und der Leiterin Personal statt.
- Am 30.10.2020 wurde ein erstes Drehbuch von mir geschrieben.
- Am 02.11.2020 gab es Feedback zum ersten Drehbuch, inklusive dreier Ziele wie »Social Distancing darf nicht zur sozialen Distanz führen«, fairere Verteilung der Arbeitslast und systematische Professionalisierung rund um Homeoffice.
- Im zweiten Drehbuch waren die Schlagworte für die Unterkapitel bereits enthalten, wie ›Selbst- und Zeitmanagement‹, ›Kommunikation und Zusammenarbeit‹ oder ›Priorisierung und Timeboxing‹. Technische Tipps rundeten das Konzept ab. Das Kurzvideo sollte für die User konkret sein – auch mit sofort nutzbaren Tipps.
- Der Kurzfilm sollte mit einem **Skript** und einem **Workbook** ergänzt werden.
- Am 04.11.2020 lag ein erster Rohschnitt vor.
- Dann gab es erstes Feedback zwischen Produzenten und Drehbuchautorin, was meine Rolle war.
- Am 05.11.2020 lag der zweite Rohschnitt vor. Dieser Prototyp wurde dem Auftraggeber gezeigt. Das direkte Feedback wurde sofort berücksichtigt.
- Am 11.11.2020 lag der dritte Videoschnitt vor – erneutes Feedback für Feinschliff; wieder direkt durch online Live-Übertragung.
- Dann wurde das Video einem technischen und operativen Feinschliff unterzogen (Synchronisierung des Kurzvideos und der Begleitmaterialien).
- Am 21.11.2020 lag das fertige **Paket** vor und konnte den Hochschulangehörigen seitens der Hochschulleitung zugänglich gemacht werden.

Was war das Rezept für unsere Schnelligkeit?

- kurze Iterationen und schnelles Lernen
- Nutzen von Rohschnitten und Prototyping
- Originalfeedback vom Auftraggeber; Berücksichtigung der User-Bedürfnisse
- vernetztes Arbeiten – verteilt auf ganz Deutschland
- Aufbauen auf Bestehendem (Wir hatten etwa 20 Stunden Videomaterial aus dem Videodreh in Berlin rund um ›Hybrides Projektmanagement. BASIC‹ und ›Geniales Zeit- und Selbstmanagement‹; da die Postproduktion zeitlich parallel lief, konnten wir Bausteine für diesen Kurzfilm nutzen)
- ›wilde Ideen‹ (wir wussten, wir können uns für die Produktion nicht live sehen. Das war zeitlich und operativ zu diesem Zeitpunkt nicht möglich; also waren wir kreativ und nutzten Audiobotschaften, offizielle Bilder der Hochschulkommunikation,

Zitate der Hochschulleitung und Musik für ein gutes Gefühl bei den späteren Nutzer:innen)
- guter Mix aus mündlicher und schriftlicher Kommunikation (mündlich ist stark für direkte Nachfragen; Schriftlichkeit schafft Klarheit und Verbindlichkeit)
- Anwesenheit aller betroffenen Personen bei der zweiten und dritten Version (direkte statt gefilterter Kommunikation über Hierarchieebenen schafft tendenziell schneller ein gemeinsames Verständnis für das angestrebte Ergebnis und Anpassungswünsche)
- Kill your Darlings (es ging um die beste Lösung für den Auftraggeber und die User)

Das sagen unsere Kunden zu unserem Umgang mit Prototyping, Auftragsklärung und der zeitnahen Umsetzung zu fertigen Ergebnissen:

> »Hammer, diese Geschwindigkeit haut mich immer wieder um.«
>
> Manfred Nessen, Vizepräsident der Hochschule Emden-Leer

> »Frau Wahl – unser Multitalent für erfrischende Ideen.«
>
> Frau Ammermann, Leiterin Personal an der Hochschule Emden-Leer

In den Abb. 32 bis 37 finden Sie weitere Beispiele für Prototypen. Ihrer Fantasie sind keine Grenzen gesetzt. ›Wilde Ideen‹ sind ausdrücklich erwünscht.

Beispiele für Prototypen – mit einfachen Mitteln

Abb. 32: Prototyp Das ideale Meeting (Quelle: Helge Lamm)

Abb. 33: Prototyp für den Gesundheitstag (Quelle: Ulrike Margit Wahl)

Abb. 34: Prototyp Das ideale Onlinemeeting inklusive Vorbereitung (Quelle: Ulrike Margit Wahl)

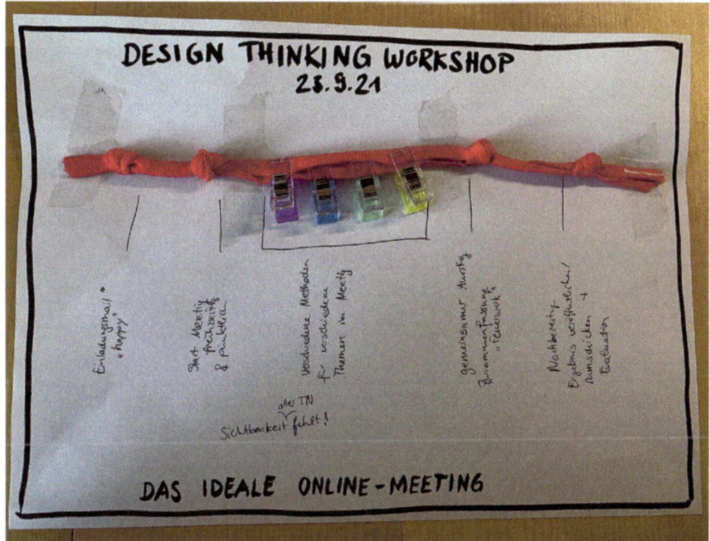

Abb. 35: Prototyp Das ideale virtuelle Meeting (Quelle: Ulrike Margit Wahl)

Abb. 36: Prototyp Ideale interne Prozessabläufe (Quelle: Ulrike Margit Wahl)

Abb. 37: Prototyp Was können wir tun, um Jugendliche für EU-Politik zu begeistern? (Quelle: Ulrike Margit Wahl)

3

Prototyping und schnelles Lernen machen Spaß. Zwischenergebnisse werden schnell sichtbar und spornen an. Die Motivation im Team steigt. Der Fokus liegt auf dem Machen. Das direkte Feedback führt zu zeitnahen Anpassungen und zu besseren Ergebnissen. Die Auftraggeber zahlen nur für jene Aufgabenschritte, die auch wirklich gebraucht werden. Das spart wertvolle Ressourcen und schafft echten Value oder Wert für die Nutzer:innen.

Probieren Sie es aus. Eine Vorlage für Ihren ersten Prototypen anhand eines Praxisbeispiels aus Ihrem Arbeitsalltag finden Sie unter Punkt 6.19 in Ihrem Workbook.

Ihre Vorteile & Praxistipps

- »Zack, ist das Bild im Kopf« – die Bedürfnisse der echten Nutzer:innen ist präsent.
- Mit einfachen Mitteln kann der Knackpunkt schnell sichtbar gemacht werden.
- Wichtig sind Schnelligkeit und Einfachheit.
- Nutzen Sie einfache Materialien, z. B. Bastelutensilien.
- Haben Sie Mut zum Unfertigen. Zeitnahes Zwischenfeedback ist wichtiger als ein umfassendes Feedback am Projektende.
- Holen Sie sich das Originalfeedback von echten Nutzergruppen. Es lohnt sich.

Ergänzend empfehle ich das Video aus einem Projekt mit der Hochschule für Wirtschaft und Gesellschaft Ludwigshafen und dem Bund der Selbständigen Rheinland-Pfalz und Saarland e. V. (HWG Ludwigshafen 2018). Darin erhalten Sie einen erfrischenden Einblick und eine erste Idee, wie die Arbeit mit Prototyping, Visualisierung und ›wilden Ideen‹ aussehen kann (https://www.youtube.com/watch?v=bWuwvu6XyOc).

Für nutzerfreundliche Prototypen ist es wichtig, den ›eigenen Senf‹ herauszuhalten. Sie erinnern sich an die Übung mit dem Baum in Kapitel 1.3.1 (Design-Thinking)? Es geht nicht um ›Ihren Baum‹. Es geht um den ›Baum‹ der späteren Nutzer:innen und deren Bedürfnisse. Das steht im agilen Qualitätsmanagement im Fokus. Wir streben beste Ergebnisse an, die den Knackpunkt der Menschen in den Fokus stellen.

Darum soll es im nun folgenden Kapitel gehen – kurz und knackig mit wertvollen Praxistipps.

3.4.2 Toolbox: Kill your Darlings – und wie wir unseren ›eigenen Senf‹ zurückhalten

Hintergrund und Grundgedanke

Dieses Kapitel ist bewusst anders und kurz gehalten. Ich möchte Ihnen zwei Botschaften mitgeben: »Kill your Darlings« und »Halten Sie Ihren eigenen Senf zurück«. Warum?

Schnelles Lernen funktioniert nur, wenn die Beteiligten das wollen und wenn der Rahmen dafür vorhanden ist, z. B. Offenheit und eine angstfreie Arbeitsatmosphäre. Während meiner Mediations- und Coachingausbildung hörte ich immer wieder den Satz, dass wir üben sollen, unseren ›eigenen Senf‹ zurückzuhalten. Um dies zu üben, gibt es so schöne Bilder wie den Balkon, auf dem ich meine Gedanken und Wünsche platzieren kann, während ich in meiner Rolle als Mediatorin oder Coach aktiv bin. Das ist wie im Sport – ich kann dies üben durch regelmäßiges Training.

Auch im Qualitätsmanagement bin ich in einer Rolle, für die ich bezahlt werde. Zu dieser Rolle gehören Neutralität und Professionalität. Auch wenn es menschlich und oft gut gemeint ist – es geht nicht um unsere individuellen Wünsche und Präferenzen. Es geht um die Bedürfnisse und Wünsche unserer User (Sie erinnern sich an die Persona – »Zack, ist das Bild im Kopf«; siehe Kapitel 3.1.2). Und dazu gehört manchmal auch, dass wir uns von Ideen verabschieden müssen, die uns lieb und teuer sind, die aber für unsere User nicht sinnvoll oder wertvoll sind.

Ihre Vorteile & Praxistipps

- Halten Sie regelmäßig bewusst inne und schärfen Sie Ihre ›persönliche Säge‹. Meditation schärft die Sinne und den Fokus.
- Üben Sie aktives Zuhören und Spiegeln. Fragen Sie Ihr Gegenüber: »Ich fasse kurz zusammen, was ich verstanden habe. Habe ich Sie richtig verstanden, dass ...?«
- Halten Sie das Gesagte auf einer Ideenskizze fest. Schriftlichkeit schafft Klarheit.
- Halte ich meinen ›eigenen Senf‹ ausreichend zurück? Und hänge ich unnötig an meinem ›Darling‹ (z. B. an meiner Lieblingsidee), und wäre es nicht sinnvoller, diesen endlich ›zu killen‹?

Eine andere Möglichkeit ist:

- Vor der Urteilsbildung steht eine sachliche Analyse. Lassen Sie Emotionen außen vor, und das konsequent.
- Kommen doch Emotionen durch, dann können Sie sich fragen: »Warum ärgert mich das gerade so?« Schreiben Sie die Antwort auf ein Blatt Papier. Lesen Sie die erste Antwort vor und fragen Sie sich wieder, warum Sie diese Antwort so ärgert. Das führen Sie fort – bis zu fünf Runden. Und dann halten Sie inne und lassen Ihre Antworten auf sich wirken. Was bewirken Ihre Antworten bei Ihnen? Was oder wer würde Ihnen jetzt helfen?
- Fragen Sie Ihre Kolleginnen und Kollegen, wie diese Sie wahrnehmen. Das kann sehr erhellend sein und positive Nebeneffekte haben. Sie schärfen Ihre Einschätzungskompetenz der Selbst- und Fremdwahrnehmung und tauschen sich mit Ihrem Gegenüber auf Augenhöhe aus. Probieren Sie es aus und schreiben Sie mir von Ihren Erfahrungen an: info@beste-qm-wahl.de.

Halten Sie erneut kurz inne. Was ist Ihr ›Darling‹? Hierzu finden Sie eine Übung in Ihrem Workbook unter Punkt 6.20.

3

Zwischenfazit

Zwei der insgesamt drei Kapitel rund um frühes Testen und schnelles Lernen liegen hinter Ihnen. Ein Kapitel mit wertvollen Praxistipps für systematisches Feedback liegt vor Ihnen. Ich lade Sie herzlich ein, ehrliches Feedback als Geschenk willkommen zu heißen.

3.4.3 Praxistipps für systematisches Feedback – Retrospektive und Review

Hintergrund und Grundgedanke

Feedback ist immer ein Geschenk. Feedback motiviert, spornt uns an und ist eine Gelegenheit, dazuzulernen. Im agilen Qualitätsmanagement gehört systematisches und regelmäßiges Feedback ebenfalls dazu. Und hier meine ich nicht nur interne oder externe Audits, sondern verschiedene Möglichkeiten, Feedback in unseren Arbeitsalltag zu integrieren.

Erinnern wir uns an das Kapitel 1.3 mit Design-Thinking, Kanban und Scrum. Der ›Scrum Guide‹ benennt und beschreibt konkret Review und Retrospektive. So ist der Zweck des Reviews, das Ergebnis des Sprints zu überprüfen und künftige Anpassungen festzulegen. Der Zweck der **Retrospektive** ist es, Wege zur Steigerung von Qualität und Effektivität zu planen. Beim **Review** steht das Zwischenergebnis im Fokus, bei der Retrospektive das Team und die Zusammenarbeit im Team. Beide Facetten spielen auch beim Design-Thinking und Scrum eine Rolle.

Expertentipps zur Anwendung

Nachfolgend finden Sie zahlreiche Inspirationen, wie Sie Feedback systematisieren und in Ihren Arbeitsalltag integrieren können. Die Möglichkeiten sind vielfältig, der Kreativität sind keine Grenzen gesetzt.

I like/I wish (vgl. Abb. 38 und 39) sind wir schon in verschiedenen Kapiteln begegnet. Dies ist eine der kürzesten Möglichkeiten, um Feedback zu bitten. Beachten Sie hier auch den Unterschied, dass nicht gefragt wird: »Was findest du gut?« und »Was findest du schlecht?« Nein – es geht einmal darum, zu erfahren, was mein Gegenüber gut findet und mag. Und dann möchte ich von meinem Gegenüber ein Feedback, das mich weiterbringt und von dem ich lernen kann – also: »Was wünschst du dir noch?«

I LIKE
- offene Haltung / Platz für Wünsche
- super spannend, wie unterschiedl. gelebt
- s. kurzweilig
- Materialien / brauchbares Skript + Folien
- Anregungen / Tipps / Praxisnähe
- s. übersichtlich / Austausch / offen
- Themen im anderen Licht, z.B. Rolle QMB

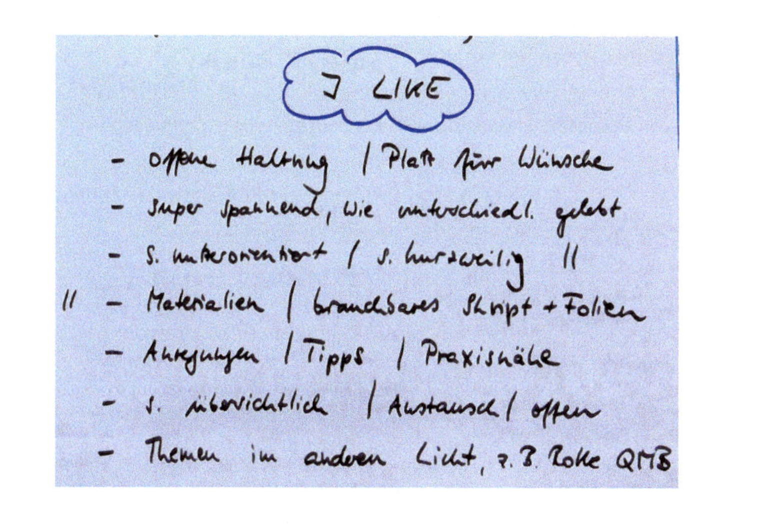

Abb. 38: *I like* aus einem Workshop (Quelle: Ulrike Margit Wahl)

Wünsche für TAG 2
- Gegenüberstellen klass. QM / agiles QM
- Checklisten ersetzen
z.B. Quality Gate / ~ Check in Projekten → Sinn fehlt
mehr Methodik
- interner AUDIT-Prozess in unterschiedlichen Methoden darstellen → WAS kann ich anders machen?
- unser Kanban vorstellen
- Qualitätszirkel / bin Themengeberin / „Vorpredigerin" / wie aktivieren für Themen?

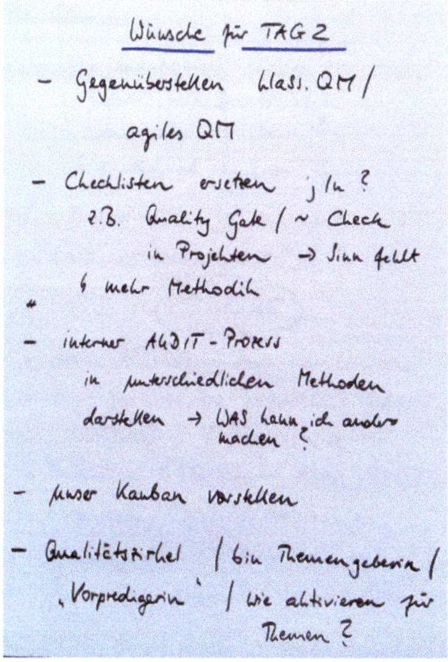

Abb. 39: *I wish* aus einem Workshop (Quelle: Ulrike Margit Wahl)

Ich nehme mein Gegenüber mit in die Verantwortung und nehme Anregungen dankbar an. Bewerten und Kritik ist leicht. Aber eine Anregung wertschätzend rüberzubringen, macht für die empfangende Person einen Unterschied. Anwenden lässt es sich z. B. bei Prototypen, bei Absagen, nach Meetings oder zwischen Workshoptagen.

3

KEEP – STOP – START ist eine erweiterte Form von *I like/I wish*:

- **KEEP** – Was möchte ich beibehalten? Was hat sich bewährt?
- **STOP** – Womit sollten wir aufhören? Was hat nicht funktioniert? Was behindert uns?
- **START** – Womit sollten wir beginnen? Was sollten wir ausprobieren?

Anwenden lässt es sich z. B. bei Teamworkshops, zur Reflexion der Zusammenarbeit/ Reflexion der Aufwandsschätzung oder Abweichung von Ist und Soll.

Das **Fünf-Finger-Feedback** (vgl. Abb. 40) ist noch etwas differenzierter als KEEP – STOP – START. Die fünf Finger stehen für die folgenden Bedeutungen:

- Daumen = Das lief top!
- Zeigefinger = Darauf sollten wir beim nächsten Mal achten.
- Mittelfinger = Das lief richtig blöd.
- Ringfinger = Das sollten wir beibehalten.
- Kleiner Finger = Das kam zu kurz.

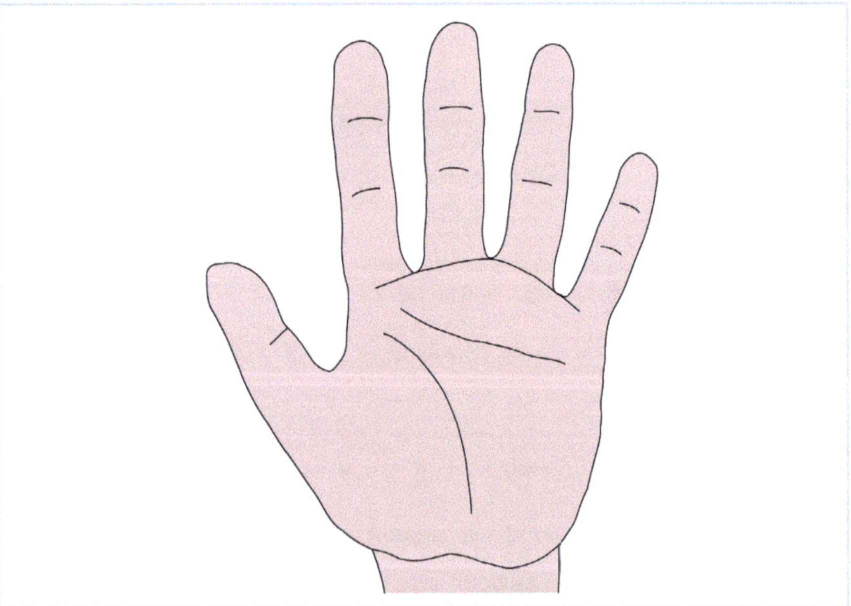

Abb. 40: Fünf-Finger-Feedback (Quelle: OpenClipartVectors, Pixabay)

Anwenden lässt es sich z. B. bei Produktentwicklungen, in Projekten, in Teamworkshops oder zur Reflexion der Zusammenarbeit.

Die **Seestern-Methode** ist eine weitere und weit verbreitete Methode im agilen Qualitätsmanagement. Sie erinnern sich vielleicht aus dem Vorwort – das war mein erstes Schlüsselerlebnis beim damaligen Q-Tag der Deutschen Gesellschaft für Qualität e. V. Die Seestern-Methode eignet sich ideal für die Reflexion zwischen Auftraggeber und

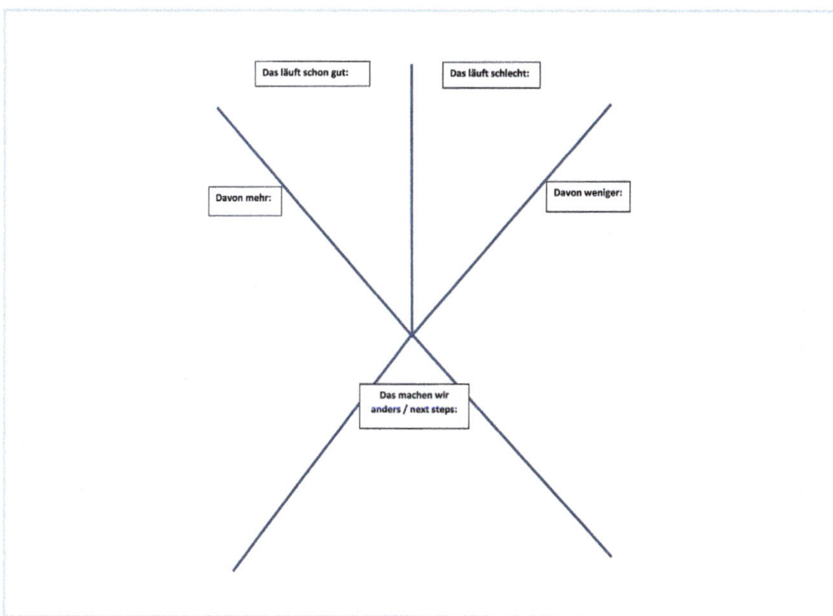

Abb. 41: Seestern-Methode (Quelle: Ulrike Margit Wahl)

Lieferant oder Kunde. Nutzen Sie dieses Tool regelmäßig. Schnelles Lernen steht im Fokus. Sie wollen aus jeder Erfahrung lernen und zu den Besten gehören.

Betrachten Sie Abb. 41. Das fünfte Feld unten in der Mitte ist ein Feld, das auch für kreative Anregungen geeignet ist. Vielleicht kommt gerade jemand aus Ihrem Team von einem Workshop oder hat dieses Buch gelesen – dann können Sie diese Ideen dort festhalten und gleich ausprobieren und umsetzen.

Sie haben gerade verschiedene Feedbackmöglichkeiten kennengelernt. Nun lade ich Sie herzlich ein, die vorgestellten Techniken mit Übung 6.21 aus dem Workbook an Ihrem Praxisbeispiel auszuprobieren.

Ihre Vorteile & Praxistipps

- ›Wilde Ideen‹ sind ausdrücklich erlaubt.
- Kombinieren Sie beispielsweise Feedback-Tools mit Musik oder Bildern; z. B. kann die Frage lauten: »Wie fühlt sich das Ergebnis für Sie an?« Bitte beschreiben Sie Ihren Eindruck anhand eines Songs. Vivaldis ›Vier Jahreszeiten‹ werden andere Gefühle und Adjektive hervorrufen als ein Heavy-Metal-Song. Lassen Sie sich überraschen!
- Probieren Sie immer wieder neue Möglichkeiten aus. Es gibt so viel mehr als evasys oder lange graue Fragebögen.
- Seien Sie vielfältig: ob Flipchart, im Chat, als Postkarte oder live. Menschen geben gerne Feedback, wenn sie das Gefühl haben, sie werden gehört und ernst genommen.

3

- Nutzen Sie jede Möglichkeit für Originalfeedback. Jede Filterung hat eine Färbung. Versuchen Sie, ›stille Post‹ zu vermeiden.
- Fragen Sie Ihre Nutzergruppen, welche Form des Feedbacks sie sich wünschen. So entstand beispielsweise die Idee für einen Unmut-Tag. Pro Monat nimmt sich das Team eine Stunde Zeit, um seinem Unmut Luft zu machen. Jede Person hat fünf Minuten Redezeit. Die Worte können sehr deutlich sein, aber immer respektvoll und nie unter der Gürtellinie. Alle anderen hören nur zu. Keine Kommentare, keine Diskussionen. Dazu gibt es definierte Eskalationsstufen. Oft reicht es jedoch, dass der Unmut einfach mal gesagt werden konnte, und das Team hört einfach mal nur zu.
- Ergänzend kann ich die Seite https://retromat.org/de/ empfehlen – eine wahre Schatzkammer rund um Ideen für Feedback und Retrospektive und Review.

Zwischenfazit

Und wieder liegt ein weiteres Kapitel hinter Ihnen, so dass wir langsam auf den Endspurt in Richtung agiles QM zugehen. Es liegen zwar noch drei Kapitel der insgesamt sieben Schritte auf dem Weg zum agilen Qualitätsmanagement vor Ihnen, allerdings sind diese im Vergleich kürzer als die bisherigen drei Kapitel.

Im nun folgenden Kapitel 3.5 beschäftigen wir uns mit dem sensiblen Thema der Echtzeiten und zeigen an einem Negativbeispiel, warum Echtzeiten auch immer mit einem starken WARUM und WOZU verzahnt sein sollten. Zudem erfahren Sie, wie es gelingen kann, sinnvolle Kennzahlen zu entwickeln (Kapitel 3.5.1), und ich möchte Sie dafür sensibilisieren, warum es so wichtig ist, dass Controller das WOZU möglichst früh nachvollziehen können (Kapitel 3.5.2).

3.5 Transparenz in Echtzeiten schaffen

Echtzeiten sind aktuell noch in vielen Bereichen eine Illusion. Nichtsdestoweniger sollten wir im Qualitätsmanagement versuchen, die Vorteile aus der Digitalisierung in unsere personenzentrierte Arbeit zu integrieren. Die Case-Study III in Kapitel 4.3 greift diesen Punkt auf, indem dort die Führungskräfte beispielsweise auf die Stärken der Mitarbeitenden achten und so einen neuen Blick in ihr Team bringen – ein Blick, der die Potenziale, Stärken und Möglichkeiten sieht.

Dieses Kapitel geht auf sinnvolle Kennzahlen ein, die eine solide Datenbasis mit einem Mindestmaß an Datenhygiene brauchen. Und wir zeigen an einem Negativbeispiel, dass nicht passende Kennzahlen einen nennenswerten Schaden anrichten können. Schließlich greifen wir das starke WARUM und WOZU noch einmal auf und zeigen an einem Beispiel, dass gerade das WOZU die verschiedenen Abteilungen mit ihren unterschiedlichen Interessen zusammenbringen und einen kann.

3.5.1 Toolbox: Sinnvolle Kennzahlen entwickeln

Hintergrund und Grundgedanke

Werfen wir zunächst einen Blick auf die Definition von Kennzahlen. Das Gabler Wirtschaftslexikon erklärt sie als

> »Zusammenfassung von quantitativen, d. h. in Zahlen ausdrückbaren Informationen für den innerbetrieblichen *(betriebsindividuelle Kennzahlen)* und zwischenbetrieblichen *(Branchen-Kennzahlen)* Vergleich (etwa Betriebsvergleich, Benchmarking)«
>
> (Wirtschaftslexikon.gabler.de: Kennzahlen[24])

Das heißt, wir unterscheiden zwischen Kennzahlen innerhalb der Organisation (= innerbetrieblich) und außerhalb der Organisation, um beispielsweise unsere Organisation mit einer anderen Organisation zu vergleichen (= zwischenbetrieblich, beispielsweise Benchmarking). Für beide Betrachtungen gilt: Je besser wir das WARUM oder den Purpose verstanden haben, desto hilfreicher sind Kennzahlen. (Es kann auch im Hinblick auf Kennzahlen nicht genug betont werden, wie wichtig das starke WARUM und der Purpose sind, wofür ich Sie noch einmal an Kapitel 3.1.1 erinnern darf.)

Exemplarisch sei die Entwicklung der Studierenden und Studiengänge in Deutschland genannt. Laut Hochschulrektorenkonferenz (2021, S. 7) gab es im Wintersemester 2021/22 insgesamt 20.951 Studiengänge mit 2,9 Millionen Studierenden. Was sagen uns diese Kennzahlen? Welche Ziele haben wir erreicht? Haben wir relevante Nebenwirkungen übersehen, wie beispielsweise den Rückgang der Ausbildungsplätze? Welche potenziellen Studienanfänger verstehen den Unterschied zwischen 20.951 Studiengängen? Welches Versprechen geben wir als Nation an Hochschulabsolventen? Wie gut sind 2,9 Millionen potenzielle Studienabgänger in den bestehenden Arbeitsmarkt integrierbar? Wir gut funktioniert die Verteilung Befristung und Unbefristung an Hochschulen? Welche Kennzahlen stehen mit welchen Kennzahlen in Korrelation; welche schließen sich gegenseitig aus? Welche Konsequenzen haben diese Kennzahlen für den Arbeitsmarkt? Was bewirken diese Kennzahlen bei unseren Jugendlichen?

Expertentipps zur Anwendung

Diesmal möchte ich Ihnen Expertentipps aus der konkreten Anwendung mit auf den Weg geben. Das folgende Negativbeispiel aus der Praxis verdeutlicht mögliche Konsequenzen, die sich ungünstig auf das Betriebsergebnis auswirken können, und ist bewusst anonymisiert beschrieben.

24 Wirtschaftslexikon.gabler.de: Kennzahlen; Abrufdatum: 31.01.2023

BEISPIEL

Es war einmal eine Firma, die Vliesstoffe herstellte. Für die Produktion dieser Vliesstoffe wurden konkrete Kennzahlen mit dem Kunden definiert. So gab es Kennzahlen für die Dicke der Vliesstoffe (z. B. 0,2 cm) oder das vorgeschriebene Format von 58 × 58 cm. Die Produktion der Vliesstoffe wurde regelmäßig evaluiert, der Prozess war kontinuierlich verbessert worden. Die Kennzahlen waren jeweils aktualisiert. Die einzelnen Prozessschritte waren aufeinander abgestimmt, das Team bemüht, die definierten Kennzahlen zu erreichen.
Immer dann, wenn die Kennzahlen nicht genau erreicht wurden, wurden die Ergebnisse entsorgt. So hatten die Beteiligten den Umgang mit den Kennzahlen verstanden. Dies hatte zur Folge, dass alle Vliesstoffe, die nicht *genau* die Kennzahl erreichten, entsorgt wurden. Die Entsorgung verursachte zusätzliche Kosten.
Was hatte das Team im Umgang mit den Kennzahlen übersehen?
Die Mitarbeitenden waren auf ihren jeweiligen Prozessschritt mit ihrer jeweiligen Kennzahl fokussiert. Ihr Qualitätsverständnis war: Fokus auf das Erreichen der Kennzahl. Immer wenn die Kennzahl nicht erreicht wurde, bedeutete dies Ausschuss und die Stoffe auf keinen Fall ausliefern.
Was sie nicht wussten, war das WOZU. Sie wussten nicht, was der Zweck dieser Vliesstoffe war. Hätten sie das WOZU gekannt, hätten sie andere Ideen für Verbesserungen eingebracht, denn der Zweck dieser Vliesstoffe war: einfache Putzlappen.

Was können Sie aus diesem Beispiel lernen?

Ihre Vorteile & Praxistipps

- Unterschätzen Sie nie das WOZU und den Purpose.
- Sensibilisieren Sie die beteiligten Personen rund um Kennzahlen. Wichtig ist, dass alle das große Ganze verstanden haben.
- Reflektieren Sie regelmäßig: »Welche Putzlappen werfen wir immer wieder weg?« und »Kennen unsere Teams unsere Putzlappen?«

Ich lade Sie herzlich ein, in Ihrem Workbook mit Übung 6.22 zu reflektieren, welche Kennzahlen aus Ihrer Sicht sinnvoll erscheinen und welche eher nicht.

Zwischenfazit

Ich bin sehr optimistisch, dass Sie nie wieder das WOZU unterschätzen werden, denn Sie wollen ja keine Putzlappen perfektionieren, sondern bewusst mit vorhandenen Ressourcen umgehen und so zu bestmöglichen Ergebnissen beitragen. Schließlich geht es um die bestmögliche Qualität. Daran knüpfen wir im nun folgenden Kapitel an, indem wir die Controller integrieren und klären, warum die frühzeitige Klärung des WOZU so wichtig ist.

3.5.2 Toolbox: Mit Controllern frühzeitig das WOZU klären

Hintergrund und Grundgedanke

Warum ist es so wichtig, mit den Controllern frühzeitig das WOZU zu klären? Controller sind dicht an Kennzahlen und Daten dran. Und eine solide Datenbasis mit einer hohen Datenhygiene ist die Grundlage für transparente und fundierte Entscheidungen. Und weil Controlling häufig mit Kennzahlen und Digitalisierung in Verbindung gebracht wird, sollen die folgenden zwei Beispiele dazu beitragen, Ihren Blick zu schärfen und Sie stets an das WOZU erinnern:

Aus meiner Berufspraxis

Beispiel 1

Ich erinnere mich an einen Kunden, zu dem ich gerufen wurde mit dem Hinweis: »Wir arbeiten mit Scrum, aber das funktioniert nicht so richtig. Können Sie uns helfen, herauszufinden, woran das liegt?«

Wir begannen mit den Projektteams, die nach eigenen Angaben mit Scrum arbeiteten. Sehr schnell wurde klar, dass es in diesen Teams weder ausgebildete Scrum-Master noch ausgebildete Product-Owner gab (siehe Kapitel 1.3). Zudem wurde deutlich, dass die Geschäftsführung die Anweisung gegeben hatte, dass ab sofort in Siebenerteams gearbeitet wird und dass in diesen Siebenerteams jeweils ein Scrum-Master definiert werden sollte – ohne eine nachvollziehbare Begründung, wozu das sinnvoll sein sollte. Problematisch war zudem, dass der Bereich Controlling angehalten war, Kennzahlen zu entwickeln, um die Veränderung messbar und sichtbar werden zu lassen.

Ohne ein starkes WARUM und ein WOZU war es nicht möglich, sinnvolle Kennzahlen zu entwickeln. Viel Data ist noch lange nicht Good Data oder gar Smart Data. Die Teams drehten sich im Kreis. Nach mehreren vergeblichen Versuchen führten wir einen gemeinsamen Workshop durch. Hierzu luden wir verschiedene Rollen aus dem Unternehmen ein – vom Geschäftsführer über die Projektleiter bis zu den definierten Scrum-Mastern und Controllern. Der Aha-Effekt kam über die User-Story-Card (siehe Kapitel 3.1.2), wie weiter hinten unter ›Expertentipps zur Anwendung‹ beschrieben wird.

Beispiel 2

Dieses Beispiel kommt aus dem Bereich Energieversorgung, und wir sind ihm schon einmal in Kapitel 2.3.1 begegnet. Ich greife es an dieser Stelle noch einmal auf – diesmal mit dem Fokus auf der Bedeutsamkeit, frühzeitig das starke WOZU zu klären.

Das Audit war gerade erfolgreich abgeschlossen; nun ging es darum, die nächsten Schritte aus den Empfehlungen einzuleiten. Eine der Empfehlungen lautete, im

3

Controlling die Kennzahlen auf ihre Wirksamkeit zu überprüfen. Der Niederlassungsleiter war engagiert und überzeugt davon, *»dass Audits nie für die Schublade gemacht werden.«* Stattdessen waren für ihn die Fragen: *»Passen unsere Prozesse noch zu unserem Unternehmen?«* und *»Was können wir aus dem Audit lernen?«* von zentraler Bedeutung. Hilfreich waren zudem die folgenden drei Grundüberzeugungen des Niederlassungsleiters:

- Ich brauche Klarheit, was ich verbessern will.
- Ich brauche ein Bewusstsein für Werte.
- Ich brauche jene Menschen, die das Thema verstehen und jene, die Entscheidungen treffen können.

Also begannen wir mit der Frage »Welches Problem will ich lösen?« Hier wurde deutlich, dass es eine mangelnde Datenhygiene gab, was sich in ›Dateileichen‹, veralteten Angaben und verschiedenen Excel-Dateien widerspiegelte. Zudem war es sehr zeitintensiv, herumzutelefonieren, um herauszufinden, auf welcher Baustelle bestimmte Messgeräte gerade verplant waren.

Hieraus entwickelten wir einen konkreten Projektauftrag, kombiniert mit der Value-Proposition-Canvas (Übung 6.2 im Workbook). Die notwendigen Ressourcen wurden bereitgestellt, die technische Entwicklung konnte hausintern durchgeführt werden. Das Ergebnis war eine Qualifikationsmatrix, die nahezu in Echtzeit auf eine Standarddatei bestand, die aus verschiedenen Excel-Dateien überführt wurde. Zudem wurde das Nutzerverhalten berücksichtigt, indem die Prototypen von echten späteren Nutzer:innen ausprobiert wurden und das Feedback direkt in die weitere Entwicklung einfloss. So gibt es nun eine Schlagwortsuche in Anlehnung an unser Suchverhalten im privaten Bereich. Erst wurden die internen ›Hausaufgaben‹ rund um das WOZU erledigt, und dann kamen die Controller dazu. Derweil sind die Kennzahlen tagesaktuell, genauer und deutlich aussagekräftiger.

Perspektivisch stellt sich für die Geschäftsführung die Frage, ob ein Controlling in Echtzeit wirklich erstrebenswert ist, denn das würde weitere Automatismen erfordern und funktioniert nur so gut, wie die Daten gepflegt werden. Diese strategisch wichtige Frage wird in nächster Zeit in der Geschäftsführung entschieden werden. (Ich darf an dieser Stelle auch an das Negativbeispiel mit den Putzlappen aus Kapitel 3.6.1 erinnern.)

Expertentipps zur Anwendung

Zur Erinnerung: Die User-Story-Card hat den Aufbau: WER braucht WAS WOZU? (Hier darf ich an Kapitel 3.1.2 und die Übungen im Workbook in Kapitel 6 erinnern.) In Abb. 42 sehen Sie ein Praxisbeispiel mit verschiedenen Rollen, die ihre User-Storys aus ihrer jeweiligen Sicht beschrieben haben. Allein, dass jede Rolle sich mit den Usern auseinandersetzte, bewirkte einen großen Aha-Effekt. Dazu kam, dass jede Rolle der jeweils anderen Rolle ihre Sicht vorgestellt hat, Fragen gestellt werden konnten und das WOZU somit nachvollziehbar wurde.

So versetzte sich beispielsweise der Controller in die Rolle der Marketing-Chefin und beschrieb die User-Story-Card aus ihrer Perspektive.

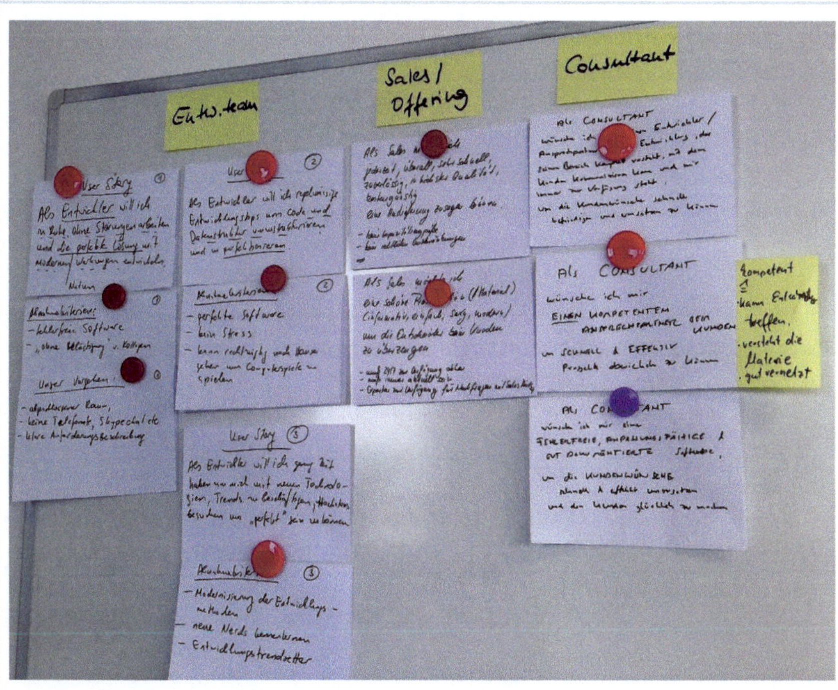

Abb. 42 Workshop mit User-Story-Cards (Quelle: Ulrike Margit Wahl)

Controller kommen in der Regel erst zur Überprüfung ins Spiel. Wir erinnern uns:

- Die Ziele (operativ, strategisch) werden von der Geschäftsführung vorgegeben, wie beispielsweise OKR (Objectives and Key Results) oder SMART (siehe Kapitel 3.1.5).
- Die Abnahmekriterien wie die DoD werden von den Auftraggebern definiert. Das können Führungskräfte oder Kunden sein.
- Die operative Durchführung (die Maßnahmen, Projekte, Aufgaben) findet in den Teams statt. Das können Projektteams oder einzelne Personen oder Personengruppen sein, die konkrete Aufgaben/Tasks/Projekte abarbeiten.
- Erst dann kommen Controller ins Spiel. Sie erbringen bestimmte Dienstleistungen für das Management; beispielsweise überprüfen sie durch reflexive Analysen, ob die definierten Ziele erreicht wurden.[25]
- Das Qualitätsmanagement unterstützt beispielsweise durch die Berichtfunktion. Transparenz und schnell verfügbare Daten beschleunigen die Entscheidungsfin-

25 Wirtschaftslexikon.gabler.de: Controller; Abrufdatum: 31.01.2023

dung und führen zu bewussten Entscheidungen. Eine Garantie für richtige Entscheidungen gibt es nicht. Wir können allerdings die Geschwindigkeit für das Anpassen von Entscheidungen beschleunigen.

In dem beschriebenen Unternehmen haben wir die Siebenerteams abgeschafft. Die Teams sind in ihre vorherigen Rollen zurückgegangen und arbeiten mit User-Story-Cards und Personas, um immer wieder die Nutzergruppen in den Fokus zu stellen und das WOZU im Blick zu haben.

Ihre Vorteile & Praxistipps

- Es ist für alle Beteiligten sinnvoll, wenn das WOZU frühzeitig geklärt wurde.
- Ein klares WOZU trägt zu schnellen Entscheidungen bei, weil alle Beteiligten den Zweck verstanden haben und wissen, wie sie in ihren Rollen aktiv zum Erreichen der gesteckten Ziele beitragen können.
- Richten Sie den Fokus auf gezielte Daten mit einer hohen Datenhygiene.
- Wenige digitale Daten sind immer besser als viele Daten in verschiedenen Formaten und Ablagesystemen. Auch hier gilt es, regelmäßig die ›Datenhygiene‹ zu schärfen. Wo brauchen wir Minimalstandards? Wie genau kennen die betroffenen Personen das WOZU? Wie sauber und genau sind wir in der Definition und Abgrenzung von Kennzahlen?
- Die Controller können in ihrer kontrollierenden oder beratenden Rolle gezielt unterstützen. Die inhaltlich betroffenen Personen können gezielt zuarbeiten und Zahlen oder Fakten zuliefern.
- Wenn alle beteiligten Personen gezielt auf das WOZU hinarbeiten, profitiert das gesamte Unternehmen davon.

Zwischenfazit

Sie haben einen weiteren wichtigen Meilenstein geschafft. Sie haben einen Überblick erhalten über sinnvolle Kennzahlen statt ›Putzlappen‹ und sind sensibilisiert, warum Controller frühzeitig in Ihr starkes WOZU eingebunden werden sollten. Controlling ist ein wichtiger Bestandteil im agilen Qualitätsmanagement. Umso wichtiger ist, dass alle Beteiligten verstanden haben, was kontrolliert und überprüft werden soll.

Haben wir den Kunden- und Geschäftsfokus ausreichend im Blick (siehe Kapitel 3.1)? Leben wir Engagement und Verantwortung (siehe Kapitel 3.2)? Arbeiten wir ausreichend vernetzt (siehe Kapitel 3.3)? Und lernen wir schnell genug und testen regelmäßig (siehe Kapitel 3.4)?

Im nun folgenden Kapitel 3.6 lernen Sie Friedl kennen, unseren idealen QMB, der alle wertvollen Eigenschaften für das agile Qualitätsmanagement in sich vereint. Friedl gibt es wirklich. Er hat durch seine Art und Weise und seine Sicht auf Unternehmen und deren Kultur diese Rolle maßgeblich mitgeprägt. Herzlichen Dank für diese Inspiration, lieber Friedl.

3.6 Qualitätskompetenz bei allen aufbauen

Qualität passiert nicht nur in den Qualitätsteams und entsprechenden Abteilungen. Qualität passiert in den Organisationen und an den Schnittstellen. Darum ist es wichtig, dass relevante Schlüsselpersonen und Schnittstellen entsprechend ausgebildet sind. Das reicht von Themen rund um agiles Prozessmanagement oder hybrides Projektmanagement (siehe Glossar) bis zu Moderationskompetenzen oder gewaltfreier Kommunikation.

In diesem Kapitel erhalten Sie zunächst Praxistipps für die Rolle der QMB, um dann anschließend auf den idealen Kompetenzmix einzugehen. Seien Sie gespannt auf unsere Persona Friedl – den idealen QMB in Ihrer Organisation.

3.6.1 Praxistipps für die Rolle der QMB – am Beispiel der Persona Friedl

Hintergrund und Grundgedanke

Qualitätsmanager:innen hatten leider viel zu oft den Ruf, dass sie Arbeit mitbringen, zu wenig entlasten. Das wird weder der Rolle noch den Menschen, die diese Rolle mit Leben gefüllt haben, gerecht. Nichtsdestoweniger sollten all jene, die im Bereich Qualitätsmanagement beschäftigt sind, die nachfolgenden Regeln verinnerlichen und in ihrer täglichen Praxis berücksichtigen.

Beginnen wir mit der Kopfstand-Methode: Wie müssten Mitglieder des Qualitätsteams sein, damit niemand mit ihm zusammenarbeiten will:

- Kontrolletti – sie wissen alles besser und hören selten zu.
- Dokumentenwahn – sie wollen alles dokumentieren.
- Zeitfresser – sie wollen ständig Meetings; und diese kosten Zeit und dauern oft länger als geplant.
- Alles neu – sie wollen ständig etwas Neues mit uns machen; mal agil, mal Prozesse.
- Fachexperte ja, Kommunikator nein – das Team besteht nur aus Fachexperten; die soziale Kompetenz spielt eine untergeordnete Rolle.
- Fokus auf Defizite – sie finden ständig Fehler und loben nie. Immer ist irgendetwas verkehrt.

Die Liste ließe sich fortführen. Beginnen Sie in Ihrem Workbook mit der Übung 6.23 und reflektieren Sie, wie die Rollen und Kompetenzen in Ihrer Organisation auf gar keinen Fall sein sollten.

Expertentipps zur Anwendung

- *Beginnen Sie mit dem starken WARUM oder dem starken WOZU:* z. B. »Warum braucht unser Controller jeden Monat bestimmte Kennzahlen von uns?« – »Warum sollen wir in Hochschulen jedes Semester Lehrveranstaltungen mit denselben Fragen evaluieren?« – »Wozu brauchen wir diese Kennzahlen?«

- *Arbeiten Sie mit einem bewussten Rollenverständnis:* »Wie möchte ich wahrgenommen werden?« – »Bin ich mir meiner Rolle bewusst?« (Siehe Kapitel 2.2.2.)
- *Schaffen Sie Mehrwert oder unterstützen Sie beim Lösen von Problemen:* »Welchen Mehrwert kann ich in meiner Rolle für die Organisation einbringen, beziehungsweise bei welchen Problemen kann ich in meiner Rolle unterstützen, damit diese gelöst werden?«
- *Sorgen Sie für eine klare Auftragsklärung, inklusive Auftraggeber:* »Habe ich einen klaren Auftrag?« – »Von wem habe ich diesen Auftrag?« – »Ist auch klar, wie das Abnahmekriterium lautet (z. B. die DoD)?«
- *Überprüfen Sie regelmäßig Ihre notwendigen Kompetenzen und Ihr Netzwerk rund um Vernetzung:* »Habe ich alle notwendigen Kompetenzen für meine Rolle oder in meinem Q-Team?« – »Wie kann ich mich gezielt weiterentwickeln (z. B. zur Visualisierung von Ideen oder rund um Prototyping oder im Umgang mit Killerphrasen)?« – »Wie können wir uns als Team weiterentwickeln?« – »Sind wir ausreichend bunt gemischt?« – »Bin ich ausreichend vernetzt mit anderen Agile Coaches?« – »Befähige ich mein Team ausreichend, damit es maximal wirken kann?«

Die **Persona** in Abb. 43 gibt Orientierung, wie die Rolle der Qualitätsmanager:innen sich verändern könnte.

Abb. 43: Unser idealer QMB Friedl (Quelle: Microsoft 365)

Unser idealer Qualitätsmanager/unsere ideale Qualitätsmanagerin sollte …

- mindestens sieben Jahre Berufserfahrung haben;
- zur Firmenphilosophie/zur Wertekultur passen (muss nicht zwingend aus der Organisation stammen);
- einen Meister, Hochschulabschluss oder eine vergleichbare Ausbildung (z. B. bei der DGQ) haben;
- einen gewissen Grad an Genauigkeit inklusive sozialer Kompetenz aufweisen;
- Weitblick/Gespür für die Organisation und ihre Richtung haben;
- eine angenehme Art zu kommunizieren haben – in Wort und Schrift (z. B. einfache Sprache, Methoden zur Visualisierung, Moderationskompetenz, Humor);
- gut zuhören können, nicht bevormunden, Verständnis mitbringen;
- hohe Moderationskompetenz haben (z. B. sanfte Moderation/Moderation aus der Distanz, vgl. Sommerhoff/Wolter 2019, S. 85);
- NIPSILD – nicht in Problemen, sondern in Lösungen denken
- die Stärken im Team und in der Unternehmung sehen (z. B. als ausgebildeter Stärken-Coach; siehe auch Kapitel 4.3);
- fähig sein, ›wilde Ideen‹ und Lösungen mit Teams zu entwickeln;

- konsequent sein, wenn nötig (und dazu die Rückendeckung der Chefetage, die notwendige Position/das notwendige Standing haben);
- das notwendige Fachwissen/Hintergrundwissen über relevante Zusammenhänge und die nötige Berufserfahrung mitbringen (optional ist Job-Rotation eine gute Möglichkeit, Einblicke in eine Organisation zu gewinnen);
- auch wirtschaftlich mitdenken/denken können (siehe Negativbeispiel ›Putzlappen‹ in Kapitel 3.5.1) und
- bereit sein, andere Wege zu akzeptieren.
- Zusätzlich gilt: Zertifikate sind wichtig; der Fokus Mensch unter Umständen wichtiger.

Frust – Was frustriert unsere:n QMB?

- Die Geschäftsleitung interessiert sich nicht für Qualitätsthemen.
- Ich weiß nicht genau, wohin unsere Unternehmung will. Wir haben keine konkreten Ziele und keine Vision.
- Die Q-Workshops sind nur gut besucht, wenn ein Audit ansteht.

Lust – Was lässt die Augen unseres/unserer QMB leuchten?

- Ich habe das Gefühl, ich kann echt etwas bewirken, z. B. ist unsere Mitarbeiterfluktuation auf einem historischen Tiefstand, seit wir in gemischten Teams nach OKR und DoD arbeiten.
- Ich arbeite eng mit der Geschäftsführung zusammen und kenne die Richtung, in die unser Unternehmenskompass zeigt.

Ihre Vorteile & Praxistipps

Ich kenne Qualitätsteams, die zu großen Teilen aus Psychologen bestehen oder aus sehr technisch orientierten Mitarbeitenden. Jede Bündelung einer Fachrichtung im Qualitätsteam hat Auswirkungen darauf, wie Qualitätsmanagement innerhalb der Organisation wahrgenommen wird. Meine Empfehlung ist der Mix in Anlehnung an unseren vorgestellten QMB Friedl. Es geht um Menschlichkeit und den menschlichen Umgang mit Menschen. Dazu sind sogenannte Soft Skills wie Kommunikationsstärke, Humor und Moderationskompetenz mindestens genauso wichtig wie das fachliche Know-how. Denn wenn nix mehr hilft, hilft der Humor.

Der aktuelle Fachkräftemangel wird uns noch längere Zeit beschäftigen. Darum ist es umso wichtiger, gute Leute zu halten und das Profil zu schärfen, damit die Kolleginnen und Kollegen merken, dass diese Person auch wirklich unterstützt. Ein angepasstes Profil mit relevanten Entscheidungsmöglichkeiten macht die Rolle eines oder einer QMB deutlich interessanter und trägt zu einer höheren Mitarbeiterzufriedenheit bei. Gute Qualitätsmanager:innen sind schwer zu finden. Das Profil ist anspruchsvoll. Wenn der ideale Mix unseres QMB Friedl immer wieder in den Blick genommen wird, dann profitiert von dieser wichtigen Schnittstelle die gesamte Unternehmung, Organisation oder Hochschule.

3

Zwischenfazit

Wie oft nehmen Sie sich die Zeit für eine kritische Selbstreflexion? Haben Sie einen Coach oder Mentor, der Ihnen immer wieder passende Fragen stellt? Reflektieren Sie regelmäßig Ihre Selbst- und Fremdwahrnehmung? Schärfen Sie regelmäßig Ihre ›persönliche Säge‹?

Personen im Qualitätsmanagement haben eine wichtige Schlüsselposition. Aus meiner Sicht ist eine regelmäßige und ehrliche Selbstreflexion unerlässlich, um eigene Stärken auszubauen und an Schwächen zu arbeiten. Vielleicht inspiriert Sie ja unser idealer QMB Friedl für einen ehrlichen Blick in den ›QM-Spiegel‹.

Im anschließenden Kapitel beschäftigen wir uns mit dem schwer greifbaren Thema der Kultur und ihren Eigenschaften für die Gruppe.

3.6.2 Praxistipps für Spielregeln, Unternehmenskultur und Fehlerkultur

Hintergrund und Grundgedanke

Die Erfahrungen aus meiner Zusammenarbeit mit der heutigen zweifachen Weltmeisterin Lena Bringsken haben mich in meiner Annahme bestärkt, dass Teams in Organisationen viel mehr Parallelen zu Teams im Sport haben, als wir auf den ersten Blick vermuten. Nehmen wir ein Fußballteam. Wir haben einen Trainer (vergleichbar mit einer Führungskraft). Diese Person kennt die Stärken und Potenziale ihres Teams (vergleichbar mit einem Stärken-Coach). Die Spieler im Team kennen die Spielregeln und das Ziel, beispielsweise die Größe des Spielfeldes oder wann es eine gelbe oder rote Karte gibt.

In Organisationen sind Führungskräfte nach wie vor weit verbreitet. Diese Parallele hat Bestand. Doch wie klar

- sind der Führungskraft die individuellen Stärken und Potenziale der einzelnen Teammitglieder?
- sind den beteiligten Teammitgliedern die organisationsspezifischen Spielregeln? Gibt es nur offizielle Spielregeln oder besteht das Risiko der Unwirksamkeit des formalen Managementsystems, indem »häufig und systematisch Regeln des formalen Systems, des Managementsystems, [umgangen werden]« (Sommerhoff 2021, S. 36)?
- ist allen Beteiligten, welche Art von Fehlern sie machen dürfen und welche nicht? (Vgl. Kapitel 3.2.1 bis 3.3.3.)
- ist der Führungskraft und den beteiligten Teammitgliedern das Ziel? Wissen die Beteiligten, wie sie ganz konkret zum Erreichen welches Ziels beitragen können? (Vgl. Kapitel 3.1.5.)

Edgar und Peter Schein, Experten rund um Organisationsentwicklung und Unternehmenskultur, bringen es auf den Punkt:

> »Jede Kultur ist anders, jede Persönlichkeit auch. […] Kultur ist eine Eigenschaft einer Gruppe. Sie ist für die Gruppe, was die Persönlichkeit für das Individuum ist. […] Die Kultur kombiniert die Persönlichkeiten der Gründer. Sie legen gemeinsam Konventionen fest, etablieren eigene Werte und einen gewissen Geist.«
> (Fasola 2021)

Das von ihnen in den 1980ern entwickelte Modell besteht aus drei Ebenen (vgl. Tab. 11) und fasst die zentralen Elemente einer erfolgreichen Unternehmenskultur zusammen.

Ebene	Merkmale
1. Artefakte	Das sind die Dinge, die wir sehen, fühlen und hören können: • z. B. »Wie sieht das Gebäude der Organisation aus?« • z. B. »Wie wird kommuniziert – intern und extern?«
2. bekundete Werte	Das sind die Antworten der Mitarbeitenden und Insider, wenn Sie nachfragen, was ihnen wichtig ist, welche Werte in dieser Organisation gelebt werden oder wie die Vision und Mission aussieht.
3. Grundprämissen	Diese Dinge sind nicht verhandelbar und ganz tief verankert. In der Regel sind sie von den Gründern der Organisation eingebracht und nur schwer änderbar.

Tab. 11: Die drei Ebenen einer erfolgreichen Unternehmenskultur

Zu der Bedeutung dieser Strukturierung sagt Edgar Schein:

> »Es ist wichtig, Unternehmenskultur in Ebenen zu differenzieren. Denn eine Unternehmenskultur besteht aus zahlreichen Subkulturen. Ist die Rede vom Marketing, vom Management, vom Standort? All diese Dinge sind Elemente der Kultur. Der allgemeine Begriff ›Kultur‹ wird ohne klare Zuordnung bedeutungslos.«

Ergänzend kommen drei weitere Ebenen dazu. Diese orientieren sich an den folgenden drei Ebenen des Kreises (vgl. Tab. 12):

Ebene des Kreises	
1. äußerer Kreis – Makroebene	beinhaltet Zeitgeist, den Standort und das Angebot der Organisation
2. mittlerer Kreis – soziale Struktur	• z. B. »Wie kommen wir innerhalb der Organisation miteinander aus?« • z. B. »Wie interagieren, befehlen oder kontrollieren wir?«
3. innerer Kreis – technische Kultur	wird häufig als Strategie dargestellt

Tab. 12: Drei differenzierte Ebenen der Unternehmenskultur (Fasola 2021)

3

Für eine tiefergehende Lektüre empfehle ich das Buch ›*The Corporate Culture Survival Guide*‹ von Edgar und Peter Schein aus dem Jahr 2019.

Expertentipps zur Anwendung

Meine Erfahrungen haben tendenziell gezeigt: Je mehr über Kultur und Werte gesprochen wurde, desto weniger war davon spürbar und erlebbar. Aus dem Qualitätsmanagement können wertvolle Initiativen und Impulse kommen, wie z. B. das Herausarbeiten von Grundprämissen. Was ist verhandelbar und was nicht? Wie kann das Q-Team dazu beitragen, dass dieses Wissen in der gesamten Organisation bekannt ist?

Qualitätsmanager:innen sollten ihre Schnittstellenfunktion aktiv nutzen, um den Dialog zwischen den verschiedenen Subkulturen in den unterschiedlichen Abteilungen zu fördern – mit Blick auf die zu erreichenden Unternehmensziele. Hier spielen auch Vision und Mission hinein (vgl. Kapitel 3.1.4 und 3.1.5); wie kann also das Team im Qualitätsmanagement zum Erreichen der Vision und Mission beitragen?

- **Unternehmenskultur und die Ebenen:** Nutzen Sie die Kraft von Bildern. Begleiten Sie die Geschäftsführung bei Strategieklausuren. Visualisieren Sie. Unterstützen Sie Ihre Geschäftsführung/Hochschulleitung auf dem Weg zu klaren Zielformulierungen und starken Zielsätzen oder Zielcollagen.
- **Unternehmenskultur:** Gehen Sie sensibel mit den verschiedenen Ebenen um. Hier können die beiden Modelle von Edgar und Peter Schein hilfreich sein.
- **Unternehmenskultur und Spielregeln:** Das Wissen rund um Spielregeln, Grundprämissen und bekundete Werte ist Teil der Qualitätskompetenz der Mitglieder einer Organisation. Unterstützen Sie bei der Transparenz und dem Wissen um diese Elemente. Das reicht von Prozessen rund um die Mitarbeitergewinnung bis zum Onboarding oder Sichern von Wissen in Ihrer Organisation.
- **Fehlerkultur:** Unterstützen Sie bei der Sensibilisierung rund um Fehler und den Umgang mit Fehlern. Das kann in Form eines Workshops sein (wie in Kapitel 3.2.1 beschrieben) oder durch einen Impulsvortrag oder das Schulen zum Stärken-Coach, um den Blick bewusster auf die Stärken und Potenziale zu lenken (siehe Case-Study III). Wichtig ist, das Thema Fehlerkultur immer wieder neu zu beleuchten und Fehler nicht nur negativ zu bewerten, denn Fehlerarten können auch akzeptabel sein, weil sie wirtschaftlichen Nutzen bringen. (Ich erinnere an das Praxisbeispiel mit den Putzlappen und den wenig sinnvollen Kennzahlen in Kapitel 3.5.1.)
- Eine **Differenzierung** nach Branchen ist notwendig.
- Gehen Sie frühzeitig in den **analytischen Prozess**, um einerseits Qualität erkennbar zu machen und andererseits abzugrenzen, was Qualität *nicht* ist.
- Nutzen Sie das Potenzial der neuen **Rollen** als QMB, z. B. als Changemanager (siehe Kapitel 2.2.2).
- **Vernetzung und Unterstützung:** Nutzen Sie bestehende Strukturen und Rollen. Sie sind nicht allein. Vernetzen Sie sich gezielt mit Personen, die Sie bei diesem Vorhaben unterstützen können. Oder lassen Sie sich extern begleiten, beispielsweise

durch eine Supervision oder einen Coach. Der Blick von außen und die externe Begleitung können das Vorhaben deutlich beschleunigen.

Ihre Vorteile & Praxistipps

Agiles Qualitätsmanagement ist Teil der Unternehmenskultur. Nutzen Sie Ihr Potenzial als Subkultur in Ihrer Organisation. Das kann den Stellenwert von QM und Ihre Rolle im Qualitätsmanagement umfassender hervorheben. Und agiles Qualitätsmanagement ist so viel mehr als der kontinuierliche Verbesserungsprozess. Nutzen Sie die Vielfalt. Das macht Ihre Rolle und die damit verbundenen Tätigkeiten attraktiver und zieht passende Personen an, denn: Wie großartig ist das denn, wenn ich als Teil des Qualitätsteams dazu beitragen kann, dass Unternehmensziele erreicht werden und die verschiedenen Ebenen der Unternehmenskultur ineinandergreifen? So werden deutlich mehr Augen leuchten – innerhalb und außerhalb Ihrer Organisation. Probieren Sie es aus. In Ihrem Workbook lädt Sie die Übung 6.24 herzlich dazu ein, eine aus Ihrer Sicht sinnlose Regel abzuschaffen.

Zwischenfazit

Qualitätskompetenz bei allen aufzubauen, ist eine anspruchsvolle Aufgabe. Mich begeistern immer wieder Persönlichkeiten, die einfach machen und mit gutem Vorbild vorangehen. Ob das ein Friedl ist wie in unserem Beispiel oder die Führungskraft, die sich zum Stärken-Coach ausbilden ließ wie in der Case-Study III (Kapitel 4.3) beschrieben. Es sind immer die Menschen, die die Kultur vor Ort gestalten und mitgestalten. Seien Sie mutig. Seien Sie die Person, auf die alle anderen gewartet haben – für mehr leuchtende Augen im Qualitätsmanagement. Ich glaube ganz fest an Sie und habe unter anderem diese Toolbox genau für Sie geschrieben, damit Sie sofort nutzbare Werkzeuge an die Hand bekommen, die Ihren Arbeitsalltag in diesem anspruchsvollen Arbeitsfeld erleichtern können.

3.7 Management verschlanken

In diesem letzten inhaltlichen Kapitel beleuchten wir zwei weitere Toolboxen und wenden uns schließlich »einer der herausforderndsten Aufgaben« zu (Sommerhoff/Wolter 2019, S. 41) – der Vereinfachung des Managementsystems.

Das ist notwendig, denn folgende **Herausforderungen** sind zu bewältigen:

- Die Komplexität der Produkte, Dienstleistungen und der Produktionsentwicklungsprozesse sowie der Lieferantennetze muss beherrschbar sein.
- Wachsende Anforderungen der verschiedenen Interessengruppen in sich rasch ändernden Märkten wollen erfüllt werden, um wettbewerbsfähig zu bleiben.

Bei aller Komplexität gilt es jedoch, eine gute Balance zu finden für einfache und nachvollziehbare Regeln und Lösungen. Denn:

3

> »Paradoxerweise führt die detaillierte Regelung von allem nicht dazu, dass das Unternehmen besser funktioniert. Vielmehr erhöht die Überformalisierung den Druck, dass Mitarbeiter vorgeschriebene Prozesse umgehen, damit sie bei knappen Ressourcen ihre Ziele erreichen können. Die Organisationssoziologie nennt dieses Verhalten informale Ausweichbewegung.«

Riskant und gefährlich wird es, wenn Gesetze oder vertragliche Anforderungen verletzt werden und die Grenze zur Illegalität überschritten wird (Sommerhoff/Wolter 2019, S. 42).

Wie kann es nun gelingen, die verschiedenen vorgestellten Aspekte der agilen Methoden und Tools in das Unternehmen zu integrieren? Wie können verschiedene Abteilungen und Bereiche miteinander verbunden und verzahnt werden? Wie können Teams zunehmend selbstorganisiert Verantwortung übernehmen und dazu beitragen, die Ursachen zu beseitigen und die besten Lösungen zu finden?

Hier kann uns **Lean Management** inspirieren, das bereits in Kapitel 2.3.3 vorgestellt wurde. Ich erinnere an die **sieben Schlüsselfaktoren**:

1. aus Problemen und Fehlern lernen,
2. Verschwendung vermeiden,
3. Ursachen auf den Grund gehen,
4. Veränderungen meistern,
5. Werkzeuge als Mittel zum Zweck einsetzen,
6. sichtbare und nicht sichtbare Elemente beachten und
7. Teamarbeit umsetzen und Workshops durchführen.

Zunächst greifen wir Vision und Ziel aus den Kapiteln 3.1.4 und 3.1.5 auf und ergänzen diese mit einer Strategie und Maßnahmen. Was sind Aufgaben der Führung, und was sind die Aufgaben im Team? Anschließend werfen wir einen Blick auf ›einfache Regeln‹ und die Bedeutung des ›Aufräumens‹. Das beginnt bei der Sprache und geht weiter über transparente und sinnvolle Spielregeln. Daran knüpfen wir an mit Praxistipps für schlankes und effektives Management am Beispiel eines internationalen Forschungsinstituts.

3.7.1 Toolbox: Vision, starke Ziele, Strategie und Maßnahmen – Führung oder Team?

Hintergrund und Grundgedanke

»Wir alle schreiten durch die Gasse, aber einige wenige blicken zu den Sternen auf.«

Oscar Wilde

Mit diesem Zitat beginnt Doris Rothauer das Kapitel ›*Vision*‹ in ihrem Buch ›*Vision & Strategie. Strategisches Denken für kreative Köpfe*‹, und ich schließe mich der Autorin an, die dazu schreibt: »Wie könnte man schöner beschreiben, was eine Vision ist? Auch im unternehmerischen Kontext ist sie wie ein Stern, der magnetisch anzieht, eine Sehnsucht nach dem Weiten. Oder – um auf dem Boden zu bleiben – eine herausfordernde Wunschvorstellung von der Zukunft« (Rothauer 2014, S. 90).

Den Themen Vision und Ziele nebst Tools und Praxisbeispielen haben wir uns bereits in den Kapiteln 3.1.4 und 3.1.5 gewidmet. *Warum greife ich sie hier also noch einmal auf?* Nun, weil die Praxis zeigt, dass sich besonders jene Organisationen schwertun, passende Mitarbeitende zu halten und zu motivieren und weitere Fachkräfte anzuziehen, die entweder keine oder unklare Visionen und Ziele haben. Ich stelle die These auf, dass es einen direkten Zusammenhang gibt zwischen fehlender Vision, unklaren Zielen und entweder unmotivierten oder erschöpften Teams oder gar einer hohen Fluktuation.

Auf einen Blick: Starke Vision und starke Ziele

Je klarer die Vision und die strategischen und operativen Ziele, desto leichter sind Strategie und Maßnahmen abzuleiten und umzusetzen.

Je unklarer Vision und Ziele, desto schwerer ist das Ableiten einer Strategie und desto größer der Frust im Team.

In der Praxis gehen eine unklare Vision und unklare Ziele oft mit dem wenig effektiven Umgang von Ressourcen einher. Das betrifft sowohl die personellen als auch die finanziellen Ressourcen und reicht von Frustration bis zur inneren Kündigung oder Fluktuation.

Die zentrale Aufgabe von Führungskräften ist, eine starke Vision und konkrete Ziele zu benennen und zu kommunizieren. Hier kann ein:e QMB aktiv unterstützen.

Die **Vision** gibt das Zukunftsbild vor und lenkt den Blick auf die entsprechende Ausrichtung. Eine starke Vision ist mit Emotionen aufgeladen und erzeugt bei der Vorstellung kraftvolle Bilder. Folgende Fragen können helfen:

- Wo wollen wir in fünf Jahren sein?
- Wie kommen wir am besten dahin?

Eine starke Vision ist der Grund, warum Sie montags morgens schwungvoll zu Ihrer Organisation fahren, um wieder Ihren wertvollen Beitrag zu leisten, indem Sie aktiv daran mitarbeiten, diese Vision Wirklichkeit werden zu lassen.

Eine starke Vision ist beispielsweise das Leitbild der Deutschen Lepra- und Tuberkulosehilfe e. V. (DAHW o. J.): *»Unsere Vision ist eine Welt, in der kein Mensch unter Lepra, Tuberkulose und anderen Krankheiten der Armut und ihren Folgen wie Behinderung und Ausgrenzung leidet.«*

3

Um eine Vision zu entwickeln, gibt es verschiedene Herangehensweisen. Das reicht von Einzelinterviews und Workshops mit Entscheidern bis zu moderierten Visions-Workshops. Zu diesem Thema kann ich die folgenden Bücher empfehlen:

- Doris Rothauer (2014): *Vision & Strategie. Strategisches Denken für kreative Köpfe.*
- Harry Gatterer und Gabriel Diakowski (2019): *Vision. Das Praxisbuch für die Entwicklung Ihrer Unternehmensvision.*

Die **Vision** verknüpft die **Zielerreichung** mit dem folgenden wichtigen Aspekt: dem Wofür oder Warum oder **WOZU** (Nickel 2019, S. 42). (Für starke Ziele darf ich auf Kapitel 3.1.5 verweisen. Dort sind verschiedene Techniken für starke **Zielformulierungen** zusammengefasst.)

Die Geschäftsführung/Hochschulleitung – von Vision und Zielen

Vision und **Ziele** sind Aufgabe der Geschäftsführung oder Hochschulleitung. Auf der obersten Führungsebene findet die **Kursausrichtung** und gegebenenfalls die **Kurskorrektur** statt. Hier kann ein:e QMB aktiv unterstützen – entweder moderierend oder beratend oder durch unterstützende Fragestellungen. Schließlich ist aus Sicht der obersten Führungsebene folgende Frage relevant, die mit dem damit verbundenen Schaffen von passenden Rahmenbedingungen einhergeht: »**Hat mein Team alles, was es braucht, um unsere Vision und unsere Ziele zu erreichen?**«

Abteilungsleitungen und Stabsstellen – die passende Strategie finden

Die **Strategie** ist notwendig, um einen Plan zu entwickeln, wie die Vision in die Tat umgesetzt werden kann und so auch die definierten Ziele. Bei der Strategie sollten Abteilungsleitungen, Stabsstellen oder das erweiterte Präsidium unterstützen. Die Strategie wird anschließend von den Führungskräften im Mittelbau an die Teams kommuniziert. Hier findet auch die Kontrolle beziehungsweise der Abgleich statt, ob der Kurs noch stimmt oder nachjustiert werden muss.

Mitarbeitende – die vereinbarten Maßnahmen umsetzen

Die vereinbarten **Maßnahmen** sind in der Praxis Aufgaben oder Projekte. Diese werden an einzelne Mitarbeitende delegiert. Hier findet das ›Abarbeiten‹ statt – auf dem Weg zur Umsetzung der Ziele und zum Wahrwerden der Vision.

Auf einen Blick: Objectives and Key Results (OKR)

Die Objectives and Key Results (OKR) sind ein wertvolles Bindeglied zwischen der Vision, den Zielen und den Maßnahmen.

In der Praxis erlebe ich regelmäßig das Feedback, dass die OKR eine sinnvolle Verknüpfung zwischen der Führungsebene und der operativen Ebene bewirken.

Mehr über OKR erfahren Sie in Kapitel 3.1.5.

Abb. 44 zeigt eine vereinfachte Darstellung der Aufgabenverteilung – von der Führungsebene bis zum Team.

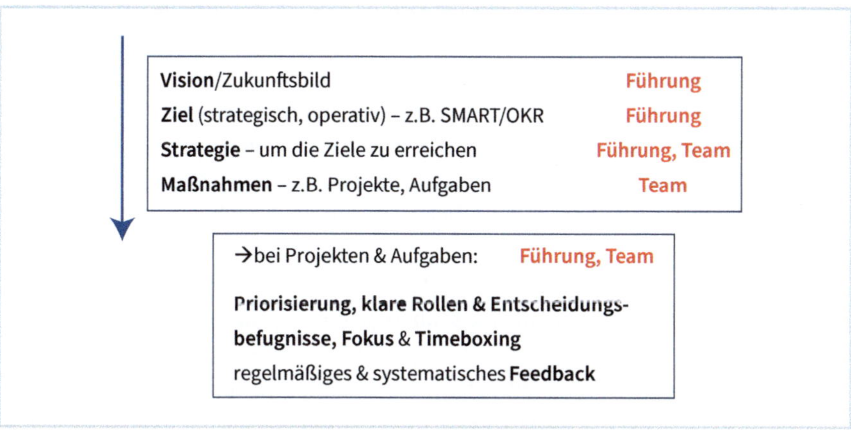

Abb. 44: Von der Vision zu den Maßnahmen (Quelle: Ulrike Margit Wahl)

Ihre Vorteile & Praxistipps

- Unterschätzen Sie nicht die Kraft einer Vision mit starken Zielen.
- Halten Sie regelmäßig inne und schärfen Sie Ihre ›persönliche Säge‹.
- Nutzen Sie das volle Potenzial von Hol- und Bringschuld. Als Führungskraft sollten Sie Ihrem Team die Leitplanken und relevanten Rahmenbedingungen geben. Als Team oder Individuum sollten Sie sich die notwendige Klarheit holen, damit Sie effektiv wirken können und Ihren Beitrag zur Verwirklichung der Vision leisten können.
- Schärfen Sie Ihren Fokus und justieren Sie regelmäßig nach.
- Nutzen Sie die Kraft von Bildern. Ein ›Hin zu‹ ist leichter als ein ›Weg von‹.

Zwischenfazit

Eine starke Vision mit starken Zielen gibt die Kursrichtung vor. Die Strategie ist der Plan, um die Ziele zu erreichen und die Vision mit Leben zu füllen. Spürbar wird es durch die Maßnahmen. Alle Bereiche eint die Sprache. Hier neigen wir im QM manchmal zu komplizierten und langen Beschreibungen. Das nun folgende Kapitel soll hier sensibilisieren, dass gerade im agilen Qualitätsmanagement die Einfachheit und das Weglassen die hohe Kunst der QMB ist.

3.7.2 Toolbox: Fokus auf einfache Sprache, einfache Regeln und Papierkorb

Hintergrund und Grundgedanke

Die **Einfachheit** ist eine Kunst, die erlernt werden kann. Das reicht von kurzen, gut lesbaren Texten über die intuitive Dateiablage bis zu Präsentationen, die maximal sechs Seiten umfassen. Richten Sie Ihren Fokus auf das Wesentliche. Und richten Sie ihn auf die User-Gruppe, die die Informationen verarbeiten soll.

3

Wie viele Gedanken machen Sie sich über Ihre Adressatinnen und Adressaten, bevor Sie eine E-Mail, eine PowerPoint-Präsentation oder einen Newsletter verfassen? Wie viel Zeit investieren Sie in das Verstehen der Bedürfnisse Ihres Gegenübers? Wie lange brauchen neue Mitarbeitende, bis sie richtig eingearbeitet sind? Wie lange dauert das Onboarding? Sind die Grundprämissen (zur Erinnerung: was nicht verhandelbar ist) und sozialen Strukturen (zur Erinnerung: wie interagieren oder kontrollieren wir?) nachvollziehbar oder brauche ich eine Begleitung, z. B. durch ein Tandem, damit ich gut ankommen kann? Gibt es ein umfangreiches Prozesshandbuch, das ich intuitiv nachvollziehen kann, oder haben wir leicht erlernbare Abläufe und nachvollziehbare Regeln?

Der Klassiker sind Dateistrukturen, die ›historisch gewachsen‹ sind. Anstatt Sommer- oder Winterpausen zu nutzen, um eine saubere und kohärente Struktur zu gestalten, wird leider viel zu häufig billigend in Kauf genommen, dass unsere wertvollste Ressource – der Mensch – viel Zeit mit Suchen oder Nachfragen verbringt, weil ohne das Hintergrundwissen ein Finden der gesuchten Informationen nicht möglich ist. Beliebt ist in diesem Kontext auch die Argumentation der ›Eh-da-Kosten‹, was nicht zwingend die wirtschaftlichste Lösung ist und gegen den dritten Schlüsselfaktor im Lean Management verstößt: der Ursache auf den Grund gehen. Ich erinnere an dieser Stelle an das Praxisbeispiel in Kapitel 3.5.2, wo nach einem Audit genau definiert wurde, was geändert werden sollte, um dann mit einem interdisziplinären Team eine kreative Lösung zu finden – nämlich die Qualifikationsmatrix (statt verschiedenen Excel-Tabellen mit unterschiedlichen Informationen und zeitverzögerten Angaben).

Wie ist die Brücke zum agilen Qualitätsmanagement?

Die Sprache ist der Kanal, über den wir kommunizieren. Ob mündlich oder schriftlich – die Sprache spielt eine zentrale Rolle in der Dokumentation und Kommunikation. Und das Ziel sollte doch das gegenseitige Verstehen sein, um mit gemeinsamen Kräften die Kundenbedürfnisse optimal zu befriedigen.

Abb. 45: Papierkorb - z. B. »Von welchen Zeitfressern kann ich mich trennen?« (Quelle: Davie Blicker, Pixabay)

Einfachheit geht einher mit regelmäßiger Inventur und dem Loslassen. Dafür steht stellvertretend der **Papierkorb**. Wie regelmäßig und systematisch leeren Sie Ihre Mailbox? Wie systematisch ist Ihre Dateiablage? Haben Sie feste und eingeplante Zeitfenster für Vor- und Nacharbeit nach einem Meeting? Räumen Sie regelmäßig auf und nutzen Ihren Papierkorb?

Planen Sie regelmäßig feste Zeitfenster ein. Was muss abgelegt werden, wo kann aufgeräumt werden? Bin ich noch auf Kurs? Passen meine Prioritäten? Welche Regeln sind sinnvoll? Wo kann ich Änderungen anstoßen? Wo kann ich Verschwendung vermeiden?

Expertentipps zur Anwendung

Nutzen Sie immer wieder einfache Sprache. In Zeiten von Inklusion, Diversity und Internationalisierung sollten wir jene Kommunikationskanäle nutzen, die Menschen zusammenbringen. Die sogenannte Leichte Sprache adressiert Menschen mit kognitiven Einschränkungen oder Lernschwierigkeiten und ist eine vereinfachte Form des Deutschen und somit ein Instrument der Barrierefreiheit (BGW o. J.). Wörter in der Leichten Sprache sollten maximal zehn Buchstaben pro Wort haben, für Onlinetexte 16 Buchstaben pro Wort. Die einfache Sprache ist zwischen der Leichten Sprache und unserer Standardsprache verortet und richtet sich nicht nur an Menschen mit eingeschränkten Deutschkenntnissen oder anderen Einschränkungen. Sie hat die folgenden Merkmale (Mentorium 2022):

- bis 15 Wörter pro Satz; selten bis 20 Wörter (Multisprech 2021)
- möglichst Subjekt – Prädikat – Objekt
- höchstens ein Nebensatz mit einem Komma; keine Schachtelsätze
- keine Abkürzungen oder Synonyme
- kurze und direkte Formulierungen
- relevante Informationen liefern
- aktive Formulierungen nutzen (kein Passiv)
- bildliche Formulierungen
- Emotionen ansprechen
- Zitate – kurz und treffend verwenden
- leichte Grafiken und Abbildungen
- logische Gliederung und Struktur
- Weniger ist mehr!

Im wissenschaftlichen oder bürokratischen Kontext sind immer wieder Sätze zu finden, die nicht beim ersten Lesen verstanden werden. Doch gerade das sollte im Fokus stehen. Texte sind für Menschen geschrieben, und diese sollten sie gut lesen und verstehen können. Sie erinnern sich vielleicht aus Kapitel 3.1.2, wie wichtig das wirkliche Verstehen ist. Sie können daran arbeiten:

- Zählen Sie gelegentlich die Anzahl der Wörter im Satz und die Wortlänge.
- Achten Sie bewusst auf das Einbinden von starken Bildern.

- Versuchen Sie, alle Sinne anzusprechen (Was kann ich anpassen, z. B. Prototyp, oder hören, z. B. Originalzitat aus einem Interview von unseren Usern?).
- Holen Sie sich Feedback von jenen Personen, die Ihre Kernbotschaft erhalten sollen. Wie verständlich ist Ihr Text?
- Probieren Sie die eine oder andere Regel der einfachen Sprache – je nach Branche und abhängig vom Kontext.

Nachfolgend finden Sie weitere Ideen für einfache Regeln und erste Schritte für mehr Wirksamkeit und schlankes Management, indem die Individuen befähigt werden und den Rahmen mitgestalten können, um bestmöglich wirken zu können.

Unmut-Tag

Die letzten Jahre haben Spuren hinterlassen. Umso wichtiger ist es, passende Formate zu schaffen, wie wir miteinander mit unseren verschiedenen Bedürfnissen in den Austausch kommen können. Ein Beispiel ist der Unmut-Tag. Diese Idee kam von einem Team, das ich als Mediatorin begleitet habe. Das Team wünschte sich ein Format, in dem sie ihrem Unmut Luft machen können. Der Unmut-Tag funktioniert wie folgt:

- Einmal im Monat trifft sich das Team (acht Personen).
- Dauer: eine Stunde
- Jede Person hat fünf Minuten Rederecht; die ablaufende Zeit ist sichtbar (durch einen digitalen Timer).
- Alle anderen Personen hören nur zu; keine Nachfragen, keine Kommentare, keine Bewertungen.
- Die redende Person kann deutliche Worte wählen; einzige Bedingung: respektvoller Umgang und nicht ›unter der Gürtellinie‹.
- Alles, was Unmut erzeugt, kann ausgesprochen werden.
- So geht es einmal reihum, bis jede Person sich geäußert hat.
- Alle können sich äußern, keiner muss.
- Allein das Aussprechen und Zuhören im Team hat sehr viel Druck und Anspannung aus dem Team genommen. Das Team hört sich anders zu und nimmt sich untereinander anders wahr.
- Anschließend überlegt das Team gemeinsam, wie es welches Thema weiter bearbeitet. Das reicht von der Value-Proposition-Canvas bis zur User-Story (siehe auch unter 6.2, 6.4 und 6.5 im Workbook).
- Das Team kennt zudem Eskalationsstufen, wann sie sich an weitere Personen wenden können, wenn das bloße Aussprechen nicht hilft (z. B. Personalentwickler oder Mediatoren).

Papierkorb und ›Säge schärfen‹

Schaffen Sie sich regelmäßige Rituale und feste Zeitfenster, in denen Sie aufräumen oder sich um Ihre Ablage kümmern. Loslassen und Platz schaffen lenkt den Blick und den Fokus auf die wirklich wichtigen Dinge. An einem aufgeräumten Platz lässt es sich deutlich leichter priorisieren (siehe auch Kapitel 3.2.3). Sorgen Sie also für eine stets geschärfte ›persönliche Säge‹ und einen genutzten Papierkorb.

Fehlerkultur

Sorgen Sie für ein Umfeld, in welchem Fehler erlaubt und grundsätzlich erwünscht sind. Zur Erinnerung: Kaizen – der Klassiker in der Veränderung zum Besseren – kann nur in einer Kultur gelingen, die eine Fehlerkultur zulässt. Keine Fehlerkultur, kein Kaizen (siehe Kapitel 2.3).

Keine Regel wird standardisiert ohne Feedback von echten Usern und nur mit der Rückendeckung der Unternehmensleitung/Hochschulleitung.

Überhaupt möchte ich Sie ermutigen, sich immer wieder mit Lean Management und Kaizen zu beschäftigen. Wahre Ursachen aufzuspüren (z. B. durch ›penetrantes Nachfragen‹) und kreative Lösungen zu finden – das sind Kernelemente, die wir aus der japanischen Kultur mitnehmen können. Erst wenn wir die Ursache gefunden und verstanden haben, können wir kreative Lösungen in gemischten Teams entwickeln. Erst dann können wir diese mit echten Nutzer:innen testen. Und erst dann ist es sinnvoll, über Standardisierungen nachzudenken und diese konsequent umzusetzen. Dazu braucht es die Rückendeckung der Führung. Denn auch das bedeutet ›dienende Führung‹ (siehe auch Kapitel 2.2.1).

Ihre Vorteile & Praxistipps

- Einfachheit ist eine Kunst. Sie lohnt sich.
- Nachvollziehbare und einfache Regeln erhöhen die Bereitschaft, diese anzunehmen und umzusetzen.
- Schärfen Sie regelmäßig Ihre Säge. Nutzen Sie die Chance für eine Inventur – ob im Büro, im E-Mail-Postfach oder bei Ihrer Aufgabengestaltung.
- Achten Sie auf eine gute Feedback- und Fehlerkultur.

3.7.3 Praxistipps für schlankes Management und kluges Wissensmanagement

Hintergrund und Grundgedanke

Das Management hat seinen etymologischen Ursprung in der italienischen Sprache vom Verb *maneggiare*, das so viel bedeutet wie ›handhaben, gebrauchen, lenken‹.[26]

Als Kind war ich begeisterte Zirkusanhängerin; in der DDR hatte der Zirkus einen hohen Stellenwert und war Teil unserer Kultur. Die Rolle des Zirkusdirektors hat mich immer

26 DWDS.de: Management; Abrufdatum: 31.01.2023

3

besonders fasziniert. Für mich steht der Zirkusdirektor exemplarisch für gelebtes Lean Management. Er verkündete (metaphorisch gesprochen) die Richtung, die nächsten Meilensteine und schaffte einen Rahmen – eine Manege –, in welcher die Höchstleistungen vollbracht und gezeigt werden konnten.

Nach meiner Interpretation war dies eine Meisterleistung ›schlanken Managements‹. Nachvollziehbare Spielregeln, klare Zielvorgaben und Raum für exzellente Leistungen. Nur zusammen mit seinem Zirkusteam war der gesamte Zirkus erfolgreich. Jede Person wurde gebraucht – vom Kassierer bis zur Artistin, vom Gerüstbauer bis zum Dompteur. Rollenwechsel und Job-Rotation, wie wir das heute nennen, gehörten zum Alltag dazu. Häufig waren die Artisten am Eingang und rissen die Karten ab oder verkauften in den Pausen Getränke oder Snacks. Sie waren dicht an den Besuchern dran, hörten Erwartungen und Vorfreude und nahmen Feedback und Stimmen wahr. So blieb der Blick geschärft – für faszinierende Darbietungen und exzellente Leistungen. Und nach jeder Saison wurden das Programm und die Reaktionen des Publikums (der User) reflektiert. Wissen wurde, wenn nötig, geteilt und gemanagt. Aus Erfahrungen wurde gelernt.

Expertentipps zur Anwendung

Für den Zirkusdirektor steht immer folgende Frage im Fokus: »Was braucht mein Zirkusteam von mir, damit es exzellente Leistungen zeigen kann, die das Publikum anziehen und wofür das Publikum bereit ist, den vereinbarten Preis zu zahlen?« Verknüpfen wir diese Arbeitswelt mit dem **Lean Management** und den acht Schlüsselfaktoren:

1. aus Problemen und Fehlern lernen
2. Verschwendung vermeiden
3. Ursachen auf den Grund gehen
4. Veränderungen meistern
5. Werkzeuge als Mittel zum Zweck einsetzen
6. sichtbare und nicht sichtbare Elemente beachten
7. Teamarbeit umsetzen und Workshops durchführen
8. nicht genutzte Kreativität der Mitarbeitenden

Dann können folgende Fragen mit den entsprechenden Schritten zu einem schlanken Management beitragen:

Zu 1.: »Welche Fehler haben uns in der Vergangenheit richtig Geld gekostet?« – »Welche Entscheidung hat zu einer Reduktion unserer Stammkunden geführt?« – »Was haben wir getan, damit diese Fehler nie wieder passieren?« – »Schärfen wir regelmäßig unsere interne und persönliche Säge?«

Zu 2.: »In welchen Bereichen verschwenden wir wertvolle Ressourcen?« – »Wie sorgsam gehen wir mit unserer wertvollsten Ressource – dem Menschen – um?« – »Fragen wir regelmäßig unsere Mitarbeitenden, welche Art der Verschwendung wir vermeiden sollten?« – »Ist unser Organigramm aktuell?« – »Vermeiden wir Doppelungen und komplizierte Regelungen?« – »Streben wir einfache Lösungen an?«

Zu 3.: »Gehen wir Ursachen wirklich auf den Grund, indem wir z. B. regelmäßig fünfmal W anwenden?« – »Oder bleiben wir tendenziell auf der Maßnahmenebene?« – »Sind wir hartnäckig genug, um die wahren Ursachen (beispielsweise rund um Verschwendung) herauszuarbeiten und zu lösen?«

Vielleicht finden Qualitätsmeetings künftig immer am Ort der Ursache statt, wie ein Teilnehmer in einem Workshop neulich berichtete. Dort nahm sogar der Geschäftsführer bei relevanten Themen teil, um die Ursachenfindung aktiv zu unterstützen und die passenden Entscheidungen vor Ort treffen und kommunizieren zu können. In dieser Firma war der Originalton der Mitarbeitenden wichtiger als Hierarchien.

Zu 4.: »Meistern wir erfolgreich geplante Veränderungen?« – »Steht unsere Planungszeit in einer guten Balance zu Aufwand und Nutzen?« – »Kennen wir unseren Wert, den wir nach der Veränderung erreichen wollen (beispielsweise mit der Value-Proposition-Canvas?)« – »Sind wir konsequent in der Umsetzung von neuen Regeln?« – »Vermeiden wir konsequent Parallelsysteme?«

Zu 5.: »Setzen wir Werkzeuge als Mittel zum Zweck ein?« – »Kennen wir das WOZU und das WARUM, sobald Methoden oder Werkzeuge zum Einsatz kommen?« – »Nutzen wir eine konkrete und einfache Sprache und die Kraft von Bildern?«

Unsere Lernvideos rund um ›Hybrides Projektmanagement‹ und ›Geniales Zeit- und Selbstmanagement‹ werden beispielsweise genutzt, um ganze Abteilungen schnell mit dem nötigen Wissen auszustatten.

Zu 6.: »Achten wir ausreichend auf sichtbare und nicht sichtbare Elemente?« – »Ist uns bewusst, was sichtbare und was nicht sichtbare Elemente sind?«

Zu 7.: »Haben wir wirksame Workshops mit professioneller Moderation?« – »Haben unsere Teams alles, was sie brauchen, um einen exzellenten Job zu machen?« – »Sind unsere Führungskräfte geschult, um Teams gut und erfolgreich zu führen?«

Zu 8.: »Nutzen wir die Kreativität unserer Mitarbeitenden?« – »Haben wir passende Räume, um das Potenzial gut zu nutzen?«

Vielleicht kann Sie das Bild des Zirkusdirektors in Kombination mit den oben vorgestellten Fragen perspektivisch inspirieren?

In Kapitel 3.6.3 lasen wir, dass laut Edgar Schein eine Unternehmenskultur aus zahlreichen Subkulturen besteht. In jeder Abteilung oder jedem Fachbereich gestalten die

Menschen vor Ort ihr ›schlankes Management‹ mit. Das sollte immer im Hinterkopf mitgedacht werden.

Wissensmanagement und Qualitätsmanagement

In wissenschaftlichen Einrichtungen sind Wissenschaftsmanagerinnen und Wissenschaftsmanager verbreitet. Ihr facettenreiches Berufsbild reicht von Service- und Beratungsfunktionen bis hin zu einem Mix aus Personalentwickler, Pressesprecher und Controller.

Auch Qualitätsmanager:innen können eine wichtige Schlüsselrolle beim Managen von Wissen in einer Organisation ausfüllen. Dazu gehören nicht nur notwendige Audit- oder Akkreditierungsunterlagen, sondern auch die aktive Unterstützung beim Finden passender Lösungen, wie in Kapitel 3.5.2 am Beispiel der Qualifikationsmatrix beschrieben.

Ihre Vorteile & Praxistipps

- Schaffen Sie ein gutes Umfeld, damit die passenden Mitarbeitenden bleiben wollen.
- Vernetzen Sie sich mit anderen Stabsstellen. Sie haben wichtige Schnittstellenfunktionen.
- Verzahnen Sie Wissensmanagement mit Qualitätsmanagement. Es lohnt sich.
- Nutzen Sie die aufgeführten Fragen für eine regelmäßige Inventur und ein schlankes Management.

Zwischenfazit

Sie haben es geschafft. Die sieben Schritte auf dem Weg zum agilen Qualitätsmanagement liegen hinter Ihnen. Am Ende dieses Kapitels möchte ich Sie herzlich zu der Übung 6.26 in Ihrem Workbook rund um Lean Management und Verschwendung einladen. Wo sehen Sie Veränderungspotenzial? Wie könnte Ihr erster Schritt aussehen?

4 Case-Studies

4.1 Case-Study I: WHU – Otto Beisheim School of Management – Wertvolle Erfahrungen im QM-Team mit Daily, Kanban-Board und ›Start with WHY‹

Brigitte Braun/Tim Leiendecker

Der Aufgabenbereich der Abteilung Qualitätsmanagement (QM) der WHU – Otto Beisheim School of Management ist komplex und dynamisch. Um dem zu begegnen, haben wir uns auf die Suche nach Methoden gemacht, die uns im Alltag helfen können, diese Herausforderungen zu meistern, Aufgaben und Projekte effektiver anzugehen und die interne Team-Organisation zu verbessern. Workshops halfen uns dabei, nicht nur Einblicke in das Thema Agilität zu bekommen, sondern auch konkrete agile Methoden kennenzulernen und an unseren Themen auszuprobieren.

Im Folgenden veranschaulichen zwei Beispiele die positiven Veränderungen in der Arbeitsorganisation, die sich durch die Anwendung agiler Methoden ergeben haben: Das erste Beispiel zeigt, wie sich die Herangehensweise an neue Aufgaben und Projekte durch den Einsatz agiler Methoden verändert hat. Das zweite beleuchtet, wie die interne Teamorganisation vom Einsatz agiler Methoden profitieren konnte. Nach beiden Darstellungen werden wir die wichtigsten Handlungsempfehlungen jeweils kompakt zusammenfassen.

Nach eigener Erfahrung ist das Verständnis des Begriffs Qualitätsmanagement an Hochschulen bisweilen recht offen: Es gibt einerseits Kernaufgaben, wie z. B. QM in Studium und Lehre (z. B. Evaluationen und Akkreditierungen). Dazu kommen bei uns als zentraler Serviceeinheit eine Vielzahl von Anknüpfungspunkten und Übergängen in weitere Themenfelder. Weiterhin, und auch das ist eine nach unserem Verständnis typische Eigenschaft von QM, identifiziert QM für sich selbst immer wieder Aufgabenbereiche und Themenfelder, die potenziell bearbeitet werden könnten. Vor diesem Hintergrund haben wir als Team die kennengelernten agilen Methoden auf ihre Anwendbarkeit in unserem Arbeitsumfeld hin betrachtet. Ziel war es, zu erreichen, dass die an das Team herangetragenen oder selbst erarbeiteten Arbeitsaufträge frühestmöglich eindeutig und klar definiert werden.

Unser Vorgehen bei der Auftragsklärung folgt dem Motto ›Start with WHY‹ (nach Simon Sinek) und nutzt die 5-Why-Methode. Wir nutzen diese Herangehensweise, um zunächst für uns selbst das Aufgaben- bzw. Projektziel abzuklären und Unklarheiten auszuräumen. Das ›WHY‹ steht dabei sowohl für ›Warum‹ als auch für ›Wofür‹: Warum wurde diese Aufgabe/dieses Projekt vergeben? Was genau ist das Ziel? Wofür ist es wichtig, dass wir das gesetzte Ziel erreichen? – Die ›5 WHYs‹ mit dem wiederholten Nachfragen unterstützen uns und ggf. auch die Auftraggebenden dabei, die Aufgabe bzw. das Ziel der Aufgabe klar herauszuarbeiten. Erst wenn die Aufgabe bzw. das Projekt allen Beteiligten klar ist, beginnt die Arbeit daran.

Dieses Vorgehen hat nach unseren Erfahrungen mehrere Vorteile: Es macht die Aufgabe eindeutig und verhindert das Loslaufen in die falsche Richtung. Es gibt den beteiligten Personen Sicherheit – sowohl gedacht im Hinblick auf die Aufgabendefinition als auch auf die Absicherung gegenüber den Auftraggebenden. Der Austausch mit den (externen) Auftraggebenden und ggf. mit Dritten über das ›WHY‹ kann dazu beitragen, den Auftrag durch neue Perspektiven und Anstöße nachzuschärfen und zu optimieren. Kann man sich eindeutig zu Aufgaben- oder Projektzielen äußern, erhöht das zudem die Akzeptanz gegenüber Führungskräften und (externen) Personen, die ggf. in das Projekt bzw. die Aufgabe einbezogen werden sollen. Im besten Fall trägt es zu mehr Motivation bei den Beteiligten bei.

Es hat die Arbeitsweise im QM-Team der WHU nachhaltig beeinflusst. Mittlerweile werden bei der Klärung von neuen Aufgaben oder Projekten ganz automatisch die entsprechenden Fragen nach den ›WHYs‹ gestellt, ohne sich dabei einer konkreten Methode bewusst zu sein. Das kann dazu führen, dass manche Aufgaben und Projekte nach eingehender Befragung schließlich doch nicht oder erst nach einer erneuten Abstimmung angegangen werden, weil sie – obschon sie auf den ersten Blick gut und klar begründet scheinen – der ›harten Prüfung‹ nach den ›WHYs‹ (vorerst) nicht standhalten. Zudem haben wir die Erfahrung gemacht, dass es die Kommunikation und Interaktion mit den Stakeholdern sehr erleichtert, wenn wir dabei auf einen klar definierten und damit eindeutigen Auftrag zurückgreifen können.

BEISPIEL FÜR HANDLUNGSEMPFEHLUNGEN

- Klopfen Sie Aufgaben und Projekte frühzeitig nach dem ›Warum‹ und ›Wofür‹ ab. Wiederholtes Fragen hilft, das eigentliche Aufgaben-/Projektziel klar zu bestimmen.
- Wenden Sie die 5-Why-Methode zunächst im Sinne eines Sich-Selbst-Hinterfragens an. So schaffen Sie im ersten Schritt für sich selbst Klarheit über die Aufgabe. Beziehen Sie anschließend, wenn möglich, eine weitere Person als ›critical friend‹ ein, um sich die entsprechenden Fragen stellen zu lassen.
- Es mag teilweise anstrengend sein, das wiederholte Nachfragen auszuhalten. Je unsicherer Sie jedoch dabei werden, umso wahrscheinlicher ist es, dass der Auftrag eben noch nicht eindeutig geklärt ist.
- Dieses Vorgehen können Sie zusätzlich durch die Erstellung einer Projekt-Canvas unterstützen, um weitere Einflussfaktoren in die Betrachtung miteinzubeziehen.

Auf einen Blick: Teamorganisation

Das Team organisiert sich mit Elementen aus Scrum und Kanban.

Im QM-Team der WHU sind die einzelnen Teammitglieder auf bestimmte Themenfelder spezialisiert und bearbeiten diese in der Regel eigenverantwortlich. Dabei entstehen aber immer wieder Schnittpunkte zwischen den einzelnen Teammitgliedern. Das macht einen regelmäßigen Austausch innerhalb des Teams unumgänglich. Er dient zum einen dazu, die Aufgaben und Schnittstellen im Team insgesamt im Blick zu behalten. Zum anderen hilft er jedem einzelnen Teammitglied dabei, die eigenen Projekte/Aufgaben zu managen.

Für die Gestaltung dieses Austauschs hat sich das Team im Methodenpool der agilen Welt umgeschaut und dabei für sich Methoden aus dem Scrum und Kanban genauer ins Auge gefasst. Es hat einige nützliche Elemente herausgefiltert und für das eigene Setting angepasst. Herausgekommen ist ein für uns maßgeschneidertes Organisations- und Austauschformat.

Wir haben den früheren Austausch im Team in Form längerer Jours fixes in größeren Abständen durch eine Daily-Struktur in Anlehnung an Scrum ersetzt. Diese finden in unserem Fall nicht täglich, sondern dreimal in der Woche (montags, mittwochs und freitags) statt. Montags und mittwochs liegt der Fokus auf inhaltlichen Fragen und der Abstimmung gemeinsamer Aufgaben, wohingegen freitags eher ein Rückblick auf die Woche erfolgt oder teamorganisatorische Maßnahmen (z. B. geplante Urlaube usw.) besprochen werden. Einen Scrum-Master gibt es bei uns nicht. In einem Teamworkshop haben wir jedoch einige ›Spielregeln‹ für das Daily gemeinsam aufgestellt (siehe Abb. 46).

Abb. 46: Spielregeln für das Daily im QM-Team (Quelle: Tim Leiendecker)

Für das aus fünf Personen bestehende Team wurde eine Zeit von maximal 30 Minuten für das Daily festgelegt. Das Daily selbst dient dazu, sich gegenseitig kurz auf den aktuellen Stand zu bringen, Abstimmungsbedarf untereinander oder auch Unterstützungsbedarf durch Teammitglieder oder die Teamleitung zu adressieren, um auf dieser Grundlage die eigenen Aufgaben weiter voranzubringen. Wenn im Daily weiterer Abstimmungsbedarf identifiziert wird oder der Austausch zu einzelnen Punkten zu sehr ins Detail geht, werden gezielte Folgetermine zwischen den beteiligten Personen festgelegt.

Da die Teammitglieder auf zwei Standorte aufgeteilt sind, findet das Daily als Videokonferenz statt.

Grundlage für die Teamorganisation ist in unserem Fall das Tool Microsoft Planner. Der Planner und die für das Daily relevanten Dokumente sind für die Teammitglieder auf einer Sharepoint-Seite zugänglich und können auch gemeinsam bearbeitet werden. Dort sind zudem die oben gezeigten ›Spielregeln‹ für das Daily in Form eines Fotoprotokolls zu finden. Kernstück der Sharepoint-Seite ist ein im Microsoft Planner nachgebautes Kanban-Board (siehe Abb. 47). Wir haben uns für diese individuelle Lösung entschieden, da zum einen die Einbindung in die bestehende Tool-Landschaft der Hochschule gegeben war und zum anderen der Planner einige hilfreiche Features enthält, die unten näher beschrieben werden.

In der ersten (linken) Spalte ist ein gemeinsamer Themenspeicher abgebildet, dann folgen die Spalten der einzelnen Teammitglieder mit deren laufenden Aufgaben. Die letzte (rechte) Spalte zeigt die abgeschlossenen Aufgaben.

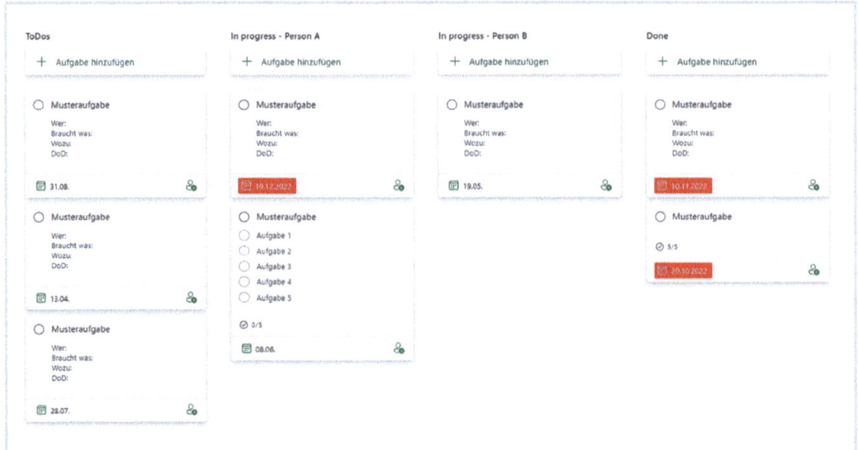

Abb. 47: Beispieldarstellung eines Kanban-Boards mit Microsoft Planner (Quelle: Tim Leiendecker)

Die Aufgaben werden als Karten nach Vorlage der User-Story-Cards angelegt, so dass auch noch einmal beim Erstellen der Karten zentrale Fragen zur Auftragsklärung (Wer, Braucht was, Wozu, DoD) beantwortet werden müssen. Das fördert die Auseinandersetzung mit der Aufgabe oder dem Projekt. Bei eher routinemäßigen Aufgaben werden die Karten teilweise auch mit Checklisten für Unteraufgaben gestaltet, wie in Abb. 47 beispielhaft zu sehen ist. Im Microsoft-Planner-Tool besteht die Möglichkeit, die Aufgabenkarten direkt den Personen zuzuordnen, die Zugriff auf die Sharepoint-Seite haben. Das ist für uns ein großer Vorteil, da wir auch Schnittstellen abbilden können, wenn eine Aufgabe von mehreren Teammitgliedern bearbeitet wird. Jeder Aufgabe kann ein Enddatum zugeordnet werden. Bei auslaufenden Deadlines verschickt das Programm automatisierte Erinnerungs-E-Mails an die der Aufgabe zugeordneten Personen. Zudem ist es möglich, farbliche Markierungen an den einzelnen Aufgabenkarten anzubringen, die wir z. B. nutzen, um anzuzeigen, dass eine Aufgabe neu ist, ob Unterstützung benötigt wird oder ob die Aufgabe gerade ruht.

Aufgaben können für den Themenspeicher (To-do-Spalte) jederzeit von den Teammitgliedern erstellt werden. Das Verschieben von Aufgaben zwischen den Spalten erfolgt jedoch immer gemeinsam im Daily, wobei eine Person den Bildschirm teilt und anschließend das Board bearbeitet. Die Aufgaben auf dem Board und das Verschieben der Aufgaben bilden die Grundlage für die Ausführungen im Daily. Dabei kommentiert jedes Teammitglied kurz die eigenen Aufgabenkarten.

Die Erfahrungen mit diesem Vorgehen und dem Tool sind durchweg positiv: Die Karten helfen, den Fokus in den kurzen Gesprächsrunden auf die aktuellen To-dos zu legen. Die Arbeitsbelastung der Teammitglieder wird ebenso unmittelbar optisch deutlich wie Probleme bei Aufgaben, wenn die Karten über eine längere Zeit nicht verschoben werden. Hier kann dann die Teamleitung nachfragen und gemeinsam mit dem Team nach Lösungen suchen. Angelehnt an Scrum kann ein Effekt bzw. Ergebnis sein, zu entscheiden, auch einmal lieber mit Zwischenergebnissen (›Prototypen‹) nach außen zu treten und so doch wieder einen Fortschritt in der Aufgabe zu erzielen. Nicht zuletzt schafft das modifizierte Kanban-Board die Gelegenheit, abgeschlossene Aufgaben als kleine Erfolge zu ›feiern‹, wenn eine Karte gemeinsam in die Done-Spalte geschoben wird.

Der Rückgriff auf die beschriebenen Methoden aus der agilen Welt hat den nachhaltigsten Einfluss auf unsere tägliche Arbeit. Dabei war es wichtig, auch hier die Tools an die eigenen Bedürfnisse anzupassen. Es braucht zudem eine gewisse Disziplin, solch eine Übersicht zu pflegen und sich im Daily auf die gemeinsamen Regeln zu besinnen. Hier empfehlen wir, den Rahmen im Team gemeinsam zu erarbeiten und sich dann auf ein Vorgehen zu verständigen. Wichtig ist, immer auch situationsabhängig Spielräume einzuplanen, um einmal bei Bedarf von den festen Strukturen abzuweichen, denn: Die Vorgaben der Scrum-Methode sollen hier ein stützendes, aber kein einengendes Korsett bieten. Wenn das gegeben ist, rücken das Board als täglicher Begleiter und die recht straffen Vorgaben für die Gesprächsrunden in den Hintergrund, und das unterstützende Potenzial kommt zum Vorschein. Damit die Methoden funktionieren und nicht als unangenehm und kontrollierend empfunden werden, ist eine offene Gesprächskultur im Team und zwischen Team und Teamleitung unabdingbar.

4

Praxistipp

- Scrum und Kanban bieten verschiedene Methodenelemente. Zögern Sie nicht, diese für Ihre eigenen Bedürfnisse einzeln auszuwählen, zu kombinieren oder anzupassen. Es müssen nicht immer die Methoden in Reinform sein.
- Gerade Scrum ist durch feste Regeln geprägt, die Arbeitsabläufe organisieren können. Erarbeiten Sie diese Regeln gemeinsam im Team.
- Nutzen Sie die Methoden auch, um Arbeit(sfortschritte) sichtbar zu machen. Das erleichtert Ihrem Team, über Fortschritte zu sprechen, Hürden zu beseitigen und Erfolge zu feiern.

4.2 Case-Study II: Verband Evangelischer Kindertageseinrichtungen in Schleswig-Holstein e. V. – QM und der Fokus auf den Menschen

Die Grundlage für die Entwicklung eines Qualitätsmanagementsystems bildet § 22a SGB VIII mit folgenden Aspekten:

> (1) »Die Träger der öffentlichen Jugendhilfe sollen die Qualität der Förderung in ihren Einrichtungen durch geeignete Maßnahmen sicherstellen und weiterentwickeln. Dazu gehören die Entwicklung und der Einsatz einer pädagogischen Konzeption als Grundlage für die Erfüllung des Förderungsauftrags sowie der Einsatz von Instrumenten und Verfahren zur Evaluation der Arbeit in den Einrichtungen.«
> (5) »Die Träger der öffentlichen Jugendhilfe sollen die Realisierung des Förderauftrages nach Maßgaben der Absätze 1 bis 4 in den Einrichtungen anderer Träger durch geeignete Maßnahmen sicherstellen.«

Der gesetzliche Rahmen ist bei der Einführung eines Qualitätsmanagementsystems in nahezu jeder Organisation die Orientierung. Was mich jedoch beim Verband Evangelischer Kindertageseinrichtungen in Schleswig-Holstein e. V. (VEK) beeindruckt hat, war der stetige Fokus auf den Menschen. Ob das die Kinder sind, die in den Kindertagesstätten (KiTas) betreut werden, oder die Eltern der Kinder oder die pädagogischen Fachkräfte – stets war zu spüren, dass es um das beste Wohl der Menschen geht. Kathrin Mewes, Erzieherin der Evangelischen KiTa St. Elisabeth Schwarzenbek, fasst es sehr treffend zusammen: »Wir gehen alle gemeinsam, wir gehen nicht alleine.«

Dieser Fokus auf den Menschen wurde beim **Jubiläum ›10 Jahre Evangelisches Gütesiegel BETA im VEK‹** deutlich, wozu ich als Special Guest eingeladen wurde, um über ›leuchtende Augen‹ im agilen Qualitätsmanagement zu referieren.

Lassen Sie sich inspirieren von dem nun folgenden **Interview** mit Markus Potten (VEK-Geschäftsführer) und Franziska Prühs (Fachberaterin und QMB des VEK), wie der Spagat zwischen Formalität und Menschlichkeit gelungen ist:

Herr Potten, Sie waren maßgeblich an der Initiierung des BETA-Siegels beteiligt. Warum waren bundeseinheitliche Mindeststandards für Sie so wichtig?

M. P.: Bereits Ende der 1990er Jahre machten wir uns als Verband auf den Weg, ein eigenes QM-Verfahren zu entwickeln, das zunächst einmal einen Vorlauf in einem sogenannten Zielekatalog fand, den wir für unsere Rechtsträger und Einrichtungen entwickelt hatten. Bis zu diesem Zeitpunkt war es zwar so, dass die DIN ISO verstärkt auch im KiTa-Bereich ankam, aber es gab kein Verfahren, das für unsere Einrichtungen geeignet gewesen wäre.

Mit der bereits veröffentlichten **Kindergarten-Einschätz-Skala** (KES) konnte zwar ein Überblick über die Qualität der Einrichtung vor Ort erzielt werden, jedoch ließ diese keinen Vergleich anhand von festgelegten, definierten Kriterien zu. Im Gegensatz dazu liegt der Ursprung, die Qualität im Dialog zu entwickeln, im **Kronberger Kreis**, dessen Grundgedanke sich bewährt hat und der sich in vielen QM-Verfahren widerspiegelt.

Dieser Leitsatz war auch wesentlicher Bestandteil des Zielekataloges des VEK. Hinzu kam, dass wir die für uns wesentliche integrierte Religionspädagogik in einem QM-System abbilden wollten. Unsere Bemühungen, auf Bundesebene für den evangelischen KiTa-Bereich etwas zu entwickeln, waren anfangs schwierig, doch mit der Bundesvereinigung Evangelischer Tageseinrichtungen für Kinder (BETA) mündeten wir dann aber doch in ein gemeinsames Vorgehen zur Entwicklung des Gütesiegels BETA, an dem wir uns als Verband maßgeblich beteiligt haben und dies in guter Kooperation zur Umsetzung bringen konnten.

Ein wesentlicher Antriebsmoment war für uns auch, dass wir feststellen mussten, dass die Einrichtungen zwar mehr und mehr begonnen hatten, ihre Konzeptionen schriftlich zu fixieren, aber darüber hinaus wenig passierte, um die eigentliche Qualität der Einrichtung zu beschreiben, und schon gar nicht schriftlich mit entsprechenden Nachweisen zu versehen. Mit einem QM-System haben die Kindertageseinrichtungen die Möglichkeit, ihre pädagogische Arbeit vor Ort zu beschreiben und zu konkretisieren. Das QM-Handbuch wird somit für die Fachkräfte zu ihrem pädagogischen Handwerkszeug, in denen Abläufe, Verfahrensschritte und Absprachen in schriftlicher Form festgehalten sind – ein klassisches Beispiel ist die Beschreibung der Eingewöhnungszeit. Dass es gelungen ist, diesen Punkt inzwischen zu überwinden, halten wir für sehr wesentlich, zumal die gute Arbeit, die bis dato geleistet wurde, sich in einem QM-System, in diesem Fall über das BETA-Gütesiegel, gut wiederfinden lässt.

4

Es ist gelungen, ein Bundesrahmenhandbuch zu entwickeln, das sich sowohl an der DIN EN ISO orientiert als auch die Arbeit in evangelischen Kindertageseinrichtungen mit Mindeststandards eint. Dieses ist ein Qualitätsmerkmal und eine Auszeichnung, mit der sichtbar wird, dass die evangelischen Kindertageseinrichtungen integrierte Religionspädagogik und pädagogische Arbeit in der Qualität verbinden, sichern und weiterentwickeln. Gleichzeitig ist zu betonen, dass es sich um einen Leitfaden zum Aufbau eines QM-Systems handelt, in dem genügend Spielraum besteht, die Qualität und damit die pädagogische Arbeit vor Ort individuell zu beschreiben – auch dieses ist ein Qualitätsmerkmal.

ERLÄUTERUNG:
KINDERGARTEN-EINSCHÄTZ-SKALA (KES) UND KRONBERGER KREIS

Der **Kronberger Kreis** für Dialogische Qualitätsentwicklung e.V. setzt sich aus national und international tätigen Fachkräften aus Praxis, Forschung und Wissenschaft zusammen. Sie initiieren Qualitäts- und Organisationsentwicklungen in der sozialen Arbeit, führen Projekte der Praxis- und Evaluationsforschung durch, bieten Weiterbildungen an und zielen bei den Fachkräften darauf aus, dass sie ihre eigene Praxis selbstkritisch reflektieren und sich mit den Beteiligten mehrseitig auseinandersetzen. Das reicht von den Nutzer:innen über die Träger bis zu Kooperationspartner:innen. Dialogische Methoden und Kinderschutzarbeit runden die Arbeit der Kronberger Gruppe ab.

Die **Kindergarten-Einschätz-Skala (KES)** dient zur Feststellung und Unterstützung pädagogischer Qualität in Kindergärten. Die Einschätzung führen zertifizierte Trainer durch anhand von 43 Merkmalen in sieben übergreifenden Bereichen wie ›Platz und Ausstattung‹ oder ›Aktivitäten‹. Für Aktivitäten werden beispielsweise ›feinmotorische Aktivitäten‹ oder ›mathematisches Verständnis‹ bewertet. Im Mittelpunkt steht die einzelne Gruppe. Es konnte zwar ein Überblick über die Qualität der Einrichtung vor Ort erzielt werden, jedoch ließ diese keinen Vergleich anhand von festgelegten, definierten Kriterien zu.

Frau Prühs, Sie sind in Ihrer Rolle als QMB ganz dicht an den Kindertagesstätten. Was braucht es aus Ihrer Sicht, damit QM nicht nur als Last, sondern auch als Lust wahrgenommen wird?

F. P.: Ich denke, dass QM im gesamten Team vorgestellt und erarbeitet werden sollte. Nur mit einem gemeinsamen Verständnis von QM kann es gelingen, die professionelle Arbeit in der KiTa weiterzuentwickeln. In diesem Moment sehe ich die Bereicherung für die Teams – mit QM an die Themen, die sie vor Ort beschäftigen, anzuknüpfen, die Qualität (die Handlungsschritte) zu beschreiben, Verständigungsprozesse herzustellen und in kurzen Intervallen die Arbeit zu reflektieren. In den Beratungsprozessen frage ich zuerst, welches Thema gerade bei dem jeweiligen Team obenauf steht. Die benannten Themen werden dann priorisiert und konkretisiert wie z.B. die Themen ›Essen in der KiTa‹ oder ›Einarbeitung neuer Kolleginnen‹.

Herr Potten, was war aus Ihrer Sicht der Schlüssel, damit so viele Kindertagesstätten sich für das BETA-Siegel begeistern können?

M. P.: Das Evangelische Gütesiegel BETA stellt den Abschluss einer erfolgreichen Implementierung eines QM-Systems dar. Dieses ist für alle Beteiligten eine Auszeichnung und Anerkennung der bisher geleisteten Arbeit – die Qualität wird sowohl nach innen als auch nach außen sichtbar. Auf diesem Weg sind alle beteiligt – Trägervertretende, Leitungskräfte, pädagogische Fachkräfte, Haus- und Küchenkräfte sowie Kinder und deren Familien. Ich denke, dass gerade dieser Beteiligungsprozess ein Schlüssel für den Erfolg ist.

Frau Prühs, was empfinden Sie als größte Herausforderung bei der Einführung eines Qualitätsmanagementsystems?

F. P.: Wenn ich an Herausforderungen denke, denke ich nicht an die eine größte Herausforderung, sondern an unterschiedliche Phasen in einem Prozess, wo Teams Herausforderungen begegnen. Wenn mir die Frage nach Herausforderungen gestellt wird, antworte ich zunächst auch gerne damit, dass ich damit etwas Positives verbinde, das benötigt wird, um Veränderungs- und Weiterentwicklungsprozesse voranzutreiben. Wahrgenommene Herausforderungen im Alltag sind Zeit, sich z. B. gemeinsam über ein Thema, einen Qualitätsstandard zu verständigen. Besonders zu Beginn der Einführung eines QM-Systems braucht es engagierte Menschen, die diesen Prozess federführend vorantreiben, wie z. B. Trägervertretende, Leitungskräfte und Qualitätsbeauftragte. Diese Akteurinnen und Akteure benötigen ebenfalls Zeit, ein System, das vor Ort passend ist, zu implementieren. Bei alledem ist es eine größere Herausforderung, das Team zu begleiten, damit QM als eine Bereicherung im pädagogischen Alltag erlebbar und spürbar wird. Im gesamten Prozess werden regelmäßige und in kurzen Intervallen Austausch- und Reflexionsmomente benötigt.

Frau Prühs, Herr Potten – die nachfolgenden Bilder zeigen die Rückmeldungen nach den beiden Tagen zum zehnjährigen Bestehen des BETA-Gütesiegels. Wie haben Sie diese beiden Tage erlebt, und was nehmen Sie für sich mit auf der weiteren Reise rund um QM?

Wir haben diese Tage als sehr bereichernd und inspirierend erlebt – ganz nach dem Motto ›QM und leuchtende Augen gehören zusammen‹ bleibt es auch nach diesen beiden Tagen so. Wir haben Ideen und Impulse erhalten, unser derzeitig klassisch ausgerichtetes QM-System um agile Momente zu erweitern. Erste Ideen, wie z. B. Prozesse zu erweitern oder gar neue Prozesse zu schreiben und in die Prozesslandkarte einfließen zu lassen, sind entstanden. Neue Tools wie Kanban-Board und Stand-up-Meetings werden erprobt und in unterschiedlichen Kontakten mit unseren Mitgliedern genutzt. Auch diese Erfahrungen werden wir reflektieren und für uns bewerten, inwieweit welche Tools und Methoden aus der agilen Welt in unsere Arbeit in den Kindertagesstätten passen.

(Anmerkung: Die genannten Tools sind alle in diesem Buch erläutert und vorgestellt.)

Im Foto links sehen Sie, wie das Gelernte in den Arbeitsalltag mitgenommen wird:

»Ja, und … im Team-Meeting« – »Achtsamere Meetingstruktur: wer? was? wozu?« – »Persona« – »Bilder visualisieren/Bikablo« – »Stehtische im Flur« – »Methoden nutzen! z. B. Keep – Stop – Start/›gelbe Karte‹ für das Schleifendrehen« – »Methoden vertiefen/nutzen« – »30 Sekunden Ruhe/Pause für Profis/Denken statt/vor Rennen« – »Methoden nutzen für Personalgespräche«

Auf dem rechten Foto finden Sie, was die Teilnehmenden nach dem Jubiläumstag noch loswerden wollten:

»DANKE für den schönen Tag :)« – »Meine Haltung zu QM hat sich positiv verändert!« – »Vielen Dank und viel Erfolg weiterhin :)« – »Danke! für neue Ideen!« – »Vielen Dank für einen ›lächelnden‹ QE-Tag« – »Super! Fehlerkultur! Problemkultur! Lösungskultur!« – »Danke für den herzlichen Empfang und den schönen Tag« – »Danke für das Feuerwerk der Gefühle. Tolle Veranstaltung – rund und schön!« – »1 runder und inspirierender Tag :)« – »Vielen Dank für die Fülle an Inspiration :)«

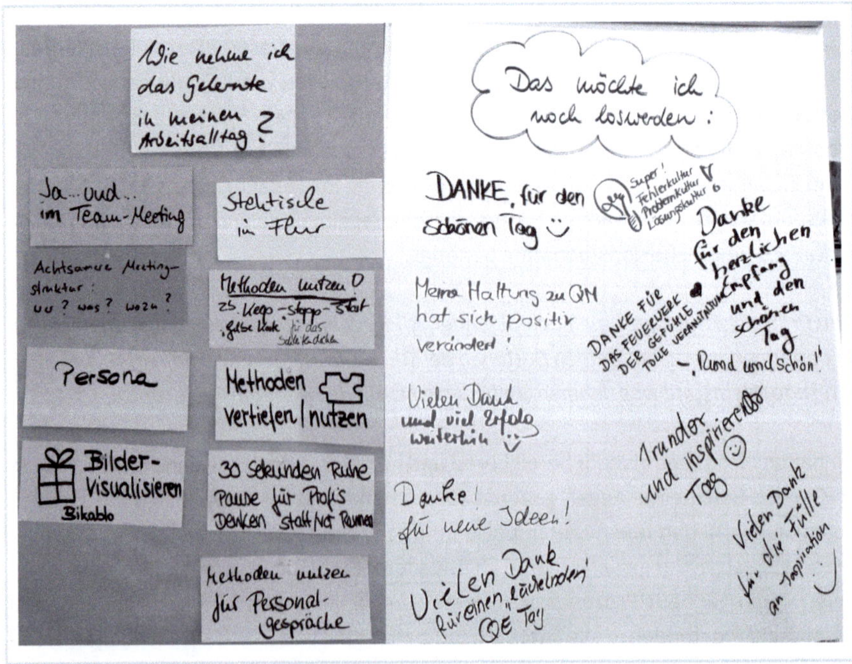

Frau Prühs, Herr Potten – eine abschließende Frage: Wenn Sie jeweils einen Wunsch hätten, was sich bis 2030 geändert haben soll rund um QM in KiTas – welcher Wunsch wäre das?

QM sollte ein fester und integraler Bestandteil von professioneller KiTa-Arbeit sein und kein ›on top‹. Die Politik hat den QM-Bereich und deren Aufwand anerkannt und auskömmlich finanziert, wie z. B. die Aufgaben von Qualitätsbeauftragten oder die Verfügungszeiten der pädagogischen Fachkräfte. Zudem haben die Ausbildungsstätten ihre Curricula erweitert und lassen neben Modulen zur Einführung von QM-Systemen das Thema als Querschnitt mitlaufen. So wird es uns auch künftig gelingen, stets den Menschen in den Fokus zu stellen – vom Kind über die Eltern bis zu den pädagogischen Fachkräften.

4.3 Case-Study III: Carl Zeiss Vision GmbH – Wie die Ausbildung einer Führungskraft zum Stärken-Coach die Kultur im Qualitätsteam prägt

Sarah Haake-Schäfer

Statt Fokus auf Fehler den Fokus auf die Stärken von Menschen richten – ein Blick in die Zukunft aus Sicht einer Führungskraft mit Frau Haake-Schäfer am Beispiel der Carl Zeiss Vision GmbH im Business Sector Vision Technology Solutions (VTS)

Vorbemerkung: Die Abteilungsleiterin des Quality Managements sowie des Bereichs Regulatory & Clinical Affairs bei der Carl Zeiss Vision GmbH BS VTS Frau Sarah Haake-Schäfer reflektierte für sich, was sie in ihrer Führungsrolle tun kann, um ihr Team bestmöglich bei der Reise zum agilen QM zu unterstützen.

In Kapitel 3 wurden zahlreiche Tools auf dem Weg zum agilen Qualitätsmanagement beschrieben; in Kapitel 5 greifen wir die sieben Schritte auf dem Weg zum agilen QM noch einmal auf, die sich an dem Buch ›*Agiles Qualitätsmanagement. Schnell und flexibel zum Erfolg*‹ von Benedikt Sommerhoff und Olaf Wolter orientieren:

- Kunden- und Geschäftsfokus sind wichtiger als interne Richtlinien.
- Verantwortung und Engagement für Qualität sind wichtiger als das Abarbeiten von Checklisten.
- Vernetzt arbeiten ist wichtiger als ständige Feuerlöschaktionen.
- Frühes Testen und schnelles Lernen sind wichtiger als lange Produkteinführungszeiten.
- Transparenz mit Echtzeitdaten ist wichtiger als detaillierte Qualitätsberichte.
- Qualitätskompetenz bei allen aufbauen ist wichtiger als das Trainieren von Qualitätsexperten.
- Schlanke Managementsysteme sind wichtiger als umfangreiche Handbücher.

In dieser Case-Study verknüpfen wir **dienende Führung** aus dem ›Manifest für Agiles Qualitätsmanagement‹ mit einem der sieben Schritte auf dem Weg zu agilem Qualitätsmanagement: **Verantwortung und Engagement für Qualität**. Zudem greifen wir die neue Rolle des Changemanagers oder Organisationsentwicklers aus Kapitel 2.2.2 auf, der dem Team dabei hilft, eigene Lernerfahrungen zu machen, und durch begleitendes Coaching die Anwendung agiler Methoden sicherstellt. Neu ist auch, dass die Führungskraft unmittelbar im Geschehen ist und so zur Akzeptanz von Themen rund um Qualitätsmanagement aktiv beiträgt. Denn die vorgestellten Methoden in dieser Toolbox sind nur so gut wie die Kultur und das Umfeld, in welchem sie angewendet werden.

Unser gemeinsames Verständnis in der Organisation von Qualitätsmanagement ist, dass

- wir den internen und externen Kunden im Fokus haben und
- das gesamte Qualitätsmanagement schlank, effizient und effektiv gestaltet werden muss.

Der Bereich VTS ist in der Medizintechnik aktiv und unterliegt somit starken Regulierungen. Wir möchten dennoch Qualitätsmanagement neu denken und die Digitalisierung anwenden, um die Nutzung von Prozessen kundenfokussiert zu gestalten. Alle im Team können mitgestalten, und so entstehen neue Konzepte zur Digitalisierung.

In Teamentwicklungsworkshops wurden unterschiedliche Methoden bereits erprobt. So wurden in einem der Workshops die **Personas** (siehe Kapitel 3.1.2) identifiziert, um die Kundenaktion stärker in den Fokus zu rücken. Stakeholder wurden reflektiert und als Basis zur Methodenanwendung der **Value-Proposition-Canvas** (siehe Kapitel 3.1.1 und Abschnitt 6.2 im Workbook) genutzt. Mit der Value-Proposition-Canvas wurde die Roadmap für die Dienstleistungen der Abteilung erarbeitet. Im Besonderen ging es darum, die Bedürfnisse des Kunden besser zu verstehen. Unser Ziel war und ist, einen gesamtheitlichen Blick auf das Qualitätsmanagement in der Organisation zu fördern und die interdisziplinäre Vernetzung aus dem ›Manifest für Agiles Qualitätsmanagement‹ in die Unternehmenskultur als festen Bestandteil zu integrieren.

Als Beispiel sehen Sie nun einige Ergebnisse aus der Value-Proposition-Canvas zum Thema ›Qualitätsmanagementsystem – Prozessmanagement/Organisationsentwicklung‹.

Hier wurden folgende **Kundenbedürfnisse** identifiziert:

- schnellere Prozesse
- eindeutige Rahmenbedingungen
- Transparenz in der Datenlage
- Verknüpfung der Prozesse untereinander
- Zurverfügungstellung von Daten für nachfolgende Prozessschritte
- Auswertung von Informationen, die aus Prozessen gewonnen werden können
- Sicherstellung der Konformität zu den regulatorischen Rahmenbedingungen
- schonender Einsatz von Ressourcen
- Sicherstellung, dass die entwickelten Produkte/Dienstleistungen schnell den unterschiedlichen Märkten zur Verfügung gestellt werden können

Diese standen folgenden **Kundenschmerzen** gegenüber:

- hohe Dokumentationslast
- Doppelung im Inhalt
- Dokumentenlenkung zu komplex
- Prozessabhängigkeiten sind sichtbar
- hohe manuelle Aufwände zur Auswertung von Informationen
- ›Spielregeln‹ innerhalb des Qualitätsmanagementsystems zu undurchsichtig
- papierbasierte Prozesse
- Vergabe von Recordnummern dauert zu lang
- großes Wissen ist nötig
- Prozesse dauern zu lang

Nach den zahlreichen Erfahrungen im Team lautete die Schlüsselfrage: **»Wie kann das Engagement für das Thema QM gefördert und der Frust im Team reduziert werden?«**

Die Antwort lag in einer fundierten Ausbildung zum Stärken-Coach unter Berücksichtigung von Aspekten aus der positiven Psychologie. Die positive Psychologie ist als eigene Richtung aus der in der Nachkriegszeit üblichen defizitorientierten Forschung entstanden.

> »Die einflussreichen Psychologieprofessoren Martin Seligman und Ed Diener forderten deshalb bereits vor der Jahrtausendwende eine Neuausrichtung der psychologischen Forschung und Anwendung. Seligman selbst war durch seine Arbeiten zu den Hintergründen der Depression bekannt geworden (erlernte Hilflosigkeit), die bis heute Grundlage einer wirksamen psychotherapeutischen Behandlung sind. Psychotherapie kann sich jedoch nicht darauf beschränken, negative Symptome zu lindern, denn die bloße Abwesenheit von Depression bedeutet noch längst nicht Gesundheit. Zentrales Ziel jeder Psychotherapie muss nach Seligman deshalb die Unterstützung von Wohlbefinden, Lebenszufriedenheit und psychischer Leistungsfähigkeit sein.«
>
> (Blickhan 2018, S. 21)

Im Jahr 1998 wurde Martin Seligmann zum Präsidenten der American Psychological Association (APA) gewählt und forderte bereits in seiner Antrittsrede, dass sich die Psychologie mit der Erforschung positiver Emotionen, positiver Eigenschaften und positiver Gemeinschaft befassen sollte. Im Kern ging es darum, sich damit zu beschäftigen, was das Leben lebenswert macht, und die Voraussetzung für ein solches Leben zu schaffen, statt den Blick auf Defizite und Krankheiten zu richten.

Eine wesentliche Aufgabe im Qualitätswesen ist, die **Ursache für Schwachstellen zu identifizieren** und diese zu beheben. So liegt ein Fokus automatisch auf dem Aspekt »Ein Fehler ist aufgetreten, und die Aufgabe besteht darin, diesen abzustellen«. Hierfür werden diverse Methoden im Qualitätsmanagement eingesetzt, wie z. B. 8D, Ishikawa-

Diagramm, FMEA, LEAN, Six Sigma. Diese Methoden werden zur Unterstützung der Analyse von unter anderem Kundenfeedback, Kundenreklamationen, Nichtkonformitäten, Korrektur- und Vorbeugemaßnahmen (CAPA) genutzt. Je nach Reifegrad der Produkte kann sich als eine der Folgen und unerwünschten Nebenwirkungen ein stark defizitorientierter Blick bei den Mitarbeitenden einstellen, im Sinne von »alle Produkte sind schlecht«. Und dies kann dann leicht zu Aussagen wie »alles ist schlecht« führen. Des Weiteren besteht eine Neigung zur Suche des Schuldigen, anstatt die Themen aus der Metaebene **ursachenbezogen** zu betrachten.

Was wollte ich ändern?
Traditionell ist der Blick bei den Mitarbeitenden sowie in der Organisation auf QM eher defizitär, doch ich bin davon überzeugt, dass es sich im Qualitätsmanagement lohnt, den Fokus auf die Stärken meines Gegenübers zu legen.

So bin ich vorgegangen:
Schon während der Ausbildung wurde mein Blick als Führungskraft auf die Stärken und das Potenzial meines Gegenübers weiter gestärkt. Ich nutzte bewusst Methoden aus der Stärkenarbeit sowie der Positiven Psychologie und erzeugte in meinem Team das Bewusstsein für die eigenen Stärken als Person und als Team. Wenn sich jeder Mitarbeiter seiner eigenen Stärken bewusst ist, wird der Blick auf die tägliche Arbeit verändert. Es werden neue Potenziale entdeckt und in das Team eingebracht.

Mit einigen Mitarbeitenden wurden bereits Stärkencoachings durchgeführt und anschließend anhand von täglichen Situationen in der Organisation reflektiert. Als Beispiel sei hier die Rolle als Reviewer von technischer Dokumentation oder das Auftreten in Teammeetings genannt.

Durch die gemeinsame Reflexion wird der Fokus auf den optimalen zu erstrebenden Zustand gelenkt, den sogenannten Flow (siehe auch Kapitel 3.2.2). Es wird anhand der Stärken besprochen, wie diese optimal in den täglichen Situationen eingesetzt werden können. Auch werden Situationen besprochen, die dem jeweiligen Mitarbeiter oder der Mitarbeiterin Energie rauben. Hier wird erst geschaut, wie die Mitarbeitenden besser in der Situation handeln können, bevor wir eine Verlagerung von Themen im Team besprechen. So werden Teammitglieder, denen der Blick auf Fehler Energie raubt, z. B. in anderen Schwerpunkten eingesetzt, oder die Fehlersuche wird im Team durchgeführt.

So werden Rollen im Bereich Qualitätsmanagement neu gedacht, agil arrangiert und entsprechend den Stärken der Mitarbeitenden gestaltet.

Gerade im Qualitätsmanagement ist der Fokus auf lebenslanges Lernen und somit auf die eigene persönliche Entwicklung und das psychologische Wohlbefinden festgelegt. Die Stärkenarbeit hilft, die eigenen Stärken mehr zu leben, in den sogenannten Flow zu kommen und durch gemeinsame Interaktion die Arbeit auf mehrere Schultern zu verlagern. Das führt zu einer höheren Mitarbeitermotivation, zu weniger Fluktuation und schließlich zu besseren Ergebnissen im Bereich Qualitätsmanagement.

Was sollte sich im Bereich QM unbedingt ändern?
Es gibt aus meiner Sicht zwei Aspekte, die sich im Besonderen in der Kultur einer Organisation ändern müssen, um mehr Positivität zuzulassen und die Herausforderungen der digitalen Transformation mitgestalten zu können:

a) Klärung der Schuldfrage
b) nur das Abschalten des Fehlers

Die Grundlagen des ›Manifests für Agiles Qualitätsmanagement‹ werden bei uns regelmäßig ausprobiert. Die Abteilung steht dafür, neue Methoden zu erproben und diese nach einer Pilotierung neu zu bewerten und dann gegebenenfalls in die Organisation auszurollen. Ein Beispiel sind die täglichen Stand-ups, die zum gegenseitigen Austausch und der Fokussierung der Aufgaben führen. Nachdem wir diese Methode mehrere Monate eingesetzt haben, wurde im Team beschlossen, diese nicht mehr durchzuführen. Dafür gab es vier Gründe: Stand-ups wurden mehr als Druck und Kontrolle angesehen, Arbeitsbeginn war mit 8.15 bis 8.30 Uhr zu früh, das Thema Fokus war nicht für alle gleich wichtig, und einige schweiften immer wieder sehr ab und mussten ›eingefangen‹ werden.

Stattdessen werden jetzt in wöchentlichen Abstimmungen die Rollen geklärt und die verteilte Arbeit eigenverantwortlich erledigt. Die nach wie vor größte Herausforderung besteht darin, die Aufgaben in so kleine Stücke zu unterteilen, dass diese an einem Tag abarbeitbar sind.

Aktuell sind wir wieder an der Überprüfung, ob diese Abstimmungsmeetings wieder andere Strukturen benötigen, um den aktuellen Herausforderungen gewachsen zu sein.

Denn: Agiles Qualitätsmanagement hört nie auf. Es ist und bleibt ein iterativer Prozess.

Abb. 48: Statt defizitärem Blick den Fokus auf Stärken und Potenzial legen (Quelle: Yogesh More, Pixabay)

Es beginnt im Kopf, im Idealfall mit der Unterstützung durch die Führungskraft. Der Fokus auf Stärken und Potenziale schafft eine vertrauensvolle Stimmung im QM-Team. So kann Qualitätsmanagement ein Vorreiter für die Kulturveränderung innerhalb der Organisation sein.

Mein Learning/mein Fazit aus der Sicht als Führungskraft:

Zusammengefasst ergibt sich für mich, dass der Mensch in einem agilen Managementsystem eine wesentliche Rolle einnimmt und die auf Stärken fokussierte Arbeit dabei hilft, sich persönlich und in der Gruppe weiterzuentwickeln.

Die in vielen Bereichen bereits gestartete digitale Transformation, die mit dem Veränderungsprozess in digitalen Techniken und Technologie einhergeht oder innerhalb der Organisation für Veränderungen im Bereich der Kundenerwartungen führt, verändert somit auch die Erwartungshaltung der Anwender im Qualitätsmanagementsystem. So kann auf Basis der sich veränderten digitalen Infrastruktur das Qualitätsmanagementsystem nun so gestaltet werden, dass ein Mehrwert für alle Anwender in der gesamten Organisation vorhanden sein kann. So ist ein Wandel auf der einen Seite durch die Unterstützung der IT-Infrastruktur möglich und auf der anderen Seite eine andere Wahrnehmung des gesamten Bereichs des Qualitätsmanagements.

Final hat QM eine der Schlüsselrollen durch die interdisziplinäre Vernetzung, die die Kultur mit verändern und eine Organisation agil und flexibel gestalten und aufblühen lassen kann.

Wenn auch das Qualitätsmanagement neu und anders gedacht und in der Organisation interdisziplinär auf mehreren Schultern angesiedelt wird, dann werden großartige Menschen in hervorragenden Organisationen neue Methoden einführen können. Der Blick von der Fokussierung auf Fehler und der ewigen Schuldsuche wird sich ändern zur Suche nach der Ursache und deren langfristiger Abstellung. Die Haltung, Fehler als Chance zu sehen und daran zu wachsen, liegt nicht jedem Mitarbeiter. Somit helfen die Sensibilisierung der Mitarbeitenden auf ihre Stärken und die Fokussierung auf das eigene Tun.

Abschließend möchte ich darauf aufmerksam machen, dass Mitarbeitende mehr Verantwortung für ihre Themen übernehmen und über eine höhere Motivation verfügen. Der Umgang mit sich selbst und den internen sowie externen Kunden verändert sich. Und so ändert sich auch die eigene Haltung gegenüber der eigenen Arbeit und dem eigenen Wirken. Die Stimmung im Team kann verbessert und die Arbeit als sinnstiftend wahrgenommen werden.

Make quality management a strengths focus.

Teil III: Das Wichtigste zum Schluss – Fazit und Workbook

5 Agiles Qualitätsmanagement, und nun? – Ein Rückblick, ein Ausblick und ein Überblick

Wow – eine lange Reise liegt hinter Ihnen. Eine Reise mit Inspirationen, vielleicht auch Irritationen. Beides wäre erwünscht und völlig in Ordnung. Und vielleicht sagen Sie, wie ich neulich nach einem Workshop gehört habe: »Meine Haltung zu QM hat sich positiv verändert!« oder »Danke für das Feuerwerk der Gefühle«, denn QM hat ganz viel mit Gefühl und Leidenschaft zu tun. Sie sind herzlich eingeladen, auf den folgenden Seiten noch einmal zu erleben, welche Techniken und Werkzeuge Sie in dieser Toolbox kennengelernt haben, doch zuvor darf ich mit folgenden Gedanken schließen:

Agiles Qualitätsmanagement steht nie still. Es geht immer weiter. Vielleicht haben wir perspektivisch mehr Stärken-Coaches im Bereich Qualitätsmanagement; vielleicht gibt es künftig mehr passende Bewerber als freie Stellen für diese anspruchsvolle Aufgabe; vielleicht gibt es irgendwann keine separate Rolle mehr für QMB, weil Qualität in allen Rollen mitgedacht und mitgestaltet wird. Und vielleicht werden QM und Begeisterung künftig in einem Atemzug erwähnt. Spätestens dann hätte sich dieses Buch gelohnt.

Abb. 49 (entstanden in einem Workshop) ist der Versuch, agiles Qualitätsmanagement auf einem Blick darzustellen. Wir beginnen mit der gemeinsamen Sprache, dem Rollenverständnis und dem Finden des starken WARUM. Warum beschäftigen wir uns mit QM – welches Problem wollen wir lösen beziehungsweise welchen Mehrwert wollen wir schaffen? Zudem ist unser Tun verzahnt in die Unternehmensvision und -strategie. Unsere Nutzergruppen und Kunden stehen immer im Mittelpunkt. Bei allem Tun achten wir auf eine ausgeglichene Balance zwischen Aufwand und Nutzen. So hinterfragen wir beispielsweise regelmäßig unsere eigenen Grundannahmen und reflektieren, welchen WERT wir schaffen.

Abb. 49: Ergebnis aus einem Workshop – auf dem Weg zum agilen QM (Quelle: Ulrike Margit Wahl)

Auf dem Weg zum agilen Qualitätsmanagement haben Sie nun zahlreiche relevante Tools kennengelernt, so z. B. die Value-Proposition-Canvas oder die User-Story-Card aus dem Methodenmix aus Design-Thinking, Scrum und Kanban, die im besten Fall mit den leuchtenden Augen aller Beteiligten belohnt werden.

Schließlich werden es die Menschen sein, die das agile Qualitätsmanagement mit Leben füllen werden. Das ist in Hochschulen oder Unternehmen nicht anders als im Hochleistungssport. So wird es beispielsweise um die richtige Balance gehen, wie viel Digitalisierung uns Menschen wirklich guttut. Und es wird um die Frage gehen, wie sich Innovation und Qualität in dieser schnelllebigen Zeit miteinander verzahnen lassen. Am Ende dreht sich alles stets um Wirksamkeit mit erwünschten Wirkungen ohne unerwünschte Nebenwirkungen wie Fluktuation oder Burnout.

Bewahren Sie sich den frischen und offenen Blick und wagen Sie auch immer wieder einen Blick über unsere Landesgrenzen. Im Umgang mit Wert und Wirtschaftlichkeit können wir beispielsweise von der Schweiz noch viel lernen. Doch das wäre ein eigenes Buch wert, vielleicht als Fortsetzung?

Unsere gemeinsame Reise durch diese Toolbox neigt sich dem Ende entgegen. Ich danke allen Personen, die ich in Projekten oder Workshops begleiten durfte. Ihr Feedback war immer ein Geschenk für mich, das in diese Toolbox eingeflossen ist. Vom »Zack, ist das Bild im Kopf« bis zu »Meine Haltung zu QM hat sich positiv verändert!« Jedes Feedback war wertvoll und hat zum Entstehen dieser Toolbox beigetragen. Und zahlreiche Aha-Momente habe ich der Zusammenarbeit mit Ihnen zu verdanken.

Abschließen möchte ich mit einer Übersicht über die erarbeiteten 70 Tools – auf einen Blick für Sie zusammengefasst. Vielleicht platzieren Sie diese Übersicht an einem gut sichtbaren Ort und probieren mindestens einmal im Monat ein Tool aus. Tauschen Sie sich aus, z. B. mit Ihrer Kollegin oder einem Tandempartner. Das kann auch außerhalb Ihrer Organisation sein. Der regelmäßige Austausch und die systematische Reflexion sind für eine nachhaltige Wirkung entscheidend, denn um es mit Erich Kästner zu sagen: »Es gibt nichts Gutes, außer man tut es.«

In diesem Sinne wünsche ich Ihnen ganz viel Freude beim Ausprobieren!

Ihre Tools auf einen Blick

Hier finden Sie alle in dieser Toolbox vorgestellten Techniken und Werkzeuge nach Kapiteln unterteilt, so dass Sie entweder direkt nachschauen oder sich immer wieder neu inspirieren lassen können:

Tools aus Kapitel 3.1 – Auf dem Weg zum Kunden- und Geschäftsfokus	• Start with WHY • 5-Why-Methode • Purpose • Value-Proposition-Canvas • User-Fokus mit Customer-Journey-Map und ›Be your Customer‹ • Use-Cases • User-Story • Epic und Tasks • Persona • Bedürfnisse verstehen/Design-Thinking • Auftragsklärung • Rollenklärung • DoR (Definition of Ready) • DoD (Definition of Done) • Scrum • Vision

Tools aus Kapitel 3.1 – Auf dem Weg zum Kunden- und Geschäftsfokus	• WOZU • Mehrwert schaffen/Problem lösen • starke Ziele, z. B. SMART, ZIEL-Schema, Ziele nach NLP • OKR (Objectives and Key Results) • Zielcollage • Backlog • Sprint-Planning • Inspect & Adapt
Tools aus Kapitel 3.2 – Verantwortung und Engagement leben	• Werte • Fehlerkultur • Kopfstand-Methode • »Ja, und ...« • 11 Fehlertypen • Selbstwirksamkeit/Potenzialanalyse • Begeisterung/Flow • die Kraft von Worten • die Bedeutung von Pausen • Dankbarkeitstagebuch • Erfolgstagebuch • Glaubenssätze • Priorisierung • Fokus • Timeboxing • effektive Meetings/Schadensrechner
Tools aus Kapitel 3.3 – vernetzt arbeiten	• Visualisierung • Kanban-Board • Planning-Poker • die Kraft von Bildern • Value • iteratives Vorgehen • gemischte, interdisziplinäre Teams • Erfolge feiern/Moments of Champagne • Konsent-Methode • ›wilde Ideen‹ • Gorilla-Tanz • Dark Horse • Disney-Methode • frühes Scheitern • relatives Schätzen • Entscheidungsmatrix • Kommunikationsmatrix

Tools aus Kapitel 3.4 – Frühes Testen und schnelles Lernen	• Prototyping • ›Kill your Darlings‹ • systematisches Feedback • Retrospektive • Review • KEEP – STOP – START • Fünf-Finger-Feedback • Seestern-Methode
Tools aus Kapitel 3.5 – Transparenz in Echtzeit schaffen	• sinnvolle Kennzahlen entwickeln • Controller und WOZU • Vision (Was wäre, wenn …) • User-Story-Card
Tools aus Kapitel 3.6 – Qualitätskompetenz bei allen aufbauen	• Rolle der QMB (am Beispiel der Persona Friedl) • Kompetenzen im Team erweitern • sinnvolle und nachvollziehbare Spielregeln definieren • Umgang mit Killerphrasen • Fehlerkultur
Tools aus Kapitel 3.7 – Management verschlanken	• einfache Sprache • einfache Regeln • Papierkorb • ›Säge schärfen‹ • Unmut-Tag • schlankes Management/Lean Management • kluges Wissensmanagement

Tab. 13: Übersicht Tools

Noch einmal wünsche ich Ihnen viel Spaß beim Ausprobieren! Und wenn Sie nicht weiterwissen, dann schreiben Sie mir unter: info@beste-qm-wahl.de. Ich freue mich auf Sie!

6 Ihr Workbook mit sofort nutzbaren Vorlagen

6.1 Start with WHY – für wirkliches Verstehen

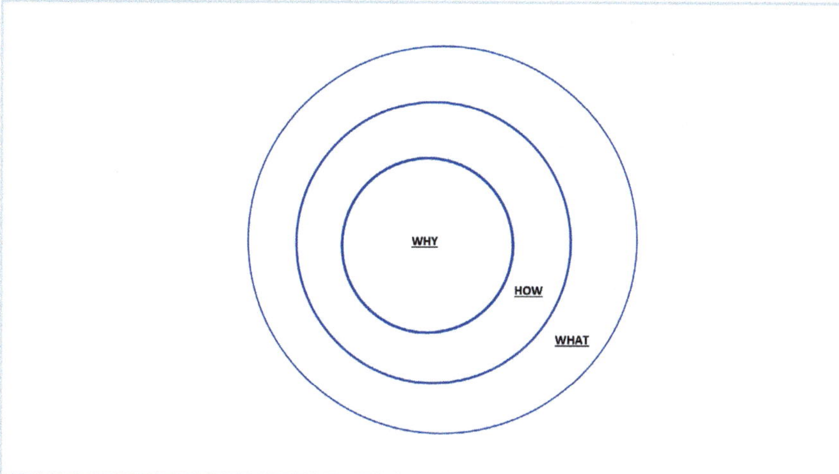

Abb. 50: Start with WHY nach Simon Sinek (Quelle: Ulrike Margit Wahl)

Start with **WHY** – z. B. Warum beginnen wir das Projekt? Warum beschäftigen wir uns mit dieser Aufgabe?

HOW – Wie wollen wir anfangen? Wie wollen wir vorgehen?

WHAT – Was ist konkret zu tun? Was ist mein erster Schritt?

6.2 Value-Proposition-Canvas – für WERTvolle Ergebnisse

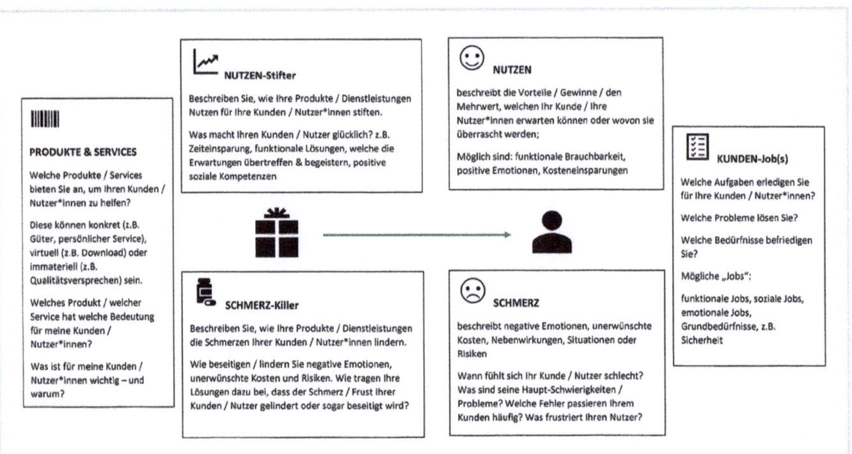

Abb. 51: Value-Proposition-Canvas (Quelle: Ulrike Margit Wahl)

Starten Sie intuitiv. Die nachfolgenden Fragen geben Ihnen eine Orientierung. Diese können, müssen jedoch nicht genutzt werden.

Welchen ›Schmerz‹ hat Ihr Kunde/Ihre Nutzerin?

___

___

___

Welchen Nutzen/Mehrwert hat Ihr Kunde/Ihre Nutzerin?

___

___

___

Welchen ›Job‹ erledigen Sie für Ihren Kunden?

___

___

___

Die nachfolgenden Fragen unterstützen Sie bei Ihren Lösungsvorschlägen für Ihren Kunden.

Welchen ›Schmerz‹ killen Sie?

____

____

____

Welchen Nutzen stiften Sie?

____

____

____

Welchen Service bieten Sie?

____

____

____

6

6.3 Use-Case

Use-Case – Nummer	
Kurze Beschreibung	
Beteiligte Akteure	
Auslöser für diesen Anwendungsfall	
Vorbedingungen/Nachbedingungen	
Standardablauf (vergleichbar mit Prozessschritten)	
Anmerkungen	

Tab. 14: Vorlage für Use-Cases

Für weitere Informationen oder Praxistipps empfehle ich den Eintrag ›Use Case‹ auf t2informatik.de/wissen-kompakt und den dazugehörigen Newsletter, der zu meinen liebsten zählt.[27]

27 Sie finden ihn über den obigen Eintrag oder https://t2informatik.de/newsletter/; Abrufdatum: 31.01.2023.

6.4 User-Story-Card und Definition of Done (DoD)

Die User-Story-Card hat die Größe einer Postkarte (DIN A6). Das ist Teil der Methode. Sollten Sie nicht alle Informationen auf eine User-Story-Card bekommen, dann lautet die Musterantwort: Machen Sie die Karte kleiner. In der Praxis bewährt sich das Aufteilen in kleinere Aufgabenpakete. Nehmen Sie einfach mehrere User-Story-Cards.

USER STORY CARD – MUSTER **Nr. __1**

WER* ***Der Präsident der Universität XY***

braucht WAS*

überzeugende Argumente relevanter Statusgruppen der Universität XY (mit Zahlen, Daten, Fakten) und möglichen Konsequenzen

WOZU*

um das Ministerium von der Notwendigkeit der Neustrukturierung der Drittmittel zu überzeugen.

Autor	**Datum** (Erstellung)	**Datum** (Fertigstellung)
Ulrike Margit Wahl	15.11.2021	30.06.2022

Abnahmekriterium / DoD:

- mindestens 3 überzeugende Argumente je Statusgruppe (belegt mit ZDF); je vom Senat, Dekanerunde, Personalrat

[* WER=wessen Perspektive; WAS=Ziel/Bedürfnis; WOZU=Grund/Nutzen]

USER STORY CARD **Nr. ___**

WER* ____________________

braucht WAS* ____________________

____

____

____

WOZU* ____________________

____

____

Autor	**Datum** (Erstellung)	**Datum** (Fertigstellung)

Abnahmekriterium / DoD:

[* WER=wessen Perspektive; WAS=Ziel/Bedürfnis; WOZU=Grund/Nutzen]

Abb. 52: User-Story-Card – mit Beispiel (Quelle: Ulrike Margit Wahl)

6.5 Persona – mit Leitfragen

Probieren Sie die Persona-Methode aus – entweder mit einem echten Interviewpartner oder im Rollenspiel. Denken Sie daran – selbst ausprobieren und dann nachjustieren ist besser als das Warten auf die perfekte Lösung.

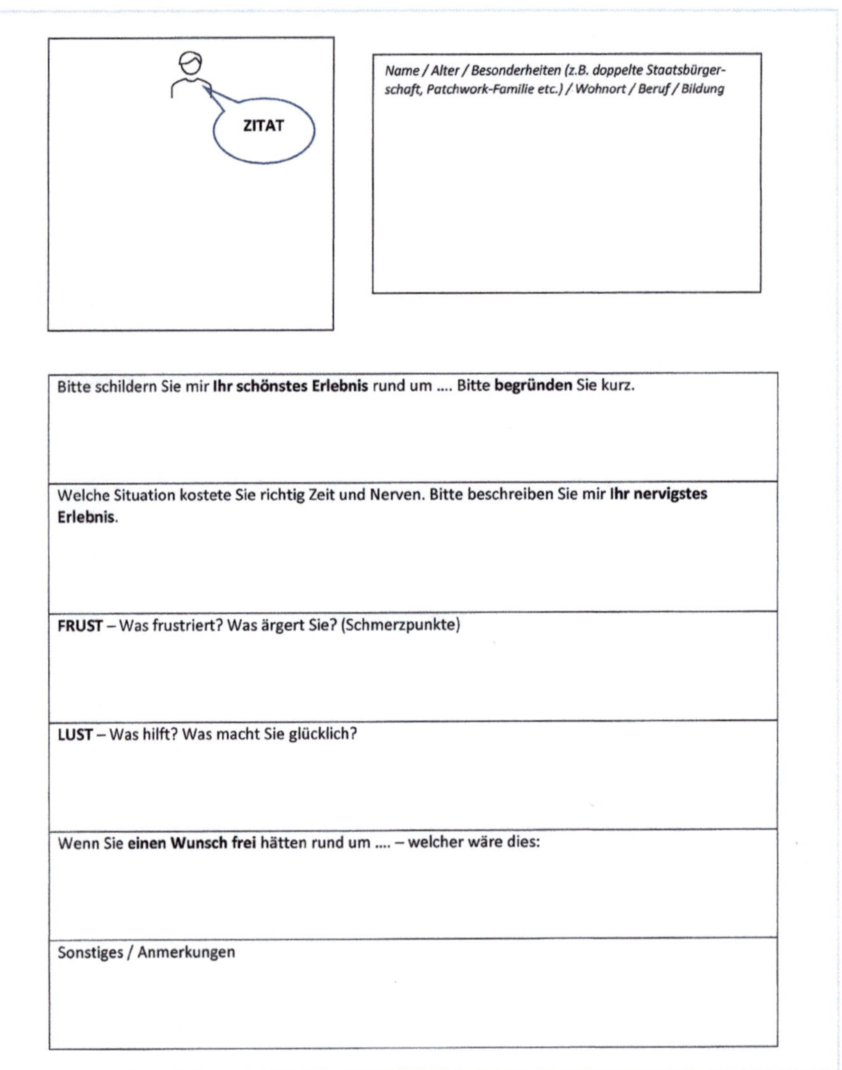

ZITAT

Name / Alter / Besonderheiten (z.B. doppelte Staatsbürgerschaft, Patchwork-Familie etc.) / Wohnort / Beruf / Bildung

Bitte schildern Sie mir **Ihr schönstes Erlebnis** rund um .... Bitte **begründen** Sie kurz.
Welche Situation kostete Sie richtig Zeit und Nerven. Bitte beschreiben Sie mir **Ihr nervigstes Erlebnis**.
FRUST – Was frustriert? Was ärgert Sie? (Schmerzpunkte)
LUST – Was hilft? Was macht Sie glücklich?
Wenn Sie **einen Wunsch frei** hätten rund um .... – welcher wäre dies:
Sonstiges / Anmerkungen

Abb. 53: Fragebogen für Ihre Persona (Quelle: Ulrike Margit Wahl)

6.6 Vision und WOZU

Bitte beantworten Sie zunächst die folgenden Fragen:

Welches **Problem** (von wem) möchten Sie lösen?

Welchen **Mehrwert** möchten Sie (für wen) schaffen?

Wie lautet Ihr **WOZU**? Wozu möchten Sie dieses Thema bearbeiten?

Wie lautet Ihre **Vision**? (In der Praxis hat sich der Anfang mit »Was wäre, wenn ...« bewährt. Daran können Sie sich orientieren, müssen Sie aber nicht.)

Musterlösung

Was wäre, wenn wir mit der Einführung der Bewerbermanagementsoftware alle offenen Stellen innerhalb von maximal drei Monaten besetzen und so alle unsere gesteckten Unternehmensziele erreichen könnten?

6

6.7 Ziele und Zielcollagen

Welches Bild beschreibt Ihr Ziel im Qualitätsmanagement? Wie sieht Ihre Zielcollage aus?

Wie lautet Ihr Ziel – **SMART,** als **ZIEL-Schema, OKR** oder nach den **Regeln im NLP**?

___

___

___

Musterlösung

Am 31.10.2023 geht unser virtuelles Sportprogramm an den Start, und nach 100 Tagen haben wir mindestens 100 Anmeldungen, davon mindestens 10 % mit internationalem Hintergrund.

Sie brauchen Unterstützung? Dann empfehle ich Kapitel 3.1.5: Starke Ziele, OKR und Zielcollagen.

6.8 Ihre Musterlösung – in zehn Schritten

Die folgende Vorlage orientiert sich an der Musterlösung in Kapitel 3.1.6. Nun sind Sie dran – mit Ihrer individuellen Musterlösung zur Einführung agiler Tools in Ihrem Qualitätsmanagementsystem.

Bitte wählen Sie ein Beispiel aus Ihrem Arbeitsalltag im Qualitätsmanagement.

Definieren Sie Ihr Thema:

___

1. Beginnen Sie mit den **Rollen**. Welche Rollen gibt es in Ihrem Thema?

___

___

2. Wie lautet Ihre **Vision**?

___

___

3. Welche **Ziele** wollen Sie erreichen (z. B. SMART, OKR, NLP)?

___

___

4. Erstellen Sie Ihr erstes **Backlog**:

___

___

5. Welche Rolle ist die wichtigste? Formulieren Sie Ihre **User-Storys** (WER braucht WAS WOZU?)

___

___

6. **Backlog-Refinement** – justieren Sie bitte noch einmal nach. Achten Sie auf eine passende Definition of Ready (DoR) und Definition of Done (DoD):

___

___

6

7. *Definieren Sie die relevanten* Akzeptanzkriterien – *Definition of Done (DoD):*

____

____

8. Bitte priorisieren Sie Ihr **Backlog**. Sie können dazu ein Kanban-Board verwenden:

to do	in Arbeit	erledigt

9. Ihre erste **Sprint-Planung**:

____

____

10. **Inspect & Adapt**

    Review – Holen Sie sich möglichst Originalfeedback von Ihrem Auftraggeber/Ihren Usern zum ersten Zwischenergebnis, z. B. *I like* – Was ist schon gut? *I wish* – Was geht noch besser?

    ____

    ____

    Retrospektive – Reflektieren Sie im Team Ihre bisherige Zusammenarbeit, z. B. mit KEEP – was wollen wir beibehalten? STOP – womit sollten wir aufhören? START – womit sollten wir beginnen?

    ____

    ____

KEEP ____

STOP ____

START ____

Herzlichen Glückwunsch! Ab jetzt heißt es Inspect & Adapt – bis die Augen Ihrer User leuchten.

6.9 Werte und Erwartungshaltung im Team

Diese Vorlage sollte von jedem Teammitglied ausgefüllt werden und für alle Teammitglieder transparent sein. Ideal ist ein Teamworkshop zum Projektstart, um die Erwartungen und Wünsche aller sichtbar zu machen. Das bewusste Einbinden von Fragen rund um Werte ist hier ebenfalls möglich.

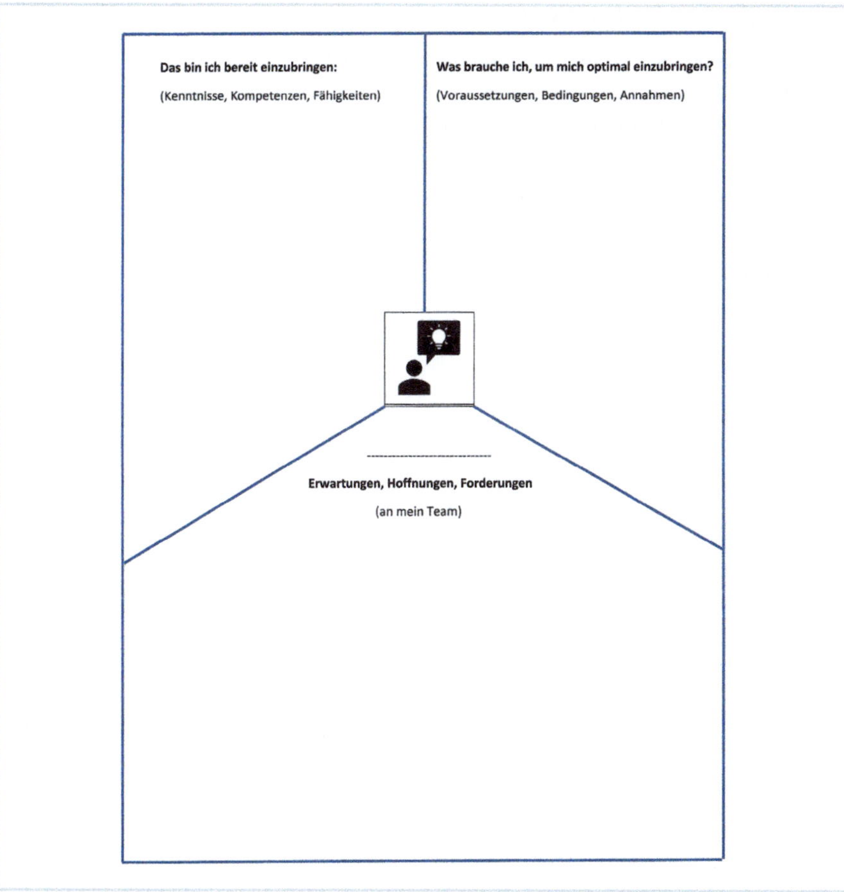

Abb. 54: Vorlage Rollen, Werte und Erwartungen im Team (Quelle: Ulrike Margit Wahl)

6

6.10 Werte – eine Ersteinschätzung

»Der häufigste Fehler liegt in der Annahme, dass die Grenzen unserer Wahrnehmung auch die Grenzen des Wahrzunehmenden sind.«
G.W. Leadbeater[28]

Auf einen Blick: Bedeutung von Werten

- Werte bestimmen, was uns bedeutsam ist und was wir tun.
- Werte werden erworben – in der Familie, in Peer-Groups oder im Beruf, mit Freunden.
- Werte geben uns Motivation und beeinflussen unseren Weg zum Ziel.

Was sind die drei wichtigsten Werte für:

a) **Ihren Beruf?**

____

____

____

b) **Ihr Privatleben?**

____

____

____

28 US-amerikanischer Schriftsteller, 1847–1934

Tabelle 15 kann bei der Formulierung Ihrer Werte helfen. Markieren Sie die für Sie passenden Wörter. Welche Wortfelder oder Bilder verbinden Sie mit Ihren markierten Werten?

Unabhängigkeit	Bescheidenheit	Kommunikation	Konfliktfähigkeit	Ernsthaftigkeit	Geradlinigkeit	Überlegenheit
Distanz	Höflichkeit	Bildung	Humor	Sicherheit	Charisma	Individualität
Ruhe	Heiterkeit	Interesse	Spontaneität	Disziplin	Stärke	Ehrlichkeit
Stil	Erfolg	Tatkraft	Herkunft	Kreativität	Toleranz	Sauberkeit
Lässigkeit	Tradition	Freude	Loyalität	Liebe	Treue	Freundschaft
Frieden	Macht	Akzeptanz	Gastlichkeit	Mitgefühl	Veränderung	Gelassenheit
Anerkennung	Nähe	Vernunft	Gerechtigkeit	Objektivität	Offenheit	Geselligkeit
Vertrauen	Gesundheit	Originalität	Glaube	Wahrheit	Glück	Pünktlichkeit
Nachhaltigkeit	Zuverlässigkeit	Unbestechlichkeit	Abenteuer	Zugehörigkeit	Abhängigkeit	Andersartigkeit
Menschlichkeit	Verantwortung	Verschwiegenheit	Wahrhaftigkeit	Unparteilichkeit	Geborgenheit	Persönlichkeit
Agilität	Anstand	Aktivität	Begeisterung	Dankbarkeit	Effizienz	Empathie
Fairness	Geduld	Güte	Hingabe	innovativ	inspirierend	konservativ
Respekt	Optimismus	Pflichtgefühl	Phantasie	Pragmatismus	Realismus	Sanftmut
Sympathie	Teamgeist	Tapferkeit	Rücksicht	Verzeihen	Weitsicht	Würde
Selbstständigkeit	Sparsamkeit	Kompetenz	Freiheit	Herzlichkeit	Mut	Ordnung
Weisheit	Harmonie	Großzügigkeit	Fleiß	Leidenschaft	Spaß	Zuversicht

Tab. 15: Werte – eine Übersicht

Bitte notieren Sie Ihre Gedanken. Was fällt Ihnen auf?

6

6.11 Gedankenhygiene und Glaubenssätze

Gedanken und Gedankenhygiene

Ein chinesisches Sprichwort besagt:

- Achte auf deine Gedanken, denn sie werden Worte!
- Achte auf deine Worte, denn sie werden Handlungen!
- Achte auf deine Handlungen, denn sie werden Gewohnheiten!
- Achte auf deine Gewohnheiten, denn sie werden dein Charakter!
- Achte auf deinen Charakter, denn er bestimmt dein Schicksal!

Auf einer Skala von 1 bis 10: Was würden Sie sagen, wie bewusst Sie mit Ihren Gedanken umgehen? Eine 1 bedeutet: ›Damit beschäftige ich mich gar nicht.‹ Eine 10 bedeutet: ›Gedankenhygiene hat für mich oberste Priorität, damit beschäftige ich mich regelmäßig.‹

So lautet Ihre Einschätzung:

___

Bitte reflektieren Sie Ihre Einschätzung. Wie fühlt es sich für Sie an? Möchten Sie, dass diese Einschätzung so bleibt? Möchten Sie etwas ändern? Notieren Sie Ihre Gedanken, gerne spontan und intuitiv:

___

___

___

Glaubenssätze

Glaubenssätze sind Meinungen und Überzeugungen, die wir uns aus bestimmten Erlebnissen oder Erfahrungen gebildet haben oder die wir von anderen Menschen übernommen haben.

- z. B. »Was Hänschen nicht lernt, lernt Hans nimmermehr.«
- z. B. »Jetzt trennt sich die Spreu vom Weizen.«

Glaubenssätze und Überzeugungen geben uns Halt und ein Gefühl von Sicherheit. Glaubenssätze können sich im Lauf des Lebens ändern.

Was sind meine Glaubenssätze?

___

___

Praxistipps

Empfehlungen und Tipps zum Finden der Glaubenssätze:

- Achten Sie auf wiederkehrende Gedanken.
- Achten Sie auf Formulierungen, die Sie regelmäßig verwenden.
- Fragen Sie Ihre Mitmenschen, welche Formulierungen Sie regelmäßig verwenden.
- Achten Sie auf Ihre Gefühle. Was fühlt sich gut an, was befremdlich?

Der erste Schritt ist, sich bewusst zu werden. Was sind meine förderlichen bzw. limitierenden Glaubenssätze? Dann folgt der zweite Schritt: Wie kann ich meine limitierenden Glaubenssätze ersetzen? Wie kann ich meine förderlichen Glaubenssätze aktiv für mich nutzen?

Bitte notieren Sie Ihre Gedanken. Fühlen sich Ihre Glaubenssätze für Sie stimmig an? Welche Ihrer Sätze unterstützen Sie in Ihrem Tun? Welche Sätze hindern Sie? Fühlt es sich stimmig an? Oder möchten Sie etwas ändern?

6

6.12 Meetings – Ihre Bestandsaufnahme

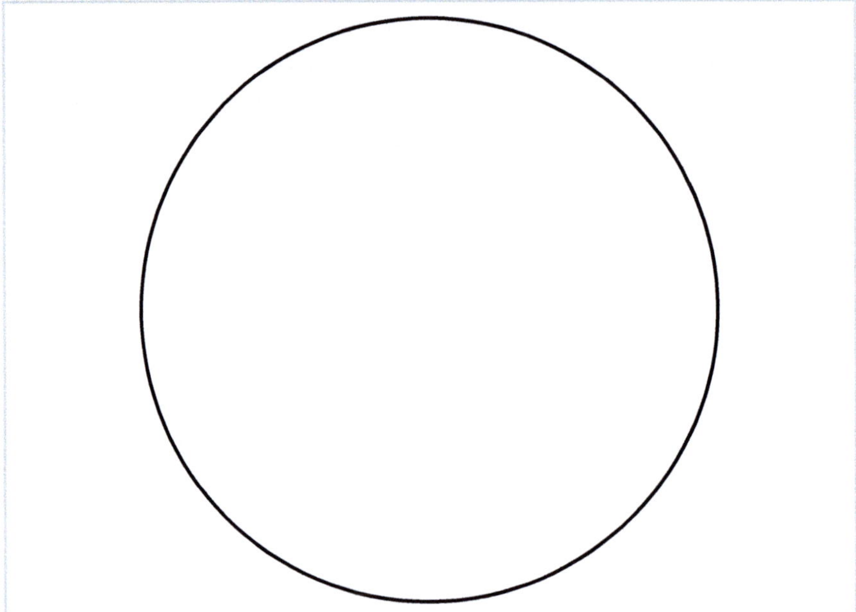

Abb. 55: Kreisdiagramm

Machen Sie sich sieben Kopien von dieser Vorlage – eine für jeden Tag. Ihr Tag hat 24 Stunden. Welches Thema/welche Aufgabe nimmt durchschnittlich wie viel Zeit Ihres Tages in Anspruch? Bitte verteilen Sie die 24 Stunden in diesem Kreisdiagramm:

Bitte reflektieren Sie:

KEEP – Was soll unbedingt so bleiben?

____

STOP – Das muss unbedingt aufhören:

____

START – Das kommt zu kurz und sollte begonnen werden:

____

6.13 Meetingmatrix – Ihre Vorlage

Nr.	Bezeichnung	Meetingart: z. B. Informations-, Kreativitäts-, Entscheidungsmeeting, soziale Meetings	Wer hat die Ergebnisverantwortung für das Meeting?	Beteiligte	In welchem Format?	Anmerkungen
1.	Auftragsklärung	Entscheidungsmeeting	Auftraggeber, Product-Owner	NW, UW, SL, PO, BW	Videokonferenz	1 × pro Monat
2.	Planungsmeeting (für Sprint)	Entscheidungsmeeting (inkl. Planung der nächsten Schritte)	Herr Müller	NW, UW, SL, PO, BW	Videokonferenz	1 × pro Monat
3.	Weekly	Info	Team	SL, UW, KL, PO, MK, LT, AW	Live	1 × pro Woche (angepasstes Daily)
4.	Review	Reflexion/Feedback rund um unsere Zwischenergebnisse	Herr Müller	NW, UW, SL, PO, BW + Auftraggeber	Live	Transparenz ist wichtig; Relevantes visualisieren wir mit Sticky Notes
5.	Retrospektive	Reflexion/Feedback rund um Teamzusammenarbeit	Herr Müller	NW, UW, SL, PO, BW + Scrum-Master	Videokonferenz	wir nutzen Mentimeter für Abstimmungen
6.	Personalversammlung	Informationsmeeting	Frau Wilhelm	alle Beschäftigten	Live	wir nutzen Mentimeter für Abstimmungen in Echtzeit
7.	Projektmeeting für Ideenfindung	Kreativitätsmeeting	Herr Müller	gemischtes Team (teils aus dem Projekt, teils mit echten Nutzer:innen)	virtueller Aktivworkshop	
8.						

Tab. 16: Ihre Meetingmatrix – zur Inspiration

6.14 Kanban-Board und relatives Schätzen

Hier ist Ihr Kanban-Board. Bitte erstellen Sie einen ersten Versuch und reflektieren Sie diesen mit Ihrer Kollegin, Ihrem Kollegen.

to do	in Arbeit	erledigt

Tab. 17: Ihr Kanban-Board – erster Versuch

Was fällt Ihnen auf?

___

___

___

Was nehmen Sie für sich mit?

___

___

___

Bitte werfen Sie nun einen genaueren Blick auf die anstehenden Arbeitspakete und Schritte. Bitte schätzen Sie nun **relativ** und nutzen hierfür die Fibonacci-Folge, wie in Kapitel 3.3.1 beschrieben.

In Abb. 56 finden Sie eine Vorlage für Ihre persönlichen Planning-Poker-Karten, die sich an der Fibonacci-Folge orientieren.

Bitte schätzen Sie erst *danach* den absoluten Zeitaufwand (in Stunden), auch wenn es sich ungewohnt anfühlt.

to do	relative Aufwandsschätzung	absolute Aufwandsschätzung

Tab. 18: Ihr Kanban-Board – zweiter Versuch

Wann ist die Fibonacci-Folge aus Ihrer Sicht sinnvoll? In welchen Bereichen können Sie die relative Aufwandsschätzung in Ihrem Arbeitsalltag anwenden?

6.15 Planning-Poker – Ihr Kartenset nach Fibonacci

Schneiden Sie eine Kopie das Kartensets aus und vervielfältigen Sie es entsprechend der teilnehmenden Personenzahl.

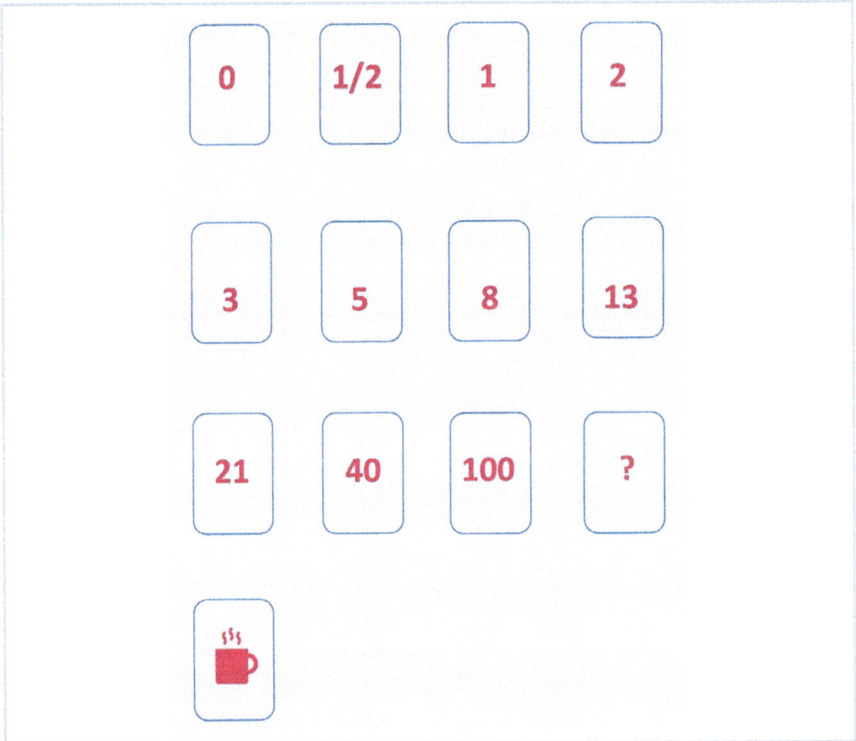

Abb. 56: Planning-Poker (Quelle: Ulrike Margit Wahl)

Und so funktioniert **Planning-Poker** – für das relative Schätzen von Aufwänden am Beispiel von Max, der das Thema ›Drupal einführen‹ *(Drupal ist ein Content-Management-System zur Erstellung von Webseiten)* im Team klären will:

- Jedes Teammitglied bekommt das komplette Kartenset.
- In der Praxis haben sich Gruppen von drei bis fünf (maximal sieben) Personen bewährt.
- Die Werte stehen für den relativen Zeitaufwand (nicht den absoluten).
- Nun stellt Max entweder nacheinander jeden Baustein (aus einem Projekt oder einem Aufgabenpaket) kurz vor oder hier im Beispiel das Thema ›Drupal einführen‹.
- Nach jedem einzelnen Baustein kann jeder Teilnehmer eine Verständnisfrage an Max stellen – jedoch kurz und knackig.
- Dann entscheiden alle Teammitglieder individuell, wie hoch sie den Aufwand schätzen, in Relation zu anderen Aufgaben.
- Diese Karte legen sie verdeckt vor sich.

- Wenn alle sich für einen Wert entschieden haben, werden die Karten offengelegt. Die erste Runde lautet z. B. 8, 13, 100, 100.
- Jedes Teammitglied begründet kurz seine Entscheidung.
- Es gibt auch die Variante, dass nur der oberste und der niedrigste Wert begründet werden. Beide Varianten haben ihre Vor- und Nachteile. Probieren Sie es aus.
- Alle Begründungen werden von allen Anwesenden gehört und wahrgenommen. Nachfragen sind erneut erlaubt – wieder kurz und knackig.
- So wurde beispielsweise von einem Teilnehmer angemerkt, dass er schon einmal an einem ähnlichen Projekt mitgewirkt hat und er jemanden kennt, der das schon einmal gemacht hat.
- Anschließend treffen die Teilnehmenden ihre erneute Auswahl.
- Die zweite Runde lautet z. B. 8, 13, 40, 40.

Fazit: Max hat eine genauere Vorstellung vom relativen Aufwand rund um Drupal und kann nun die Zeitplanung in Stunden vornehmen (absolute Schätzung).

Vorteil: Das Wissen und Erfahrungswissen der Gruppe wird sichtbar gemacht; die Abfrage geht schnell und gibt Rückendeckung.

6

6.16 Erfolge feiern

Erfolge zu feiern, ist wichtig. Das tut dem Team gut, stärkt den Zusammenhalt und führt zu einem lernenden Team. Ich persönlich mag die Umschreibung als ›Moments of Champagne‹. Das klingt für mich würdig und wertschätzend.

Abb. 57: Moments of Champagne (Quelle: NoName13, Pixabay)

Die Möglichkeiten sind vielfältig. Die folgende Aufzählung soll Sie inspirieren und Ihnen Lust machen, Ihre persönlichen Erfolge oder die Erfolge im Team bewusst zu feiern:

- Sie könnten innehalten und gemeinsam Kuchen essen,
- eine Abschlussveranstaltung mit allen Beteiligten mit Snacks und Musik planen,
- **Top** und **Flop** – einen schönen Rahmen schaffen für Feedback rund um **Top**: Was lief richtig gut? und **Flop**: Was hat nicht gut funktioniert und warum nicht?
- die externe Moderation von Erfolgen, inklusive Auszeichnungen, vorschlagen,
- Rituale einführen, z. B. Meetings mit dem Berichten von Erfolgen zu beginnen.

Wie feiern Sie Ihre Erfolge in Ihrem Arbeitsalltag?

____

____

____

____

____

Wie können Sie aus Ihren Erfahrungen lernen, z. B. nach einem Audit?

Welche Form des Feedbacks präferieren Sie?

Was möchten Sie wann ausprobieren?

6

6.17 Wilde Ideen und frühes Scheitern

Halten Sie kurz inne. Denken Sie an die letzten sechs Monate.

Wann hatten Sie zuletzt im Bereich Qualitätsmanagement ›**wilde Ideen**‹?

Wann hätten Sie sich gewünscht, im Bereich Qualitätsmanagement ›**wilde Ideen**‹ gehabt zu haben?

Bitte begründen Sie kurz:

Was möchten Sie wann ausprobieren?

Welche Wörter assoziieren Sie mit ›scheitern‹? Notieren Sie spontan mindestens zehn, maximal zwanzig Schlagworte:

Nehmen Sie einen Textmarker und markieren Sie die Wörter, die für Sie positiv besetzt sind.

Was fällt Ihnen auf? Bitte notieren Sie Ihre Gedanken dazu:

6

6.18 Entscheidungsmatrix und Kommunikationsmatrix

Verantwortung ist nicht teilbar. Entscheidungskompetenz kann zeitlich begrenzt werden. Notieren Sie alle für Sie relevanten Entscheidungsträger mit dem jeweiligen Themengebiet. Schaffen Sie Klarheit mit folgender Matrix rund um relevante Entscheidungen:

Nr.	WER?	entscheidet WAS?	Anmerkungen, z. B. Summenhöhe	bis WANN?
1.	Frau Müller	über die Budgethöhe für das IT-Tool	bis 300.000 €	31.08.2023
2.	Herr Schulz	Abnahme des Ergebnisses für Teilprojekt A	Abstimmung rund um DoD zwischen Projektleitung und Auftraggeber	31.12.2024
3.	Frau Meier	über die finale Teamzusammensetzung	auch bei Konflikten im Team, z. B. wenn ein Austausch im Team notwendig ist oder bei notwendiger Freistellung eines Teammitglieds	31.12.2023
4.				
5.				
6.				

Tab. 19: Entscheidungsmatrix

Qualitätsmanagement ist Kommunikationsarbeit, und je größer der agile Anteil, desto mehr direkte Kommunikation. Die Kommunikationsmatrix kann dabei helfen, den Fokus zu schärfen und die Kommunikation adressatengerechter zu steuern.

> **Praxistipp**
> Holen Sie sich regelmäßig Feedback von den Adressaten, ob ihre beabsichtigten Kernaussagen ankommen, z. B. mit der Methode *I like/I wish*.

Nr.	WER?	informiert WEN?	über WAS?	wie OFT?	in welcher FORM?	Anmerkungen
1.	Frau Höller	Auftraggeberin Frau Zapp	Projektfortschritt	jeweils am 1. des Monats	E-Mail – PDF auf einen Blick	
2.	Herr Schultz	alle Mitarbeitenden	Meilensteine	1 × pro Quartal	im Newsletter der Hochschule	Start am 15.08.2023
3.	Frau Höller	Kanzler Herr Maier	Änderungen/ Probleme im Projektverlauf	nach Bedarf	kurze Info per E-Mail + Telefonat	
4.	Herr Jang	alle Dezernate	Aktualisierungen rund um QM	nach Bedarf	Short Video	Start am 01.10.2023
5.						
6.						

Tab. 20: Beispiel für eine Kommunikationsmatrix

6.19 Ihr Prototyp

Erinnern Sie sich an die Prototypen in Kapitel 3.4.1? Mit einfachen Mitteln kann ich meinem Gegenüber vermitteln, was dem User wichtig ist, hier am Beispiel ›Das ideale Meeting‹. Wichtig sind dem User: klare Zeitangaben – wann beginnt und wann endet ein Meeting; gute Balance aus Struktur, Bildern und inhaltlichem Austausch; Klarheit – was erwartet mich im Meeting und wie kann ich konkret dazu beitragen?

Abb. 58: Beispiel für Prototyp Das ideale Meeting (Quelle: Helge Lamm)

In welchem Bereich möchten Sie einen Prototypen ausprobieren?

Wie könnte dieser aussehen? Skizzieren Sie Ihre erste Idee.

Abb. 59: Platz für Ihren ersten Prototypen

6.20 Kill your Darlings

Halten Sie kurz inne. Was ist Ihr ›Darling‹?

Fragen Sie Ihre Kollegen oder Kunden.

Abb. 60: Kill your Darlings. Wovon trennen Sie sich?

Wovon sollten Sie sich verabschieden?

Platz für Ihre Notizen:

6

6.21 Systematisches Feedback

Bitte wählen Sie eines der Feedback-Tools aus und probieren dies an einem Beispiel aus Ihrem Arbeitsbereich aus:

KEEP ______________________________

STOP ______________________________

START ______________________________

Fünf-Finger-Feedback

Daumen = Das lief top! **Zeigefinger** = Darauf sollten wir beim nächsten Mal achten. **Mittelfinger** = Das lief richtig blöd. **Ringfinger** = Das sollten wir beibehalten. **Kleiner Finger** = Das kam zu kurz.

Daumen ______________________________

Zeigefinger ______________________________

Mittelfinger ______________________________

Ringfinger ______________________________

Kleiner Finger ______________________________

Seestern-Methode

Das läuft schon gut:

____

____

Das läuft schlecht:

____

____

Davon mehr:

____

____

Davon weniger:

___

___

Das machen wir anders:

___

___

6

6.22 Sinnvolle Kennzahlen – eine Idee?

In Kapitel 3.5.1 wurde ein Beispiel aus der Praxis mit wenig sinnvollen Kennzahlen vorgestellt. Bitte halten Sie kurz inne und reflektieren Sie, welche Kennzahlen aus Ihrer Sicht wenig sinnvoll sind. Ein Austausch mit einem Tandempartner oder einer Tandempartnerin ist ausdrücklich erwünscht.

Ihre Beispiele für **wenig sinnvolle Kennzahlen**; bitte begründen Sie kurz:

____

____

____

____

____

Nun werfen wir den Blick auf **sinnvolle Kennzahlen**. Bitte notieren Sie Beispiele aus Ihrer Organisation und begründen Sie kurz:

____

____

____

____

____

Fazit: Was nehmen Sie für sich mit? Bitte notieren Sie Ihre drei wichtigsten Erkenntnisse:

1. ______________________________
2. ______________________________
3. ______________________________

6.23 Kompetenzen im Qualitätsteam – Kopfstand-Methode

Was können Sie und die Mitglieder des Qualitätsteams tun, damit niemand in Ihrer Organisation mit Ihnen zusammenarbeiten will?

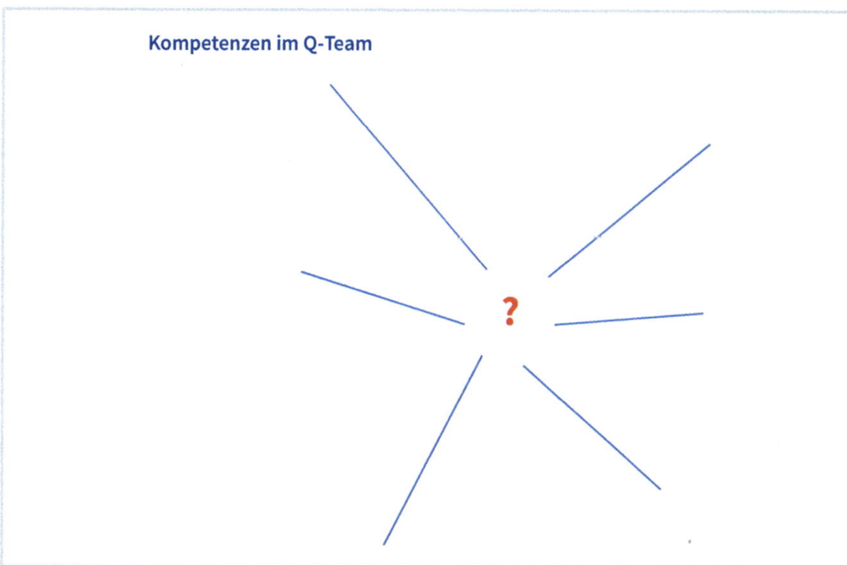

Abb. 61: Kopfstand-Methode zu den Kompetenzen im Q-Team (Quelle: Ulrike Margit Wahl)

1. Sammeln Sie Ihre Ideen – vorzugsweise im Tandem oder im Team.
2. Priorisieren Sie Ihre Ideen. Welche Idee ist z. B. die absurdeste oder die wahrscheinlichste?
3. Drehen Sie Ihre Ideen um. Was können Sie tun, damit genau das NIE passiert?

6

6.24 Spielregeln und Kultur

Spielregeln

Welche Spielregeln finden Sie in Ihrer Organisation wertvoll und sinnvoll? Bitte begründen Sie kurz.

Kill a Stupid Rule

Wenn Sie eine Regel abschaffen könnten, welche wäre das? Bitte begründen Sie wieder kurz Ihre Entscheidung.

Das möchte ich ändern:	Dafür brauche ich:	Das/diese Person kann mich unterstützen:	Das hindert mich:

Tab. 21: Ihr Fazit auf einen Blick

6.25 Einfache Sprache und Papierkorb

Halten Sie kurz inne. Bitte reflektieren Sie die Dokumentationen in Ihrem Bereich. Welche Dokumente erfüllen die Kriterien der einfachen Sprache und der einfachen Regeln? Welche Dokumente sollten vereinfacht werden oder in den Papierkorb?

Die folgende Übung soll Ihnen bei Ihrem Überblick helfen.

1. Diese Dokumente erfüllen die Merkmale von einfacher Sprache:

2. Diese Dokumente gehören in den Papierkorb:

6.26 Lean Management und Verschwendung

Die Schlüsselfaktoren in der Lean-Philosophie sind in der folgenden Tabelle aufgeführt. Wie gehen Sie in Ihrer Organisation mit diesen einzelnen Faktoren um?

	1	2	3	4	5	6	7	8	9	10
aus Problemen und Fehlern lernen										
Verschwendung vermeiden										
Ursachen auf den Grund gehen										
Veränderungen meistern										
Werkzeuge als Mittel zum Zweck einsetzen										
sichtbare und nicht sichtbare Elemente beachten										
Teamarbeit umsetzen und Workshops durchführen										

Tab. 22: Schlüsselfaktoren in der Lean-Philosophie

Bitte bewerten Sie Ihren Umgang mit den genannten Kriterien auf einer Skala von 1 ›Das können wir noch nicht so gut‹ bis 10 ›Hier sind wir schon richtig gut‹.

Wo sehen Sie Veränderungspotenzial?

Wie könnte Ihr erster Schritt aussehen, damit diese Veränderung stattfindet?

Die nachfolgende Tabelle gibt einen Überblick über die acht Arten der Verschwendung. Bitte markieren Sie die Arten der Verschwendung, in denen in Ihrer Organisation die meiste Verschwendung stattfindet.

Arten von Verschwendung	
Unnötige Transporte	
Zu hohe Materialbestände	
Unnötige Bewegung	
Wartezeiten	
Überproduktionen	
Überdimensionierte Prozesse	
Nacharbeit/Schrott	
Nicht genutzte Kreativität der Mitarbeiter	

Tab. 23: Die acht Arten der Verschwendung

6.27 Ihr persönliches Fazit

Herzlichen Glückwunsch! Sie haben es geschafft. Viel Input liegt hinter Ihnen, vielleicht auch viel Neues.

Ab jetzt heißt es: üben, üben, üben und Inspect & Adapt. Ich wünsche Ihnen ganz viel Freude dabei.

Und wenn Sie nicht weiterwissen, dann schreiben Sie mir an info@beste-qm-wahl.de. *Ich freue mich auf Ihre Anregungen oder Fragen.*

I like – Was gefällt mir besonders gut? Das probiere ich aus:

I wish – Hier brauche ich noch Unterstützung:

Offene Fragen:

Ideen für meinen ersten Schritt:

Literatur

Adam, Patricia (2020): Agil in der ISO 9001. Wie Sie agile Prozesse in Ihr Qualitätsmanagement integrieren.

Angermeier, Georg (2022): So formulieren Sie wirkungsvolle Objectives für OKR. In: Projektmagazin 22/2022, https://www.projektmagazin.de/ausgabe/ausgabe-222022.

Bachmann, Angelika/Kastner, Ulrich (2020): Strategieumsetzung mit OKRs transparent – ambitioniert – fokussiert. In: Werther, Dagmar: Vision – Mission – Werte. Die Basis der Leitbild- und Strategieentwicklung, S. 67–77.

Ball, Jonathan (2019): The Double Diamond: A universally accepted depiction of the design process. https://www.designcouncil.org.uk/our-work/news-opinion/double-diamond-universally-accepted-depiction-design-process. Abrufdatum: 31.01.2023.

Barsalou, Matthew (o. J.): PDCA – Plan-Do-Check-Act. https://www.qz-online.de/a/article/article-316743. Abrufdatum: 31.03.2023.

Bartonitz, Martin/Lévesque, Veronika/Michl, Thomas/Steinbrecher, Wolf/Vonhof, Cornelia/Wagner, Ludger (2018): Agile Verwaltung. Wie der öffentliche Dienst aus der Gegenwart die Zukunft entwickeln kann.

Baumann, Ralf (2014): Von der User Story zum Use Case. Agil und langfristig. https://www.informatik-aktuell.de/entwicklung/methoden/von-der-user-story-zum-use-case-agil-und-langfristig.html. Abrufdatum: 31.01.2023.

Beedle, Mike et al. (2001): Manifest für Agile Softwareentwicklung. https:/agilemanifesto.org/iso/de/manifesto.html. Abrufdatum: 31.01.2023.

BGW – Berufsgenossenschaft für Gesundheitsdienst und Wohlfahrtspflege (o. J.): Was ist Leichte Sprache? Infos, die alle verstehen – ohne sprachliche Hürden. https:/www.bgw-online.de/bgw-online-de/was-ist-leichte-sprache--28842. Abrufdatum: 31.01.2023.

Blickhan, Daniela (2018): Positive Psychologie: Ein Handbuch für die Praxis.

Bringsken, Lena (2020): Wie ein Symbolbild mich zur Weltmeisterin machte. https://diehochschulerfrischerin.de/2020/03/01/wie-ein-symbolbild-mich-zur-weltmeisterin-machte-2/. Abrufdatum: 31.01.2023.

Brugger-Gebhardt, Simone (2016): Die DIN EN ISO 9001:2015 verstehen. Die Norm sicher interpretieren und sinnvoll umsetzen.

Claaßen, André: Strategiearbeit, die Spaß macht – OKR in der Verwaltung. https://agile-verwaltung.org/2023/03/13/strategiearbeit-die-spas-macht-okr-in-der-verwaltung/. Abrufdatum: 24.06.2023.

DAHW – Deutsche Lepra- und Tuberkulosehilfe e. V. (o. J.): Leitbild. https://www.dahw.de/organisation/vision-und-mission/leitbild-der-dahw.html. Abrufdatum: 07.04.2023.

Demann, Stefanie (2013): Selbstcoaching: Die 86 besten Tools.

Dekra Akademie (o. J.): Qualitätsmanager werden. https://www.dekra-akademie.de/weiterbildung/qualitaetsmanager-ausbildung. Abrufdatum: 31.03.2023.

DGQ – Deutsche Gesellschaft für Qualität (Hrsg.) (2015): Qualitätsmanagement für Hochschulen. Das Praxishandbuch.

DGQ – Deutsche Gesellschaft für Qualität (2017): Qualität im Fokus. Ausgabe 1, April 2017.

DGQ – Deutsche Gesellschaft für Qualität (2019): EFQM Modell 2020: die Änderungen im Überblick. https://www.dgq.de/aktuelles/news/efqm-model-2020-die-aenderungen-im-ueberblick/. Abrufdatum: 31.03.2023.

DGQ – Deutsche Gesellschaft für Qualität (o. J.): Qualität, Exzellenz und das Schlagwort Qualität. https://www.dgq.de/dateien/Schlagwort_Qualitaet.pdf. Abrufdatum 31.03.2023.

Diehl, Andreas (2020): Konsent Entscheidungsfindung – Der agile Bruder des Konsens. https://digitaleneuordnung.de/blog/konsent/. Abrufdatum: 31.03.2023.

dpa – Deutsche Presse-Agentur (2022): Arbeitszeitvernichtung durch Besprechungen. U. a. https://www.zeit.de/news/2022-04/12/arbeitszeitvernichtung-durch-besprechungen. Abrufdatum: 06.04.2023.

Dräther, Rolf/Koschek, Holger/Sahling, Carsten (2019): Scrum – kurz & gut.

Eggler, Anitra (2020): Home Office. Survival Guide. Effektiv, erfolgreich und entspannt zu Hause arbeiten

Erbeldinger, Jürgen/Ramge, Thomas (2013): Durch die Decke denken. Design Thinking in der Praxis.

Fasola, Wilma (2021): »Jede Kultur ist anders, jede Persönlichkeit auch.« https://journal.getabstract.com/de/2021/01/25/jede-kultur-ist-anders-jede-persoenlichkeit-auch/#:~:text=%C2%A0Peter%C2%A0%20Schein%C2%A0%3A%C2%A0%20Jede%C2%A0%20Kultur%C2%A0%20ist,mit%C2%A0%20Mehrdeutigkeit%C2%A0%20und%C2%A0%20verschiedenem%C2%A0%20Vokabular. Abrufdatum: 31.01.2023.

Fleig, Jürgen (o. J.): Was bedeutet Kaizen? https://www.business-wissen.de/hb/kaizen-als-prinzip-und-was-es-bedeutet/. Abrufdatum: 31.01.2023.

Flossmann, Simon (2020): Was ist neu im Scrum Guide 2020 Update? (7 Dinge, die Du unbedingt wissen solltest). https://www.scrum.org/resources/blog/was-ist-neu-im-scrum-guide-2020-update-7-dinge-die-du-unbedingt-wissen-solltest. Abrufdatum: 06.04.2023.

Frank, Gunter/Fritz, Henning/Strigel, Daniel (2020): Powern und Pausieren. Überleben in der Leistungsgesellschaft mit Konzepten aus dem Spitzensport.

Gatterer, Harry/Diakowski, Gabriel (2019): Vision. Das Praxisbuch für die Entwicklung Ihrer Unternehmensvision.

Gerstbach, Ingrid (2018): 77 Tools für Design Thinker. Insider-Tipps aus der Design-Thinking-Praxis.

Gläser, Waltraud (o. J.): Woher kommt der Begriff »VUCA«? https://www.vuca-welt.de/woher-vuca/. Abrufdatum: 31.01.2023.

Gloger, Boris (2016): Scrum. Produkte zuverlässig und schnell entwickeln.

Gorecki, Pawel/Pautsch, Peter (2018): Praxisbuch Lean Management. Der Weg zur operativen Excellence. 3., überarb. Aufl.

Gorecki, Pawel/Pautsch, Peter/Lefebvre, Thomas (2020): Lean Management.

Groll, Tina (2016): Überflüssige Arbeitstreffen kosten einen halben Arbeitstag pro Woche. In: Zeit online, https://www.zeit.de/karriere/2016-12/meetings-arbeitszeit-verlust-studie. Abrufdatum: 31.01.2023.

Hans-Böckler-Stiftung (2008): Meetings: Viel besprochen, wenig gelöst. In: Böckler Impuls, Ausgabe 09/2008, https://www.boeckler.de/de/boeckler-impuls-meetings-viel-besprochen-wenig-geloest-8091.htm. Abrufdatum: 31.01.2023.

Hansmeier, Katrin/Ullmann, Eva (2020): Humor. Das Manifest für verzögerte Schlagfertigkeit.

Häusling, André/Römer, Esther/Zeppenfeld, Nina (2018): Praxisbuch Agilität. Tools für Personal- und Organisationsentwicklung.

Hauzenberger, Simon (2020): Fehlerkultur: Wie wir aus Fehlern lernen. https://www.pinktum.com/de/blog/fehlerkultur-wie-wir-aus-fehlern-lernen/. Abrufdatum: 31.01.2023.

HPI Academy (o. J.): Was ist Design Thinking? https://hpi-academy.de/design-thinking/was-ist-design-thinking/. Abrufdatum: 31.01.2023.

HPI School of Design Thinking (2017): d.confestival 2017. Design Thinking the Future. Begleitheft des Festivals.

HPI School of Design Thinking (o. J.): Chronologie. Design Thinking am Hasso-Plattner-Institut. https://hpi.de/school-of-design-thinking/hpi-d-school/geschichte.html. Abrufdatum: 31.01.2023.

Hochschulrektorenkonferenz (2021): Statistische Daten zu Studienangeboten an Hochschulen in Deutschland. Studiengänge, Studierende, Absolventinnen und Absolventen. https://www.hrk.de/fileadmin/redaktion/hrk/02-Dokumente/02-03-Studium/02-03-01-Studium-Studienreform/HRK_Statistik_BA_MA_UEbrige_WiSe_2021_22.pdf. Abrufdatum: 31.01.2023.

Hüther, Gerald (o. J.): Wie gehirngerechte Führung funktioniert. https://kulturwandel.org/inspiration/interviews-und-texte/wie-gehirngerechte-fuhrung-funktioniert/. Abrufdatum: 31.01.2023.

HWG Ludwigshafen (2018): Kooperationsmöglichkeiten zwischen lokalen Kleinstunternehmen und der Hochschule ausgelotet [Video]. https://www.youtube.com/watch?v=bWuwvu6XyOc. Abrufdatum: 07.04.2023.

Kaizen LeanManagement (o. J.): Die 8 Arten der Verschwendung. http://kaizen-lean-management.de/zielsetzung/die-8-arten-der-verschwendung/. Abrufdatum: 31.01.2023.

Kanbanize (o. J.): Die 7 Verschwendungsarben im Lean: Wie Sie Ihre Ressourcen optimieren. https://kanbanize.com/de/lean-management-de/wert-verschwendung/7-arten-der-verschwendung-nach-lean. Abrufdatum: 31.03.2023.

Kniberg, Henrik/Skarin, Mattias (2009): Kanban and Scrum. Making the most of both. https://www.infoq.com/minibooks/kanban-scrum-minibook/. Abrufdatum: 31.01.2023.

Knoblauch, Jörg/Wöltje, Holger/Hausner, Marcus B./Kimmich, Martin/Lachmann, Siegfried (2015): Zeitmanagement.

Kodden, Sebastiaan (2016): Begeisterung. Erwecke den Inneren Helden.

Kohlen, Rolf/Müller, Rudolf A. (2021): Quality Reinvented!

Kostka, Claudia (o. J.): Der kontinuierliche Verbesserungsprozess (KVP). https://www.qz-online.de/a/article/article-316343. Abrufdatum: 31.03.2023.

Krischke, Silke (2019): Die Sprachen der Chefs. So überzeugen Sie Ihren Vorgesetzten mit individuellen Argumenten. In: QZ, Jahrgang 64, 2019, H. 7, S. 12–15.

Küpper, Daniel/Nöcker, Jan (2020): Qualität 4.0 erfordert mehr als pure Technologie. In: QZ-online, März 2020, https://www.qz-online.de/a/fachartikel/qualitaet-40-erfordert-mehr-als-pure-tec-155448

Lecturio (2019): Das Parkinsonsche Gesetz – ein humorvoller Blick auf die Bürokratie. https://www.lecturio.de/magazin/parkinsonsche-gesetz/. Abrufdatum: 31.01.2023.

Leopold, Klaus (2017): Kanban in der Praxis. Vom Teamfokus zur Wertschöpfung.

Lepros (o. J.): Was ist Kanban oder PULL? http://www.lepros.de/kanban-definition.php. Abrufdatum: 31.01.2023.

Lewrick, Michael/Link, Patrick/Leifer, Larry (2017): Das Design-Thinking Playbook. Mit traditionellen, aktuellen und zukünftigen Erfolgsfaktoren.

Lewrick, Michael/Link, Patrick/Leifer, Larry (2020): Die Design-Thinking Toolbox. Die besten Werkzeuge und Methoden.

Meinel, Christoph/Weinberg, Ulrich/Krohn, Timm (2015): Design-Thinking Live. Wie man Ideen entwickelt und Probleme löst.

Mentorium (2022): Einfache Sprache: Merkmale, Verwendung & Leitfaden. https://www.mentorium.de/einfache-sprache/. Abrufdatum: 31.01.2023.

Michl, Thomas (2022): Verschwendung können wir uns nicht mehr leisten – gerade auch wegen des Fachkräftemangels. https://tomsgedankenblog.social/2022/11/23/gedankenblitz-verschwendung-konnen-wir-uns-nicht-mehr-leisten-gerade-auch-wegen-des-fachkraftemangels/. Abrufdatum: 31.01.2023.

Müller, Meike (2003): Killerphrasen … und wie Sie gekonnt kontern.

Multisprech (2021): 7 Merkmale einfacher Texte. https://multisprech.org/2021/02/15/7-merkmale-einfacher-texte/. Abrufdatum: 31.01.2023.

Nickel, Susanne (2019): Ziele erreichen. Von der Vision zur Wirklichkeit.

NLP.at (o. J.): Glaubenssätze – ein Beispiel gefällig? https://www.nlp.at/begriffe/glaubenssaetze. Abrufdatum: 31.01.2023.

Obogeanu-Hempel, Erno Marius/Steiner, André Daiyû (2021): OKR – Objectives & Key Results.

Oestereich, Bernd/Schröder, Claudia (2017): Das kollegial geführte Unternehmen. Ideen und Praktiken für die agile Organisation von morgen.

Oestereich, Bernd/Schröder, Claudia (o. J.): Das kollegial geführte Unternehmen – wie wir dazu kamen. https://kollegiale-fuehrung.de. Abrufdatum: 31.03.2023.

Preußig, Jörg (2015): Agiles Projektmanagement. Scrum, Use-Cases, Task Boards & Co.).

Rasche, Carsten (2020): Doing vs. Being Agile – Erfolgreiche agile Teams #1. https://www.borisgloger.com/blog/2020/07/17/doing-vs-being-agile-erfolgreiche-agile-teams-1. Abrufdatum: 05.01.2023.

Rauen Group (o. J.): Wie Coaching wirkt. https://www.coaching-report.de/definition-coaching/wirksamkeit-von-coaching.html. Abrufdatum: 31.01.2023.

Reimer, Sebastian (o. J.): Was ist Wertschöpfung und was ist Verschwendung? Wo liegen die Unterschiede. https://www.lean-service-institute.de/wertschoepfung_verschwendung/. Abrufdatum: 31.01.2023.

Rothauer, Doris (2014): Vision & Strategie. Strategisches Denken für kreative Köpfe.

Schwaber, Ken/Sutherland, Jeff (2020): Der Scrum Guide. Der gültige Leitfaden für Scrum: Die Spielregeln. https://scrumguides.org/docs/scrumguide/v2020/2020-Scrum-Guide-German.pdf. Abrufdatum: 31.01.2023.

Schein, H./Schein, Peter A. (2019): The Corporate Culture Survival Guide.

Schweitzer, Raffael (2003): Scrum. Eine agile Methode zur Softwareentwicklung. Seminararbeit der Universität Zürich, Institut für Informatik.

Scrum-Events (o. J.): Was ist die ›Definition of Ready‹ (DoR)? https://www.scrum-events.de/was-ist-die-definition-of-ready-dor.html. Abrufdatum: 31.01.2023.

Sinek, Simon (o. J. a): Start with WHY. https://simonsinek.com/books/start-with-why/. Abrufdatum: 31.03.2023.

Sinek, Simon (o. J. b): How great leaders inspire action. https://www.ted.com/talks/simon_sinek_how_great_leaders_inspire_action/no-comments. Abrufdatum: 31.03.2023.

Sommerhoff, Benedikt (2016): Manifest für Agiles Qualitätsmanagement. http://blog.dgq.de/manifest-fuer-agiles-qualitaetsmanagement/. Abrufdatum: 31.03.2023.

Sommerhoff, Benedikt (2017): Qualitätsmanagement in Zeiten der VUKA-Welt. https://blog.dgq.de/qm-in-zeiten-der-vuka-welt/. Abrufdatum: 31.01.2023.

Sommerhoff, Benedikt (2021): QM im Wandel. Personenzentriertes Innovations- und Qualitätsmanagement.

Sommerhoff, Benedikt/Wolter, Olaf (2019): Agiles Qualitätsmanagement. Schnell und flexibel zum Erfolg.

Standish Group (1994): CHAOS report.

Trimpop, Rüdiger (o. J.): Fehler. https://www.spektrum.de/lexikon/psychologie/fehler/4846. Abrufdatum: 31.01.2023.

Tündermann, Maximilian (2021): Lean Management Grundlagen. Mit Lean Leadership & Co. zum langfristigen Erfolg – so gelingt die Lean-Philosophie in kleinen und mittelständischen Unternehmen!

T2informatik (o. J. a): Epic – eine umfangreiche User-Story. https://t2informatik.de/wissen-kompakt/epic/; 31.01.2023.

T2informatik (o. J. b): Ziel. https://t2informatik.de/wissen-kompakt/ziel/. Abrufdatum: 31.01.2023.

Vornach, Martin (o. J.): Wie entsteht eine ISO Norm? https://www.dgq.de/fachbeitraege/wie-entsteht-eine-iso-norm/. Abrufdatum: 31.03.2023.

Voss, Rödiger/Stoschek, Julia (o. J.): Unterschiede zwischen ISO 9001:2000 und EFQM-Modell. https://www.qz-online.de/a/grundlagenartikel/unterschiede-zwischen-iso-90012000-und-e-312087. Abrufdatum: 31.03.2023.

Votsmeier, Thomas (2020): Brauchen wir einen ›modernen‹ Qualitätsbegriff? https://blog.dgq.de/brauchen-wir-einen-modernen-qualitaetsbegriff/. Abrufdatum: 31.03.2023.

Werther, Dagmar (Hrsg.) (2020): Vision – Mission – Werte. Die Basis der Leitbild- und Strategieentwicklung.

Glossar

Agiles Manifest

Das ›Agile Manifest‹ (Manifest für Agile Softwareentwicklung – Agiles Manifesto, 2001) gilt bis heute als das Fundament für das Verständnis und die Geisteshaltung rund um Agilität mit dem Fokus auf Ergebnisse, Kommunikation und Interaktion.

Agiles Qualitätsmanagement

Im Jahr 2016 veröffentlichte die Deutsche Gesellschaft für Qualität das ›Manifest für Agiles Qualitätsmanagement‹. Im Fokus stehen die Kundeninteraktion, dienende Führung, interdisziplinäre Vernetzung, der evolutionäre Ansatz, die Iteration und knackpunktbasierte Lösungsfindung sowie die Menschenzentrierung.

Backlog

Ein Backlog ist eine geordnete Liste der Anforderungen an das Produkt, das zu erzielende Ergebnis.

Case-Study

Eine Case-Study ist eine Fallstudie aus der Praxis. In dieser Toolbox werden drei Fallbeispiele aus verschiedenen Bereichen im Qualitätsmanagement vorgestellt.

Daily

Das Scrum-Team trifft sich täglich für 15 Minuten, um sich gegenseitig auf den aktuellen Stand zu bringen und den Fortschritt in Richtung des definierten Sprint-Ziels abzugleichen. Folgende drei Fragen haben sich bewährt: Was habe ich seit gestern gemacht? Was mache ich bis morgen? Wo brauche ich Unterstützung?

Dark Horse

Dark Horse beschreibt den unerwarteten Sieger, dem anfangs keine Siegeschance eingeräumt wurde. Der Begriff ist daran angelehnt, dass bei Pferdewetten auf schwarze Pferde tendenziell seltener gewettet wird als auf helle Pferde. Dark Horse wird im Prototyping und in der kreativen Ideenfindung angewandt.

Design-Thinking

Design-Thinking ist ein neuartiger Denk- und Arbeitsansatz. Es ist eine systematische Herangehensweise an komplexe Problemstellungen aus allen Lebensbereichen und hat seinen Ursprung im Bauhaus.

DoD – Definition of Done

Die Definition of Done ist eine formale Beschreibung des Zustands des Inkrements, wenn es die für das Produkt erforderlichen Qualitätsmaßnahmen erfüllt.

8

DoR – Definition of Ready

Definition of Ready ist die Aussage: »Ready is when the team says: ›Ah, we got it‹.« Alle Beteiligten haben den Sinn der Aufgaben verstanden.

Entscheidungsmatrix

Die Entscheidungsmatrix schafft Transparenz über Entscheidungsverantwortlichkeiten. Die verantwortlichen Personen und die relevanten Kriterien werden in der Regel vor dem Projektstart zusammengefasst und sparen in relevanten Situationen Zeit und Nerven.

Epic

Ein Epic ist eine große, umfangreiche User-Story, die in mehrere Storys unterteilt werden kann.

Fehlerkultur

Im agilen Arbeitskontext spielt die offene Lernkultur eine zentrale Rolle. Dazu gehören Fehler und die Möglichkeit, aus diesen zu lernen. Im Design-Thinking lautet eine der zehn Regeln: Scheitere früh und oft.

Fokus

Fokus ist einer der fünf Werte im Scrum und zielt auf den bestmöglichen Fortschritt in Richtung der vereinbarten Ziele ab.

Hybrides Projektmanagement

Hybrides Projektmanagement steht für die Kombination von zwei oder mehr klassischen oder agilen Methoden und Instrumenten für das Management eines Projektes und kann bedeuten, sich mehr abzustimmen, regelmäßige Austauschmeetings durchzuführen und Retrospektiven (»Was haben wir gelernt?«) nicht nur am Ende, sondern auch im Verlauf des Projektes durchzuführen.

Inkrement

Ein Inkrement (oder Increment) ist ein Teil des Ganzen und im Scrum das Ergebnis aus dem Sprint als fertiges Ergebnis gemäß der vorher definierten Definition of Done, des Abnahmekriteriums, also ein konkreter Schritt in Richtung des Ziels (Produktziel oder Ziel der Dienstleistung).

Iteration

Eine Iteration ist ein Zeitabschnitt, in dem ein Inkrement, also ein Teil des Ganzen, entwickelt wird. Im Scrum wird dieser Zeitabschnitt Sprint genannt.

Kanban

Der Begriff ist japanisch und bedeutet übersetzt so viel wie ›visuelles Schild‹. Die Ursprünge reichen bis ins 17. Jahrhundert, verbreitet wurde Kanban im 20. Jahrhundert über Toyota und dessen schlankes Produktionssystem. Heute ist Kanban für alle Bereiche nutzbar. Das Kanban-Board ist das am häufigsten genutzte Tool.

Kill your Darlings

Wir Menschen neigen dazu, Lieblingstools zu verwenden, und werden schnell eingefahrener, als uns zunächst bewusst ist. Das regelmäßige und bewusste Herausholen aus der persönlichen Komfortzone hilft uns dabei, uns und unseren Methodenkoffer immer wieder neu zu erfinden.

Kommunikationsmatrix

Die Kommunikationsmatrix definiert die beteiligten Stakeholder und die Form, in der mit diesen kommuniziert wird. Die Kommunikationsmatrix wird in Projekten oder in der Arbeit im Qualitätsmanagement verwendet. Zu empfehlen ist die stichprobenartige Evaluation durch direktes Feedback, denn Kommunikation kostet immer Zeit und sollte die Zielgruppe mit relevanten Informationen erreichen.

Konsent

Die Konsent-Methode hat ihren Ursprung in der Soziokratie. Bedenken und schwerwiegende Bedenken werden gehört, gewürdigt und differenziert. Erst, wenn kein Veto mehr vorhanden ist, wird der Vorschlag akzeptiert. Der Konsent ist eine Methode zur Entscheidungsfindung in Gruppen und wird auch als der ›agile Bruder‹ des Konsenses bezeichnet (Diehl 2020).

OKR

OKR – Objectives and Key Results – ist eine geniale Zielmanagementmethode aus dem Silicon Valley. Objectives stehen für die zu erreichenden Quartalsziele (=WAS), und die Key Results stehen für die Schlüsselergebnisse (=das WIE).

Persona

Eine Persona ist eine Art Steckbrief der Zielperson oder Zielgruppe. Sie beinhaltet in der Regel Eckdaten zur Person, Lust und Frust sowie relevante Zitate und Wünsche der Person.

Priorisierung

Ohne Priorisierung wären alle Aufgaben gleich wichtig. Doch was ist das Wichtigste? Darauf legen wir den Fokus und richten unsere Energie darauf aus. Die Priorisierung beinhaltet den Mehrwert für unsere Nutzergruppe und den wirtschaftlichen Mehrwert für unsere Unternehmung. Beides beeinflusst die Priorisierung.

Prototyping

Frühes Prototyping mit einfachen Darstellungsoptionen ermöglicht wertvolles Feedback unserer späteren Nutzer:innen. Die Darstellungsformen reichen von Lego-Bau-

8

steinen über Papierskizzen bis zu Puppenspielen mit Socken. Der Fantasie sind keine Grenzen gesetzt. Im Design-Thinking ist Prototyping ein fester Bestandteil der Phase 5.

Retrospektive

Die Retrospektive ist das Herzstück im Scrum. Der Zweck ist, Wege zur Steigerung von Qualität und Effektivität zu planen. Hier identifiziert das Scrum-Team die hilfreichsten Änderungen, um seine Effektivität zu verbessern.

Review

Im Review stellt das Scrum-Team den Stakeholdern das Zwischenergebnis vor. Deren Feedback ist die Grundlage für die anstehenden Entscheidungen, was als Nächstes getan werden muss, um das definierte Ziel zu erreichen.

Scrum

Scrum ist kein Prozess, sondern ein agiles Projektmanagement-Framework. Es basiert auf Empirie und Lean Thinking. Der Begriff stammt aus dem Rugby und bezeichnet dort den Neustart eines Spiels nach einer kleineren Regelverletzung.

Sprint

Im Scrum werden Iterationen als Sprint bezeichnet. Ein Sprint hat einen festen zeitlichen Rahmen. In diesem Rahmen erstellt das Team das Zwischenergebnis, das als Definition of Done festgelegt wurde.

Stand-up-Meeting

Dabei handelt es sich um ein Meeting, das im Stehen stattfindet. Im Scrum ist das Daily als Stand-up-Meeting bekannt. Stand-up-Meetings können an beliebigen Orten stattfinden – im QM sind diese auch in der Produktion oder an denjenigen Orten beliebt, wo die zu besprechenden Themen eine Relevanz haben. Der Klassiker ist der Stehtisch.

Start with WHY

»People don't buy what you do; they buy why you do it. And what you do simply proves what you believe«, so Simon Sinek, der Begründer der Methode ›Start with WHY‹.

Storytelling

Storytelling heißt, Geschichten zu erzählen. Über Geschichten verbreiten wir gelebte Kultur und tauschen uns über Erfahrungen und Erlebnisse aus. In der agilen Arbeitsweise ist Storytelling ein wichtiges Element bei der täglichen Arbeit, schließlich verbreiten wir so implizites Wissen über Verhalten und Werte in dieser Organisation.

Timeboxing

Timeboxing bezeichnet ein festes und definiertes Zeitfenster, das eingehalten werden muss. Im Scrum gibt es Timeboxing für das Daily, das Review oder die Retrospektive.

Use-Case
Use-Cases haben ihren Ursprung in der Softwareentwicklung und stehen synonym für Anwendungsfälle.

User-Story-Card
User-Storys werden auf User-Story-Cards geschrieben (siehe Workbook 6.4).

Vision
»Die Unternehmensvision stellt das übergeordnete und langfristige Ziel einer Organisation dar. Sie gibt die Richtung vor, in die sich das Unternehmen in Zukunft entwickeln soll, und steckt den Rahmen für die untergeordneten Teilziele des Unternehmens ab.«[29]

Visualisierung
Die Bildsprache ist fest in unserem Gehirn verankert. Bilder prägen sich wirksamer ein als reine Texte. Die Kraft von Bildern erleichtert die Kommunikation zwischen den Beteiligten und verbessert das Verstehen und Erkennen von Zusammenhängen.

Werte
Werte spielen in der agilen Arbeitswelt eine zentrale Rolle. Die fünf Werte im Scrum können uns dabei inspirieren: Offenheit, Selbstverpflichtung, Respekt, Mut, Fokus, denn »[d]ie erfolgreiche Anwendung von Scrum hängt davon ab, dass die Menschen immer besser in der Lage sind, fünf Werte zu leben« (Ken Schwaber und Jeff Sutherland im ›Scrum Guide‹ von 2020).

VUCA
VUCA ist ein Akronym (Kunstwort), erstmals 1987 verwendet und gestützt auf die Führungstheorien von Warren Bennis und Burt Nanus. Die Antwort auf VUCA ist VUCA: ***V**olatility* (Volatilität) wurde zur ***V**ision* (Vision), ***U**ncertainty* (Unsicherheit) zum ***U**nderstanding* (Verstehen), ***C**omplexity* (Komplexität) zur ***C**larity* (Klarheit) und ***A**mbiguity* (Mehrdeutigkeit) zur ***A**gility* (Agilität).

Ziel
Ein Ziel beschreibt einen in der Zukunft liegenden Zustand, der sich vom gegenwärtigen Zustand unterscheidet und erstrebenswert ist.

Zielcollage
Eine Zielcollage beinhaltet mehrere Bilder, die den Zielzustand beschreiben. Ein Bild sagt mehr als tausend Worte, prägt sich anders ein als reine Textdokumente und lässt uns andere Worte verwenden, die es unserem Gegenüber erleichtern, unsere Gedanken nachzuvollziehen.

---

29 BWL-Lexikon.de: Unternehmensvision; Abrufdatum: 31.01.2023

Stichwortverzeichnis

Über die Autorin

Ulrike Margit Wahl war zehn Jahre in drei verschiedenen Hochschulen in leitenden Positionen im Bereich Qualitätsmanagement aktiv. Seit 2016 ist sie selbstständige und erfrischende Beraterin und begleitet Unternehmen, Vereine, Institute und Hochschulen auf dem Weg zum wirksamen Qualitätsmanagement mit den leuchtenden Augen der beteiligten Personen.

Sie ist leidenschaftliche Unternehmerin und Geschäftsführerin zweier Firmen – ›Die Hochschulerfrischerin‹ und ›Ulrike Margit Wahl‹ – und Autorin verschiedener Publikationen.

Ulrike Margit Wahl ist Mitglied in der Deutschen Gesellschaft für Qualitätsmanagement e. V. (DGQ) und war viele Jahre gestaltend im Fachkreis Qualitätsmanagement der DGQ aktiv. Zudem erfrischt sie im Verband deutscher Unternehmerinnen (VdU) und im Bund der Selbständigen (BDS) mit frischen Ideen, baute selbst QM-Netzwerke auf oder unterstützte diese in der Vernetzung.

Schon früh interessierte sie die Verzahnung zur Wirtschaft, was sich in ihrer umfangreichen Projekterfahrung mit DAX-Konzernen widerspiegelt. Sie ist ausgebildete Wirtschafts- und Sprachwissenschaftlerin, Coach und Mediatorin sowie Scrum-Master und Trainerin für Design-Thinking. Ihr Gespür für wirksame und leicht erlernbare Werkzeuge im Mix mit exzellentem Anspruch wurde nicht zuletzt in der Zusammenarbeit mit der mittlerweile zweifachen Kunstrad-Weltmeisterin Lena Bringsken deutlich. Ulrike Margit Wahl begleitete Lena Bringsken als Onlinecoach zum ersten WM-Titel. Hierbei spielten die Kraft von Bildern, die innere Haltung sowie der Umgang mit Fehlern eine zentrale Rolle.

Menschlichkeit darf nie zu kurz kommen, darum engagiert sich Ulrike Margit Wahl bei Plan e. V., Mehr Demokratie e. V. und DKMS e. V.

Sie ist stolze Mutter zweier erwachsener Kinder und lebt in ihrer Wahlheimat, der wunderschönen Pfalz.

Mehr Informationen über Ulrike Margit Wahl und Ihre Angebote finden Sie unter:

- https://beste-qm-wahl.de
- https://ulrike-margit-wahl.de
- https://diehochschulerfrischerin.de

Haben Sie Anregungen oder Feedback, so freut sie sich auf Ihre Nachricht an info@beste-qm-wahl.de.

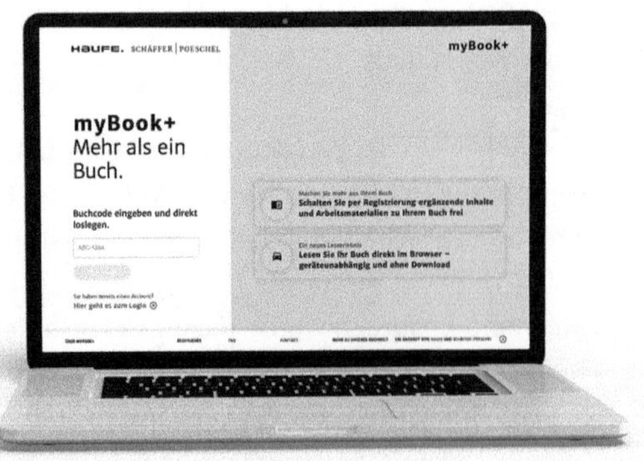

Ihre Online-Inhalte zum Buch: Exklusiv für Buchkäuferinnen und Buchkäufer!

▶ https://mybookplus.de

▶ Buchcode: RST-50466

PI13604927

9731838